Giulio Milighetti

Multisensorielle diskret-kontinuierliche Überwachung und Regelung humanoider Roboter

Karlsruher Schriften zur Anthropomatik
Band 6
Herausgeber: Prof. Dr.-Ing. Jürgen Beyerer

Lehrstuhl für Interaktive Echtzeitsysteme
Karlsruher Institut für Technologie

Fraunhofer-Institut für Optronik, Systemtechnik und
Bildauswertung IOSB Karlsruhe

Eine Übersicht über alle bisher in dieser Schriftenreihe erschienene Bände
finden Sie am Ende des Buchs.

Multisensorielle diskret-kontinuierliche Überwachung und Regelung humanoider Roboter

von
Giulio Milighetti

KIT Scientific Publishing

Dissertation, Karlsruher Institut für Technologie
Fakultät für Informatik, 2010

Impressum

Karlsruher Institut für Technologie (KIT)
KIT Scientific Publishing
Straße am Forum 2
D-76131 Karlsruhe
www.ksp.kit.edu

KIT – Universität des Landes Baden-Württemberg und nationales
Forschungszentrum in der Helmholtz-Gemeinschaft

KIT Scientific Publishing 2010
Print on Demand

ISSN: 1863-6489
ISBN: 978-3-86644-568-0

Multisensorielle diskret-kontinuierliche Regelung und Überwachung humanoider Roboter

zur Erlangung des akademischen Grades eines

Doktors der Ingenieurwissenschaften

der Fakultät für Informatik

des Karlsruher Instituts für Technologie (KIT)

genehmigte

Dissertation

von

Giulio Milighetti

aus Arezzo

Tag der mündlichen Prüfung: 5. Juli 2010

Erster Gutachter: Prof. Dr. Jürgen Beyerer

Zweiter Gutachter: Prof. Dr. Alessandro De Luca

Abstract

Within the last years a new challenging field of robotics has arisen in which assisting robots cooperate and interact with humans, both imitating their behavior patterns and performing with them and/or in their environment diverse complex tasks. Due to the ambitious challenges and the complexity of a time varying environment, these humanoid robots require sensor-based structure-variable control concepts which provide them with sophisticated intelligence and high flexibility.

That means first of all, that the robot has to be equipped with human-like senses (hearing, sight, ...) able to collect data about its internal state and the external state of the environment. Moreover, it has to dispose of the capability to fuse this information and to identify the actual situation so that it can react in the most appropriate way. Finally a much more flexible control architecture is required, in comparison with the concepts currently available on the market.

With the goal of fulfilling such challenging requirements, a *two-layered discrete-continuous control concept* for this new generation of robot will be presented in this work.

The upper discrete control level is based on the subdivision of every complex task into a configurable succession of Primitive Skills. The resulting dynamical discrete sequence is modeled by means of a Petri net, every place representing a Primitive Skill. The suitability of each executable action is then evaluated by means of Fuzzy methods depending on the actual state of the system. Thus, in case of unexpected situations or events (e.g. collision danger, malfunction of some components) a decision making unit establishes the modifications in the action sequence, which are needed for reaching the goal.

In the lower continuous control level the most appropriate controller to execute the currently active Primitive Skill (e.g. impedance or velocity control) is activated and its parameters are chosen in order to ensure an optimal dynamical response.

On the basis of the proposed discrete-continuous control concept, the robot has been enabled to perform a large manifold of basic skills in a human-like manner. Typical basic skills implemented on the test platform at Fraunhofer IOSB are for example the grasping of randomly positioned objects, the fitting of parts or the balancing of instable parts on a tray.

Zusammenfassung

Gegenwärtig werden im Bereich der Robotik starke Anstrengungen unternommen, um eine neue Generation von Robotern zu entwickeln, die in der Lage sind, anspruchsvolle Aufgabenstellungen in einem zeitlich variablen Umfeld sowohl autonom als auch interaktiv mit dem Menschen zu erfüllen. Um den höheren Anforderungen hinsichtlich der Komplexität der Handlungen und der Varianz der Umweltbedingungen gerecht werden zu können, benötigt ein solcher humanoider Roboter ein strukturvariables multisensorielles Regelungskonzept, das ihm die notwendige Intelligenz, Flexibilität und Geschicklichkeit bei der situationsoptimalen Aufgabenbewältigung vermittelt.

Hierzu werden zunächst entsprechende Sensoren (künstliche Sinne) benötigt, die das komplette Spektrum der menschlichen Wahrnehmungsmöglichkeiten (Sehen, Hören, Fühlen, ...) abdecken und die Informationen über den internen Zustand des Roboters und den externen Zustand seiner Umwelt erfassen. Genauso wichtig ist aber eine Intelligenz, die durch modell- oder wissensbasierte Datenfusion diesen Zustand online diagnostiziert, bewertet und daraus zielführende Handlungen entwickelt. Schließlich ist noch eine geeignete Steuerungs- und Regelungsarchitektur erforderlich, die erheblich flexibler hinsichtlich wechselnder Aufgabenstellungen ist, als bei marktüblichen Robotersteuerungen.

In der vorliegenden Arbeit wird für diese neue Klasse von Robotern ein generisches *zweischichtiges diskret-kontinuierliches Regelungskonzept* vorgestellt, das der erhöhten Anforderungen besser gerecht wird, als marktüblichen Systemkonzepte.

Die obere diskrete Reglerebene geht davon aus, den komplexen Handlungsplan des Roboters in eine dynamisch konfigurierbare Folge einfacher Aktionsprimitive zu zerlegen. Die resultierende diskrete Aktionssequenz wird mit einem Petri-Netz modelliert, in dem jedes Aktionsprimitiv einer Stelle zugeordnet ist. Die ausführbaren Aktionen werden dann mit Hilfe von Fuzzy-Methoden abhängig vom aktuellen Zustand hinsichtlich ihrer Eignung bewertet. Bei Änderungen bzw. unerwarteten Ereignissen (z. B. Kollisionsgefahr, Komponentenausfall) ermittelt eine Entscheidungs-Einheit situationsoptimale Modifikationen der Handlungssequenz.

In der unteren kontinuierlichen Reglerebene werden für jedes Aktionsprimitiv die hierfür benötigten kontinuierlichen Regler (z. B. Geschwindigkeits- oder Impedanzregler) aktiviert und die optimalen Parameter ausgewählt.

Auf der Grundlage des vorgeschlagenen flexiblen diskret-kontinuierlichen Überwachungs- und Regelungskonzepts wird der Roboter befähigt, verschiedene perzeptorisch geregelte Grundgeschicklichkeiten in einer menschenähnlichen Art und Weise zu verrichten. Typische Anwendungsbeispiele, die auf der experimentellen Versuchsplattform des Fraunhofer IOSB erfolgreich erprobt wurden, sind z. B. das Greifen zufällig heruntergefallener Teile, das Fügen von Formteilen oder das Balancieren instabiler Objekte auf einem Tablett.

Danksagung

An dieser Stelle sei allen gedankt, die mir bei der Anfertigung dieser Arbeit mit Rat und Tat zur Seite standen.

Den wissenschaftlichen Mitarbeitern der Abteilung Mess-, Regelungs- und Diagnosesystem des Fraunhofer-Instituts für Optronik, Systemtechnik und Bildauswertung (IOSB) in Karlsruhe sei für ihre Hilfsbereitschaft und Unterstützung gedankt. Insbesondere danke ich Herrn Dr. -Ing. Helge-Björn Kuntze, der mit anregenden Diskussionen und Kritik zum Gelingen dieser Arbeit beitrug.

Des Weiteren gilt mein Dank Herrn Prof. Dr. Jürgen Beyerer und Herrn Prof. Alessandro De Luca, die mir mit ihrer langjährigen Erfahrung und hilfreichen Literaturvorschlägen zur Seite standen.

Auch bei all denjenigen, die ihre Zeit zum Korrekturlesen dieser Arbeit geopfert haben, möchte ich mich herzlich bedanken.

Diese Arbeit möchte ich meiner Frau Francesca und meiner Tochter Arianna widmen, da sie mich ständig moralisch unterstützt und motiviert haben.

Inhaltsverzeichnis

Akronyme

Akronym	Englische Beschreibung	Deutsche Beschreibung
AP	Primitive Skill	Aktionsprimitiv
BMBF	-	Bundesministerium für Bildung und Forschung
BN	Bayesian Network	Bayes'sches Netz
cpi	Counts per inch	-
DFG	-	Deutsche Forschungsgemeinschaft
DOA	Direction Of Arrival	Einfallsrichtung
CAD	Computer Aided Design	computergestützter Entwurf
CAN	Controller Area Network	-
CMOS	Complementary Metal Oxide Semiconductor	komplementärer Metall-Oxid-Halbleiter
CNC	Computerized Numerical Control	computerisierte numerische Steuerung
DES	Discrete Event System	ereignisdiskretes System
DoF	Degree of Freedom	Freiheitsgrad
EFK	Extendend Kalman Filter	erweitertes Kalman Filter
fps	Frames per second	Bilder pro Sekunde
GPS	Global Positioning System	globales Positionsbestimmungs-system
GUI	Graphical User Interface	grafische Benutzerschnittstelle
HK	Hand Camera	Handkamera
KMS	Force-Torque Sensor	Kraft-Momenten-Sensor
LED	Light Emitting Diode	Leuchtdiode

Fortsetzung siehe nächste Seite...

Akronym	Englische Beschreibung	Deutsche Beschreibung
MIMO	Multiple Input Multiple Output	Mehrgrößensystem
PN	Petri Net	Petri-Netz
PS	Primitive Skill	Aktionsprimitiv
SFB	-	Sonderforschungsbereich
SISO	Single Input Single Output	einzelner Eingang einzelner Ausgang
SK	Stereo Camera	Stereokamera
SLAM	Simultaneous Localization and Mapping	selbst Lokalisierung und Kartenerstellung
TCP	Tool Center Point	-
TDOA	Time-Difference Of Arrival	-
VS	Visual Servoing	bildgestützte Regelung
ZMP	Zero Moment Point	-

Symbole

Symbol	Beschreibung	Einheit
Konventionen		
$\underline{a}$	allgemeine Darstellung eines Vektors	-
$\mathbf{A}$	allgemeine Darstellung einer Matrix	-
$\mathcal{A}$	allgemeine Darstellung einer Menge	-
Robotik		
$\underline{f}$	externe Kräfte	$[N]$
$\mathbf{F}$	Reibungsmatrix	$[N \cdot m]$
$\underline{g}$	Gravitationsvektor	$[N \cdot m]$
$\mathbf{C}$	Coriolis- und Zentrifugalkräfte	$[Kg \cdot \frac{m}{s}]$
$\mathbf{M}$	Massenträhigheitsmatrix	$[Kg \cdot m]$
$\underline{q}$	Gelenkposition	$[rad]$
$\underline{\dot{q}}$	Gelenkgeschwindigkeit	$[\frac{rad}{s}]$
$\underline{\ddot{q}}$	Gelenkbeschleunigung	$[\frac{rad}{s^2}]$
$\underline{r}$	Residuenvektor	$[N \cdot m \cdot s]$
$\mathbf{S}$	Selektionsmatrix	-
$\mathbf{T}$	kinematische Transformationsmatrix	-
$\underline{u}$	Stellgröße	-
$\underline{x}$	kartesische Position	$[m]$
$\underline{\dot{x}}$	kartesische Geschwindigkeit	$[\frac{m}{s}]$
$\underline{\ddot{x}}$	kartesische Beschleunigung	$[\frac{m}{s^2}]$
$\underline{\alpha}$	partielle Roboterdynamik	$[N \cdot m]$
$\underline{\eta}$	verallgemeinerte Momente	$[N \cdot m \cdot s]$

Fortsetzung siehe nächste Seite…

Symbol	Beschreibung	Einheit
$\underline{\tau}$	Antriebsmomente	$[N \cdot m]$
$\underline{\tau_f}$	Fehlermomente	$[N \cdot m]$
$\underline{\tau_n}$	nominelle Antriebsmomente	$[N \cdot m]$
Petri-Netze		
$\mathcal{A}$	Kantenmenge	-
$\mathbf{G}$	Adjazenzmatrix eines Graphen	-
$\mathbf{G}_w$	gewichtete Adjazenzmatrix eines Graphen	-
$\mathbf{H}_{pt}$	Matrix der Verbindungen Stellen-Transitionen	-
$\mathbf{H}_{tp}$	Matrix der Verbindungen Transitionen-Stellen	-
$\underline{\kappa}$	Kapazitätsvektor	-
$\mathcal{K}$	Stellenkapazitätsabbildung	-
$\underline{m}$	Markierungsvektor	-
$\mathcal{M}_0$	Anfangsmarkierung	-
$\mathbf{N}$	Netzmatrix	-
$\mathcal{P}$	Stellenmenge	-
p	Stelle	-
$\mathcal{T}$	Transitionsmenge	-
t	Transition	-
$\underline{t}$	Transitionsvektor	-
$\underline{v}$	Schaltvektor	-
$\mathcal{W}$	Kantengewichtsabbildung	-
Aktionsprimitive		
av	Verfügbarkeit einer Ressource	-
$\mathcal{D}$	Menge der Sollwerte	-
$\mathcal{HM}$	Hybride Bewegung	-
$\mathcal{RF}$	Bezugskoordinatensystem	-
$\mathcal{TF}$	Koordinatensystem	-
γ	Gedächtnisfaktor der Effizienz	-
λ	Abbruchbedingungen	-
ν	Nutzenfunktion	-
ϑ	Qualität einer Ressource	-
ψ	Werkzeugkommandos	-

Fortsetzung siehe nächste Seite...

Symbol	Beschreibung	Einheit
Sonstige		
K, k	Verstärkung	-
μ	Zugehörigkeitsfunktion	-

Kapitel 1

Einleitung

1.1 Motivation

Die zentrale Motivation zur Entwicklung von Robotern besteht darin, Menschen in ihrem beruflichen und privaten Umfeld von gefährlichen oder monotonen Tätigkeiten zu befreien oder ihnen bei schwierigen Dienstleistungen zu assistieren. Immer komplexere Automatisierungsaufgaben in einer dynamisch veränderlichen Umwelt, sowohl im Fertigungsbereich als auch im privaten Umfeld des Menschen erfordern, dass der Roboter nicht nur eintönige schwere Tätigkeiten übernimmt, sondern in zunehmendem Maße auch kognitive und perzeptiv anspruchsvolle Aufgabenstellungen geschickt ausführt.

Trotz erheblicher Anstrengungen konnten in der Vergangenheit die dazu entwickelten Lösungsansätze, die von vollautomatisierten Planungs-, Steuerungs- und Überwachungsaufgaben d. h. unter Ausschluss des Menschen ausgingen, die in sie gesetzten hohen Erwartungen nicht erfüllen. Sie erwiesen sich überwiegend als zu wenig flexibel hinsichtlich ständig wechselnder, immer komplexerer Anforderungen und Randbedingungen. Die meisten kommerziell verfügbaren Roboter stellen nur maßgeschneiderte Lösungen für spezielle Anwendungen dar, deren flexible Anpassung an ähnliche Aufgabenstellungen für die Nutzer noch zu aufwendig ist. Für die Systemhersteller sind solche Breitbandanforderungen noch zu aufwendig. Insbesondere mangelt es an sensorbasierten Methoden und intelligenten Regelungskonzepten, welche eine selbsttätige Anpassung des Roboters an variable Aufgaben und dynamische Umweltbedingungen ermöglichen.

Die funktionale Begrenzung von marktüblichen Industrierobotern ergibt sich hauptsächlich aus den verwendeten klassischen Steuerungen, die stark an das Systemkonzept der computerisierten numerischen Steuerungen von Werkzeugmaschinen (CNC) angelehnt sind. Nahezu alle Aufgabenstellungen werden durch programmgesteuerte einfache Bewegungsphasen (Punkt-zu-Punkt- oder interpolierte Bahnbewegungen) in einer *unveränderlichen Umgebung* realisiert. Die Programmierung erfolgt offline durch Vormachen oder mit Hilfe von CAD-gestützten-Systemen. Da Industrieroboter standardmäßig nur mit inneren (propriozeptiven) Sensoren (z. B. Winkelkodierer, Tachosensoren) ausgerüstet sind, lassen sich nur die Positionen und Geschwindigkeiten der Roboterachsen zueinander (d. h. die Roboterpose) regeln, nicht jedoch die Roboterbewegung bezogen auf eine dynamisch veränderliche Umwelt (z. B. bewegte Hindernisse).

Ein erster Schritt zu flexibleren Systeme bestand darin, die Roboter mit externen (exterozeptiven) Sensoren zur Umweltwahrnehmung auszustatten, sodass durch umweltinteraktive Regelungen auch Handhabungen unter *veränderlichen Umwelteinflüssen* durchgeführt werden konnten. Zu diesem wesentlich schwierigeren Problem wurden bisher dedizierte Regelungskonzepte besonders im Bereich der kraftschlüssigen und visuellen Perzeption erfolgreich entwickelt. Realisiert wurden solche sensorbasierten Regelungskonzepte jedoch meist nur für singuläre Teilaufgaben aus dem Fertigungsumfeld (z. B. Schweißen, Fügen, Entgraten) oder unter unkritischen Bedingungen.

Getrieben vom Wunsch, vielfältig einsetzbare Roboter für das berufliche und private Umfeld zu realisieren, werden gegenwärtig große Anstrengungen unternommen, vollautomatisierte Roboter mit menschenähnlichem Aussehen und Verhalten zu entwickeln. Solche sogenannten humanoiden Roboter sollen in der Lage sein, in einer dynamisch veränderlichen Umgebung anspruchsvolle Aufgaben weitgehend autonom sowie auch interaktiv mit dem Menschen zu erfüllen. Dieses ehrgeizige Ziel stellt an die Forschung zahlreiche neue Herausforderungen, die gelöst werden müssen.

So müssen *Planungs- und Modellierungswerkzeuge* entwickelt werden, die die Durchführung komplexer Aufgaben ermöglichen, welche aus einer diskreten Folge von physikalisch sehr unterschiedlichen Bewegungsphasen bestehen. Da in der Regel jede Bewegungsphase *spezifische Regelungsalgorithmen* benötigt, muss auch die kontinuierliche Regelungsstrategie flexibel gestaltbar sein. Dazu müssen *geeignete Regelungsarchitekturen* entwickelt werden, die den hybriden Charakter solcher komplexer mehrphasiger Roboteraufgaben abbilden können. Zur Erfassung der stark zeitvarianten Umgebung müssen die Roboter über entsprechende *Perzeptionsfähigkeiten* verfügen, die das komplette

Spektrum der menschlichen Wahrnehmungsmöglichkeiten abdecken. Ebenso wichtig sind intelligente Fusionsalgorithmen, um die erfassten komplementären Messdaten zu kombinieren, auszuwerten und anhand der Ergebnisse zielführende Handlungen planen und aktivieren zu können. Die notwendige erhöhte *Autonomie und Flexibilität* für die Durchführung der vielfältigen Aufgaben kann nur erreicht werden, wenn der Roboter in der Lage ist, autonome Entscheidungen zu treffen. Da viele Aufgaben in enger Kooperation mit dem Menschen durchgeführt werden, müssen für ein solches System extrem *hohe Sicherheitsanforderungen* erfüllt sein, welche eine konstante Systemüberwachung erforderlich machen.

Zur Entwicklung der theoretischen Grundlagen solcher Regelungskonzepte wurden in den letzten Jahren erhebliche Anstrengungen unternommen. Einige Teilaspekte wurden anhand verschiedenartiger Fallbeispiele nachgewiesen, es existiert jedoch zur Zeit kein generisches Konzept, das allen oben genannten Anforderungen genügen kann.

1.2 Eigener Beitrag

Ziel dieser Dissertation ist daher die Entwicklung eines generischen Konzepts zur multisensoriellen diskret-kontinuierlichen Überwachung und Regelung humanoider Roboter, das den hohen Anforderungen hinsichtlich Flexibilität, Autonomie und Sicherheit gerecht wird.

Es wird ein hierarchisch strukturiertes *zweischichtiges Regelungskonzept* vorgeschlagen und realisiert, welches eine operative multisensorielle Überwachung des Roboterumfeldes hinsichtlich störungsbedingter Abweichungen vom geplanten Bewegungsablauf beinhaltet und in der Lage ist, entsprechend zu reagieren.

In einem ersten Schritt gilt es, den komplexen Handlungsplan des Roboters in eine dynamisch konfigurierbare Folge elementarer Aktionen (sogenannte *Aktionsprimitive*) zu zerlegen. Die resultierende diskrete Aktionssequenz wird mit einem Petri-Netz modelliert, in dem jedes Aktionsprimitiv einer Stelle zugeordnet ist.

Durch *intelligente Multisensorfusion* verschiedener Sensoren (z. B. optisch, bildgebend, akustisch und taktil) werden dann die aktuelle Bewegungsphase des Roboters und des Menschen in seinem Umfeld sowie Abweichungen vom geplanten Verlauf operativ diagnostiziert.

Anschließend wird in Abhängigkeit vom jeweils diagnostizierten (regulären oder irregulären) Systemzustand von einer *fuzzy-basierten Entscheidungseinheit* die für die aktuelle Situation geeignetste hybride Regelungsstrategie ausgewählt. Das schließt sowohl die Aktivierung bzw. Adaption spezifischer (kontinuierlich wirkenden) Regler als auch die Online-Anpassung der (diskreten) Sequenz von Aktionsprimitiven mit ein.

Zur Validierung des generischen Systemkonzepts wurden auf dessen Grundlage verschiedene *perzeptorisch geregelte Grundgeschicklichkeiten* entwickelt und implementiert, die den humanoiden Roboter befähigen, in einer unscharf bekannten, sich ständig verändernden Umwelt wichtige Handhabungsaufgaben auszuführen.

1.3 Gliederung der Arbeit

Die vorliegende Arbeit unterteilt sich in sechs Kapitel. Nach der Einleitung wird in *Kapitel 2* zunächst ein Überblick über den Stand der Technik und Forschung bei der Überwachung und Regelung von Robotern vermittelt. Es wird auf Forschungsarbeiten eingegangen, die in dieser Arbeit eine wichtige Rolle spielen. Das heißt, neben der etablierten Regelung von Industrierobotern, insbesondere auch innovative Methoden zur Regelung von mobilen und humanoiden Robotern, die das später vorgeschlagene Konzept inspiriert haben. Der Schwerpunkt liegt auf der Betrachtung von Regelungsarchitekturen, hybriden diskret-kontinuierlichen Systemen sowie von Verfahren zur autonomen Entscheidungsfindung.

Im *Kapitel 3* wird das hier vorgeschlagene diskret-kontinuierliche Systemkonzept zur Überwachung und Regelung humanoider Roboter vorgestellt. Zunächst wird der hybride Charakter der konzipierten Regelungsstruktur erläutert und ihr wichtigster Bestandteil, das Aktionsprimitiv, definiert. Anschließend wird ausführlich auf die untersuchten Ansätzen zur Entscheidungsfindung eingegangen.

Die zur Verfügung stehende Versuchs- und Entwicklungsplattform, auf der später die Umsetzung des Lösungskonzepts erfolgt, wird im *Kapitel 4* vorgestellt. Dies beinhaltet zum einen die Beschreibung der verschiedenen Hardware-Komponenten, zum anderen aber auch die Architektur der dazu implementierten Software.

Die Übertragung des entwickelten Konzepts auf das reale Robotersystem und die experimentelle Validierung anhand verschiedener Beispielszenarien sind Gegenstand von *Kapitel 5*. Hierfür werden zuerst einige Grundgeschicklichkeiten des Roboters dargestellt, die zur Erprobung verschiedener Teilaspekte der vorgeschlagenen diskret-kontinuierlichen Regelung implementiert wurden. Dann wird das gesamte Konzept anhand eines komplexen Szenarios mit Hilfe zahlreicher Simulationen unter MATLAB/Simulink® ausgiebig erprobt. Schließlich werden die Simulationsergebnisse, die die Grundlage für die Durchführung von aussagekräftigen experimentellen Versuchen bilden, diskutiert und bewertet.

Abschließend werden die Ergebnisse der Arbeit zusammengefasst sowie ein Ausblick auf sinnvolle weiterführende Arbeiten vermittelt.

Kapitel 2

Stand der Technik und Forschung

In diesem Kapitel wird ein kurzer Überblick zu Methoden und Anwendungen bei der Überwachung und Regelung von Robotern vermittelt.

Zunächst wird eine Übersicht über konventionelle und fortgeschrittene Regelungskonzepte für marktübliche Industrieroboter dargestellt. Anschließend werden Lösungsansätze präsentiert, die zur Planung, Navigation und Regelung mobiler Serviceroboter eingesetzt werden. Zum Schluss werden der aktuelle Entwicklungsstand bei der Überwachung und Regelung humanoider Roboter beleuchtet und die noch bestehenden Defizite herausgearbeitet.

Diese Übersichtsdarstellung zeigt wesentliche Trends auf, erhebt jedoch keinen Anspruch auf Vollständigkeit. Auf fachspezifische Arbeiten, in denen diese Themen ausführlich behandelt werden, wird direkt in den entsprechenden Abschnitten verwiesen. Für weiterführende Informationen zu allgemeinen theoretischen Grundlagen der Robotik sei auf anerkannte Lehrbücher und Monographien wie z. B. [Paul, 1982; Craig, 1989; Sciavicco und Siciliano, 2000; Siciliano und Villani, 2000] verwiesen.

2.1 Regelung von mehrachsigen Industrierobotern

Industrieroboter werden in der Regel in einem klar strukturierten und a priori bekannten Industrieumfeld eingesetzt. Durch eine mehrgelenkige Kinematik der Arme mit in der Regel bis zu sechs Achsen sowie eine Vielfalt maßgeschneiderter aufgabenspezifischer Greifer und Werkzeuge, die im Endeffektor als Wechselkomponenten fixiert werden, lässt sich ein breites Spektrum unterschiedlicher Automatisierungsaufgaben lösen. Für die Genauigkeit bei einer hohen Dynamik und stark wechselnder Belastung des Industrieroboters ist die Güte der eingesetzten Regelungskonzepte von entscheidender Bedeutung.

Weltweit werden gegenwärtig mehr als eine Million Industrieroboter eingesetzt [IFR, 2009]. Sie finden besonders in folgenden drei Aufgabenbereichen erfolgreiche Anwendung [Sciavicco und Siciliano, 2000]:

- *Handhabungsaufgaben*, die eine Punkt-zu-Punkt-Bewegung erfordern (z. B. Pallettierung, Be-/Entladung von Lagern, Teilesortierung, Verpackung);

- *Fertigungsaufgaben*, bei denen eine dynamisch präzise Bahn- bzw. Trajektorienbewegung gefordert wird (z. B. Schweißen, Lackieren, Schneiden, Drehen, Fräsen, Schleifen, Entgraten, Schrauben, Verkabelung, Montage von Baugruppen, Bestückung von Elektroplatinen);

- *Vermessungsaufgaben* bei der Qualitätsüberwachung (z. B. Objektkontrolle, Bestimmung von Umrissen, Detektion von Produktionsfehlern).

Da diese Aufgaben eine weitgehend unbeschränkte Bewegung des Roboters in seinem Arbeitsraum zulassen, ist es meistens ausreichend, *Positionsregelungskonzepte mit propriozeptiven Sensoren* (z. B. Winkelkodierer) einzusetzen. Auszuregelnde Störgrößen sind überwiegend stochastische Reibungseinflüsse und Lastwechsel im Endeffektor. Um anspruchsvollere Handhabungs- und Fertigungsaufgaben in einer zunehmend zeitvarianten Umgebung erfolgreich bewältigen zu können, ist die Einführung geeigneter *umweltinteraktiver Regelungskonzepte unter Verwendung von exterozeptiven Sensoren* (z. B. Kraft-Momenten-Sensoren, bildgebende Sensoren) erforderlich. Während leistungsfähige Positionsregelungskonzepte bereits seit längerem erfolgreich in marktüblichen Industrierobotern eingesetzt werden, sind anspruchsvollere umweltinteraktive Regelungskonzepte bisher nur in einem relativ bescheidenen Umfang industriell realisiert worden.

2.1.1 Positionsregelung mit propriozeptiven Sensoren

Die Aufgabe der Positionsregelung besteht darin, der Roboterendeffektor hinsichtlich Position und Lage (im Folgenden kurz nur als Position bezeichnet) möglichst genau entlang einer gewünschten frei programmierbaren Referenztrajektorie zu führen. Da die Antriebsachsen des Roboters standardmäßig mit

Sensoren ausgerüstet sind, die ihren internen Zustand erfassen können (propriozeptive Sensoren), erfolgt die Regelung der kartesischen 6D-Position des Tool-Center-Point (TCP) indirekt über die Regelung der Positionen $\underline{q}$ der Roboterachsen. Es wird also nur die Position des Roboters geregelt, nicht dessen räumlicher und kraftschlüssiger Bezug zu seiner Umwelt (siehe Abbildung 2.1). Ungenauigkeiten im Robotermodell führen daher zu Fehlern in der kartesischen Positionierung des Endeffektors. Dies ist besonders bei der schnellen Bewegung von leichten mechanischen Strukturen oder nichtlinearen Reibungsbedingungen zu berücksichtigen [De Luca, 2000].

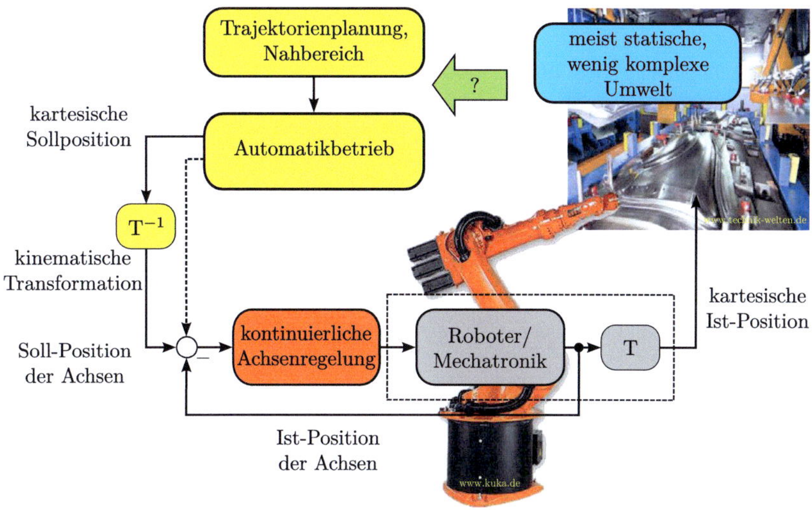

Abbildung 2.1: Positionsregelung eines Industrieroboters im Achsenkoordinatensystem

Zur Positionsregelung wurden bereits sehr leistungsfähige, zunächst modellbasierte, später auch heuristische Regelungskonzepte entwickelt, die bei industriellen Robotern zunehmend breite Anwendung finden. Hinsichtlich ihrer Struktur lassen sich bei den Positionsregelungsalgorithmen *dezentralisierte* und *zentralisierte* Konzepte unterscheiden, zu deren theoretischen Grundlagen im Folgenden ein kurzgefasster Überblick vermittelt wird. Welche Regelungsstruktur die geeignetste ist, kann nur in Abhängigkeit der entsprechenden Randbedingungen (z. B. Anwendungsbereich, mechatronische Realisierung, Aktorik) bestimmt werden.

2.1.1.1 Dezentralisierte Regelungskonzepte

Dezentralisierte Regelungskonzepte gehen davon aus, die Roboterachsen getrennt voneinander zu regeln. Hinsichtlich ihrer Struktur sind es also mehrere SISO-Regler (Single Input, Single Output), bei denen Kopplungseinflüsse zwischen benachbarten Achsen und Nichtlinearitäten als Störungen interpretiert werden.

Die in marktüblichen Industrierobotern am häufigsten eingesetzte dezentralisierte Reglervariante ist die in Abbildung 2.2 dargestellte kaskadierte Positionsregelung. Durch drei unabhängig voneinander einstellbare Teilregler mit etwaiger Vorsteuerung der Sollgeschwindigkeit und -beschleunigung gewährleistet sie ein gutes Stör- und Führungsverhalten auch bei hochdynamischen Solltrajektorien. Durch die hierarchische Reglerstruktur lassen sich die Reglerparameter auch ohne Modellkenntnis mit einfachen Inbetriebnahmeregeln experimentell optimieren.

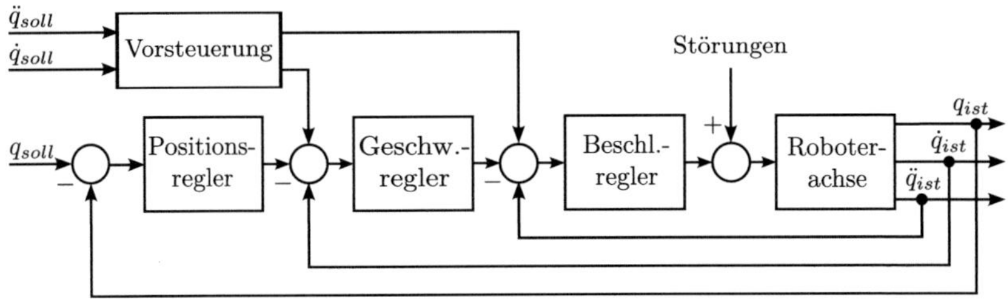

Abbildung 2.2: Dezentrale kaskadierte Positionsregelung mit Vorsteuerung

2.1.1.2 Zentralisierte Regelungskonzepte

Zentralisierte Regelungskonzepte gehen im Gegensatz zu dezentralisierten Ansätzen davon aus, dass das Systemverhalten des mehrachsigen Industrieroboters ganzheitlich, d. h. unter Berücksichtigung der nichtlinearen dynamischen Kopplung benachbarter Roboterachsen zu betrachten ist. Der Entwurf eines MIMO-Reglers (Multiple Input, Multiple Output) basiert dabei auf den nichtlinearen dynamischen Bewegungsgleichungen:

$$\mathbf{M}(\underline{q}) \cdot \underline{\ddot{q}} + \mathbf{C}(\underline{q}, \underline{\dot{q}}) \cdot \underline{\dot{q}} + \mathbf{F}(\underline{\dot{q}}) + \underline{g}(\underline{q}) = \underline{\tau} \tag{2.1}$$

Hierbei stellen $\underline{q}, \underline{\dot{q}}, \underline{\ddot{q}}$ die Gelenkpositionen, -geschwindigkeiten und -beschleunigungen dar, $\mathbf{M}$ die Massenträgheitsmatrix, $\mathbf{C}$ die Matrix der Coriolis- und

Zentrifugalkräfte, **F** die Reibungsmatrix, $\underline{g}$ der Gravitationsvektor und $\underline{\tau}$ die Antriebsmomente.

Durch die Einbeziehung eines partiellen oder kompletten inversen Mehrkörpermodells in den Regelungsalgorithmus lässt sich eine Kompensation stellungsabhängiger Schwerkräfte bzw. eine Entkopplung störender dynamischer Koppelkräfte zwischen benachbarten Roboterachsen bewirken. Hinsichtlich der strukturellen Anordnung dieses nichtlinearen Entkopplungsreglers lassen sich verschiedene Varianten realisieren. Bei der häufig angewendeten, in Abbildung 2.3 dargestellten, Feedforward-Variante werden die Position, Geschwindigkeit und Beschleunigung der Solltrajektorie zur dynamischen Entkopplung verwendet.

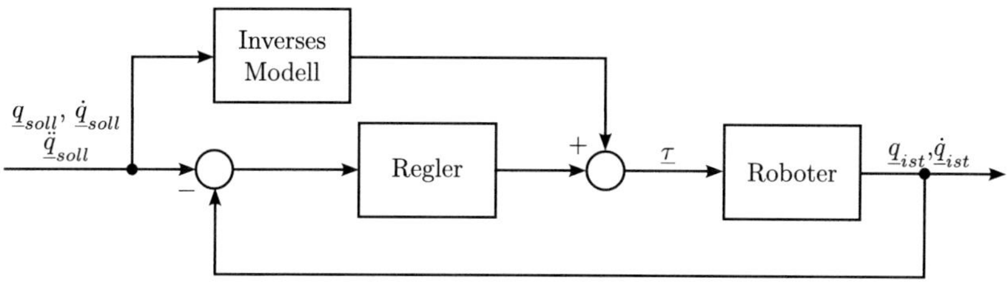

Abbildung 2.3: Zentralisierte Positionsregelung mit nichtlinearer Feedforward-Entkopplung

In der industriellen Praxis ist es oft sehr schwierig, ein ausreichend realitätsgetreues Modell für einen optimalen Reglerentwurf zu ermitteln. Einerseits unterliegen die Modellparameter oft unvermeidlichen messtechnisch bedingten Unsicherheiten und Fehlern. Andererseits treten Parameterschwankungen durch ständige Veränderungen der Lasten im TCP auf. Um diese Einflüsse zu vermindern, lassen sich Adaptive Regelungsalgorithmen einführen, die mit Hilfe geeigneter Identifikationsverfahren diese veränderlichen Modellparameter schätzen können. Da analytische Adaptionsalgorithmen jedoch sehr rechenaufwendig sind, wurden z. B. in den letzten Jahren Neuro-Fuzzy-Verfahren entwickelt, die keine analytische Modellkenntnis voraussetzen, sondern eine regelbasierte Implementierung von heuristischem Wissen anbieten [Kuntze u. a., 1995].

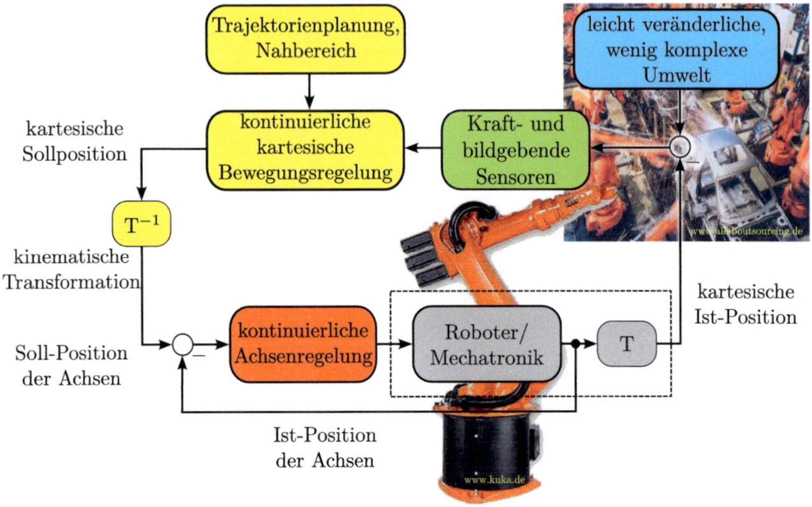

Abbildung 2.4: Umweltinteraktive Regelung eines Industrieroboters in kartesischem Raum

2.1.2 Umweltinteraktive Regelung mit exterozeptiven Sensoren

Sobald der Roboter mit einer veränderlichen Umgebung interagieren muss, ist eine Regelung nur auf Basis seiner internen propriozeptiven Sensoren nicht mehr ausreichend. In Analogie zur perzeptorischen Umweltinteraktion des Menschen mit seinen Sinnesorganen muss der Roboter auf exterozeptive Sensoren zugreifen, die den Zustand der Umwelt wahrnehmen können (hauptsächlich Kraft- und bildgebende Sensoren) und deren Messungen in den Regelkreis miteinbeziehen (siehe Abbildung 2.4).

Da diese exterozeptiven Sensoren ihre Signale primär in kartesischen Koordinaten messen, ist es naheliegend, die umweltinteraktiven Regelungskonzepte im kartesischen Koordinatensystem trotz der höheren Komplexität (aufgrund von Singularitäten, Redundanzen, ...) zu definieren. Aus der Vielfalt möglicher Regelungskonzepte sind besonders die folgenden zwei Klassen von zentraler Bedeutung:

- Regelung der Kontaktkräfte zwischen Roboter und Umwelt unter Verwendung von Kraftsensoren;
- Regelung des Abstandes zwischen Roboter und Umwelt unter Verwendung von bildgebenden Sensoren.

2.1.2.1 Kraftregelung

Wenn ein Roboter einen Kontakt zwischen seinem Endeffektor und der Umgebung herstellt (z. B. zur Oberflächenbearbeitung), sind seine Bewegungsmöglichkeiten beschränkt (engl. „*constraint motion*“). Besonders bei steifen Roboter- und/oder Umweltstrukturen können kleine Abweichungen einer Objektposition oder der Position des Endeffektors zu relativ großen Kräften führen, die den Roboter oder das Objekt beschädigen können. Andererseits kann auch der Kontakt verloren gehen. Um einen definierten und sicheren Kraftschluss zwischen Roboter und Umwelt zu gewährleisten, ist die Einführung einer geeigneten Kraftregelung unter Verwendung von Kraft-Momenten-Sensoren erforderlich [Craig, 1989].

Typische industrielle Anwendungen, die eine Regelung der Kontaktkraft benötigen, sind z. B. das Schleifen, das Entgraten und das Polieren von Werkstücken [Carlson, 2002]. Darüber hinaus können Montageaufgaben (z. B. das Fügen von Bauteilen oder das Anziehen von Schrauben) realisiert werden, bei denen Ungenauigkeiten in der Positionierung durch eine intelligente Kraftregelung kompensiert werden.

Zur Regelung der Kontaktkräfte zwischen Roboter und Umwelt wurden bisher zahlreiche verschiedene Lösungskonzepte entwickelt, die sich untergliedern lassen in:

- *Indirekte Kraftregelungskonzepte* und
- *Direkte Kraftregelungskonzepte.*

Im Folgenden soll hierzu ein kurzgefasster Überblick vermittelt werden. Hinsichtlich einer vertiefenden Darstellung sei auf die umfassenden Arbeiten [Bruyninckx u. a., 1995; Lanzetta und Dini, 1998; Austin und McCarragher, 2000; Newman u. a., 2001] verwiesen.

Indirekte Kraftregelung. Bei indirekten Kraftregelungskonzepten wird ein mechanisches Nachgiebigkeitsverhalten beim Kontakt des Roboters mit seiner Umwelt durch einstellbare Feder- und Dämpferkonstanten generiert. Zur Realisierung dieser gewünschten Kontakteigenschaften lassen sich sowohl passive als auch aktive Regelungskonzepte anwenden.

Die *passive Nachgiebigkeitsregelungen* gehen davon aus, das gewünschte Nachgiebigkeitsverhalten durch eine elastische Robotermechanik zu erzeugen. Dafür ist keine Kraftmessung erforderlich, da keine explizite Kraftrückkopplung erfolgt. Typische Anwendungen sind Einfüge- und Greifvorgänge. Die passive Regelung des Nachgiebigkeitsverhaltens ist hinsichtlich der Systemdynamik eine sehr gute Lösung, da keine Totzeiten durch die Regelung auftreten. Sie ist allerdings häufig durch die mechanische Vorgabe des Endeffektors in der Aufgabe beschränkt und kann nicht ohne Weiteres bei unterschiedlichen und sich ändernden Aufgaben oder Umweltbedingungen eingesetzt werden. Über Erfahrungen bei der industriellen Realisierung solcher Konzepte wird u. a. schon in den Arbeiten [Andreev u. a., 1976; Cutcosky und Wright, 1981; Whitney, 1982; Cailot und Kerlidou, 1984; Hoffman u. a., 1985] berichtet.

Aktive Nachgiebigkeitsregelungen erzeugen das gewünschte Nachgiebigkeitsverhalten unter Einbeziehung der gemessenen Kontaktkräfte und -momente. Ziel der verbreitetsten aktiven Nachgiebigkeitsregelung, der *Impedanzregelung*, ist es, das System aus Roboter und Umwelt als Feder-Dämpfer-Masse-System abzubilden. Dabei wird die auftretende Kraft $\underline{f}$ und die Bewegung (Position $\underline{x}$, Geschwindigkeit $\underline{\dot{x}}$ und Beschleunigung $\underline{\ddot{x}}$) über die Feder-Dämpfer-Masse-Gleichung in direkten Zusammenhang gesetzt:

$$\underline{f} = \mathbf{K}_P \cdot \underline{x} + \mathbf{K}_D \cdot \underline{\dot{x}} + \mathbf{K}_M \cdot \underline{\ddot{x}} \tag{2.2}$$

Über die Steifigkeit $\mathbf{K}_P$, die Dämpfung $\mathbf{K}_D$ und die Trägheit $\mathbf{K}_M$ kann die Nachgiebigkeit des Systems beeinflusst werden. Der Regelung wird dann eine korrigierte Sollbeschleunigung $\underline{\ddot{x}}_{\text{korr}}$ vorgegeben, um die gewünschte Zielimpedanz zu erreichen (siehe Abbildung 2.5).

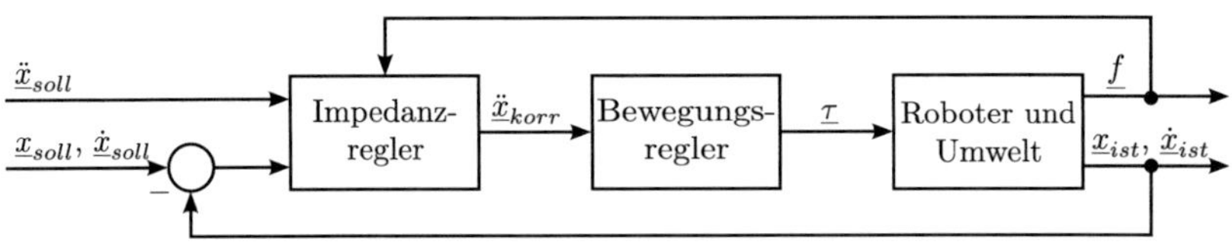

Abbildung 2.5: Kartesische Impedanzregelung

Alternativ zur in Abbildung 2.5 dargestellten kartesischen Impedanzregelung, bei der die Nachgiebigkeit im Berührungspunkt zwischen Endeffektor und Umwelt angeordnet ist, lassen sich die Nachgiebigkeiten auch in den Roboterachsen anordnen [Albu-Schäffer u. a., 2005].

Direkte Kraftregelung. Im Gegensatz zur indirekten Kraftregelung, bei der die Kontaktkraft nicht explizit als Führungsgröße vorgegeben wird, verwendet die direkte Kraftregelung die gewünschte Kraft $\underline{f}_{\text{soll}}$ als Sollwert innerhalb eines geschlossenen Regelkreises. Hinsichtlich der strukturellen Ausführung kann zwischen einer *kaskadierten* und einer *hybriden Kraft-/Positionsregelung* unterschieden werden.

Im ersten Fall verfügt die Regelung über einen äußeren Kraftregelkreis und einen inneren Positionsregelkreis. Wie in Abbildung 2.6 dargestellt, wird aus der Differenz der Soll- und Istkraft eine entsprechende Zustellungskorrektur $\underline{x}_{\text{korr}}$ errechnet. Diese Zustellungskorrektur wird mit den Positions-Sollwerten $\underline{x}_{\text{soll}}$ verrechnet, wobei bei dieser Fusion die Positionsvorgabe der Kraftregelung $\underline{x}_{\text{korr}}$ eine höhere Priorität besitzt, sodass ein Positionsfehler zugunsten der korrekten Kraftregelung toleriert wird. Der berechnete Wert ist die Eingangsgröße für den inneren Positionsregelkreis.

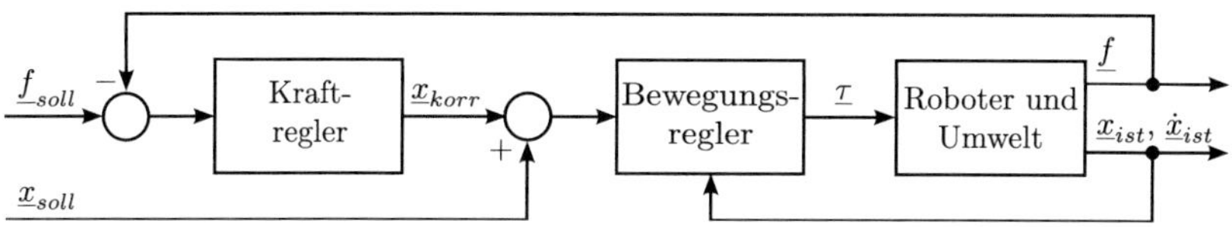

Abbildung 2.6: Kaskadierte Kraft-/Positionsregelung

Die hybride Kraft-/Positionsregelung geht stattdessen von zwei voneinander separierten Teilreglern aus und kann auch bei harten unflexiblen Kontaktoberflächen eingesetzt werden. Der Arbeitsraum wird auf Basis des Compliance-Frame-Ansatzs [Mason, 1981] in einen beschränkten und einen unbeschränkten Unterraum (engl. „*constrained/unconstrained space*“) unterteilt, die zueinander orthogonal und komplementär sind. Der beschränkte Raum enthält Restriktionen etwa in Form von Hindernissen und erlaubt keine freie Bewegung, der unbeschränkte Raum erlaubt hingegen freie Bewegung. Diese Beschränkungen werden berücksichtigt, indem für den beschränkten Raum ein Kraftregler, für den unbeschränkten Raum ein Positionsregler eingesetzt wird. Die Stellgrößen der beiden Regelkreise werden dann wieder zu einem Stellgrößenvektor für alle Freiheitsgrade zusammengefasst.

Abbildung 2.7 zeigt die Architektur einer solchen hybriden Kraft-/Positionsregelung. Die Diagonalmatrix **S** (engl. „*selection matrix*“) [Raibert und Craig, 1981], die nur mit Nullen und Einsen besetzt ist, gibt an, welche Raumrichtungen unbeschränkt sind.

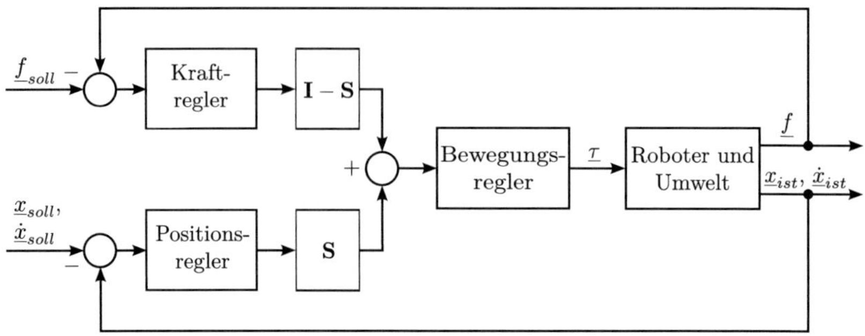

Abbildung 2.7: Hybride Kraft-/Positionsregelung

Trotz den etablierten theoretischen Regelungskonzepten, ist in der Industrie der Einsatz von Kraft-Momenten-Sensoren bei hochdynamischen Anwendungen jedoch oftmals problematisch, weil die erzielten Reglertaktraten noch relativ niedrig sind. Außerdem sind diese Sensoren noch relativ teuer und anfällig gegenüber Rauschen [Yin-Tien und Yann-Jyi, 2001]. Bei zahlreichen Aufgaben wie z. B. Entgraten und Schleifen treten zudem Reibungskräfte und Vibrationen auf, die nicht vernachlässigt werden können [Kiguchi und Fukuda, 2000]. Die zur Kompensation solcher Störungen entwickelten Ansätze sind jedoch noch relativ aufwendig und es handelt sich meist um Lösungen für ganz konkrete Fälle mit gewissen Annahmen bzw. Einschränkungen [Kiguchi und Fukuda, 1999; Yin-Tien und Yann-Jyi, 2001]. Aus diesem Grund wird der Großteil der Aufgaben, die einen Kontakt mit der Umwelt benötigen, immer noch manuell durchgeführt [Hives, 2000; Tsai u. a., 2003].

2.1.2.2 Abstandsregelung

Der Abstand zwischen Roboter und seiner Umwelt wird immer häufiger auf Basis von visuellen Informationen geregelt. Die dafür eingesetzte sogenannte „bildgestützte Regelung“ (engl. „*Visual Servoing*“ – VS [Hill und Park, 1979]) bezeichnet die Bewegungsregelung des Roboters in Abhängigkeit von den Bildinformationen, die eine oder mehrere Kameras als exterozeptive Sensoren in Verbindung mit einer geeigneten Auswertesoftware gewinnen.

Die ersten VS-Konzepte wurden bereits zu Beginn der achtziger Jahre im Umfeld der Autoindustrie unter anderem für die automatische Radmontage [Kuntze, 1981] sowie das Greifen von Werkstücken auf laufendem Förderband [Kuntze, 1984; Rembold u. a., 1998] erfolgreich eingesetzt. Getrieben durch immer leistungsstärkere und billigere Hardware-Komponenten, die auch aufwendigere Bildverarbeitungsalgorithmen in immer geringeren Taktzeiten ermöglichen, hat vor allem in den letzten Jahren der Einsatz von VS-Regelungsalgorithmen stark zugenommen [Lambert, 2004].

Hauptanwendungsfelder sind komplexe Montage- und Manipulationsaufgaben an bewegten Objekten [Lippiello u. a., 2007] sowie die Regelung von Schweißrobotern [Agapakis u. a., 1990] bei gleichzeitiger Qualitätsüberwachung. Weitere Anwendungsfelder sind z. B. die kollisionsfreie bildgestützte Roboterpositionierung in komplexen Umgebungen [Namba und Maru, 2003; Morikawa u. a., 2007].

Die Vielzahl der bisher entwickelten VS-Regelungskonzepte lässt sich unterteilen in [Malis, 2002; Lambert, 2004]:

- bildbasierte VS-Verfahren (BVS);
- positionsbasierte VS-Verfahren (PVS);
- hybride VS-Verfahren (HVS).

Die folgende kurzgefasste Darstellung kann nur die wesentlichsten Merkmale dieser VS-Verfahren beleuchten. Eine umfassendere Darstellung wird in den Arbeiten [Hutchinson u. a., 1996; Siciliano und Villani, 2000; Vincze und Hager, 2000; Martinet u. a., 2004; IEEE, 2005] aufgeführt.

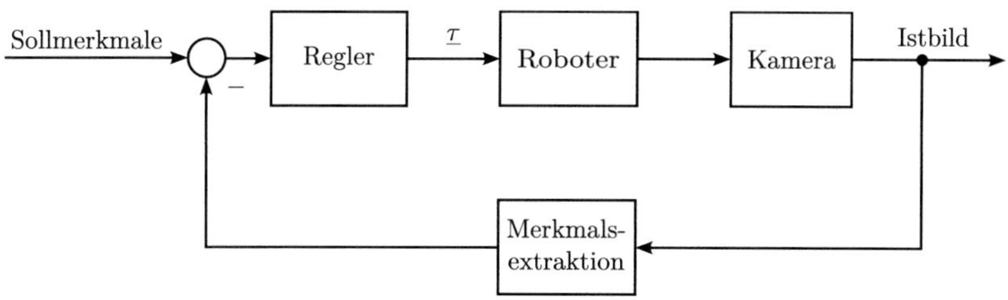

Abbildung 2.8: Grundstruktur von bildasierten VS-Regelungskonzepten

Die *bildbasierten Verfahren* arbeiten im zweidimensionalen Bildraum (deshalb auch als 2D-VS bezeichnet). Die vom Regler erzeugten Stellsignale hängen direkt von den extrahierten Bildmerkmalen und ihrer Änderungsdynamik ab. Das aktuelle Roboterbild in der Istposition wird mit dem Roboterbild in der Zielposition verglichen. Aus den Differenzmerkmalen berechnet der Regelungsalgorithmus dann zielführende Stellsignale für die unterlagerten Achsenregelkreise (siehe Abbildung 2.8). 2D-Visual Servoing ist sehr effizient für kleine Fehler, die Konvergenz für größere Verschiebungen ist jedoch nicht gesichert.

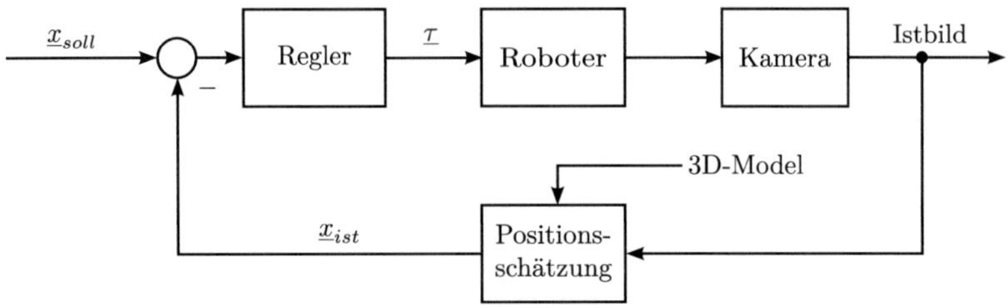

Abbildung 2.9: Grundstruktur von positionsbasierten VS-Regelungskonzepten

Bei *positionsbasierten VS-Verfahren* wird mit Hilfe eines 3D-Modells und der aktuellen Bildinformation zunächst der dreidimensionale kartesische Positions- und Orientierungsfehler des Roboters bezüglich seiner Solltrajektorie oder seiner Zielposition berechnet (daher auch 3D-VS genannt). Aus der vektoriellen Abweichung ermittelt ein geeigneter Regelungsalgorithmus die korrigierenden bzw. zielführenden Stellsignale für die unterlagerten Achsenregelkreise (siehe Abbildung 2.9).

Hybride VS-Verfahren (oft als $2\frac{1}{2}$D-Visual Servoing bezeichnet) stellen eine Kombination der BVS- und PVS-Verfahren dar [Malis u. a., 1999]. Einerseits benötigen sie im Gegensatz zu PVS-Verfahren kein rechenaufwendiges 3D-Modell. Andererseits sichern sie im Gegensatz zu BVS-Verfahren Konvergenz im gesamten Arbeitsraum des Roboters.

Trotz hoher Flexibilität und sinkender Hardware-Preise hat der Einsatz von VS-Konzepten noch gravierende Nachteile. Da die Extraktion von Bildmerkmalen sehr rechenintensiv ist, treten relativ große Totzeiten auf, welche die Stabilität und damit die erreichbare Dynamik der VS-Regelkreise beeinträchtigen. Dieser Effekt verstärkt sich noch, wenn zur Erhöhung der Messqualität hohe Auflösungen und damit größere Datenmengen notwendig werden. Der Entwicklung robuster VS-Regler kommt daher eine hohe Bedeutung zu, die vielfach unterschätzt wird.

Viele in der Literatur vorgeschlagenen VS-Konzepte aus dem Umfeld der Bildverarbeitung ignorieren diese wichtige Prämisse der Systemdynamik [Corke und Good, 1996]. Ein immer noch gängiger Ansatz ist zum Beispiel die Implementierung einfacher P-Regler, die a priori nur eine geringe Kreisverstärkung und daher stabilitätsbedingt nur langsame Roboterbewegungen zulassen. Die Verfolgung schnell bewegter Zielobjekte wird dadurch sehr eingeschränkt.

Der Einsatz von intelligenteren Regelungsalgorithmen wie z. B. modellbasierten Prädiktionsalgorithmen ist unbedingt erforderlich, um ein schnelles und gleichzeitig stabiles Trackingverhalten des Roboters zu ermöglichen [Papanikolopoulous und Khosla, 1993; Wilson u. a., 1996; Bachiller u. a., 2001; Sim u. a., 2002; Thuilot u. a., 2002].

Die meisten entwickelten Konzepte sind aber noch nicht robust genug, um massiven Einsatz in der Industrie zu finden.

2.2 Regelung von mobilen Servicerobotern

Getrieben vom Wunsch, im Fabrikumfeld die Automatisierung von Fertigungs- und Transportaufgaben zu kombinieren, wurden Ende der siebziger Jahre die ersten mobilen Serviceroboter am Markt angeboten. Im Gegensatz zu herkömmlichen Industrieroboterarmen mit begrenzten Arbeitsraum und geringer Umweltwahrnehmung, müssen solche Roboter eine deutlich größere Reichweite aufweisen und allein aus Sicherheitsgrunden über externe (exterozeptive) Sensoren verfügen (z. B. zur Kollisionsvermeidung), die ihnen ermöglichen, mit dem Menschen in einer unstrukturierten und dynamisch veränderlichen Umgebung zu interagieren.

Aufgrund ihrer überlegenen Mobilität (z. B. durch Räder oder Ketten) und ihrer zusätzlichen Sensorik haben Serviceroboter seit ihren ersten Einsätzen einen immer größeren Marktanteil für sich beansprucht und können heutzutage in einem weiten räumlichen Umfeld im Indoor- und teilweise auch im Outdoorbereich autonom navigieren und verschiedene Aufträge ausführen. Aufgrund dieser besonderen Eigenschaften werden gegenwärtig Serviceroboter in verschiedenen Bereichen angewendet, u. a. [UNECE, 2004; IFR, 2009]:

- Logistik (z. B. Transportaufgaben in Krankenhäuser oder Industrie);
- Sicherheit (z. B. Minensuche oder Überwachung von Gebäuden);
- Erforschung (z. B. Weltraum);
- Inspektion (z. B. von Rohren);
- Unterwasser;
- Reinigung (z. B. Fensterputzer, Staubsauger);
- Ausstellungsführer (z. B. in Museen).

Um diese Aufgaben selbstständig ohne externe Unterstützung ausführen zu können, müssen Serviceroboter in der Lage sein, aus eigener Kraft in ihrer zeitvarianten und unbekannten Umwelt spurfrei zu navigieren [Jörg, 1994]. Für eine weitgehend autonome *Navigation* werden folgende Hauptkomponenten benötigt:

- *Perzeption* zur Wahrnehmung der Umwelt und zur Extraktion von bedeutenden Merkmalen;
- *Lokalisierung* zur Bestimmung der Roboterposition in der Umwelt;
- *Planung* zur Generierung einer optimalen Trajektorie zum Ziel;
- *Bewegungsregelung* zur Verfolgung der geplanten Trajektorie.

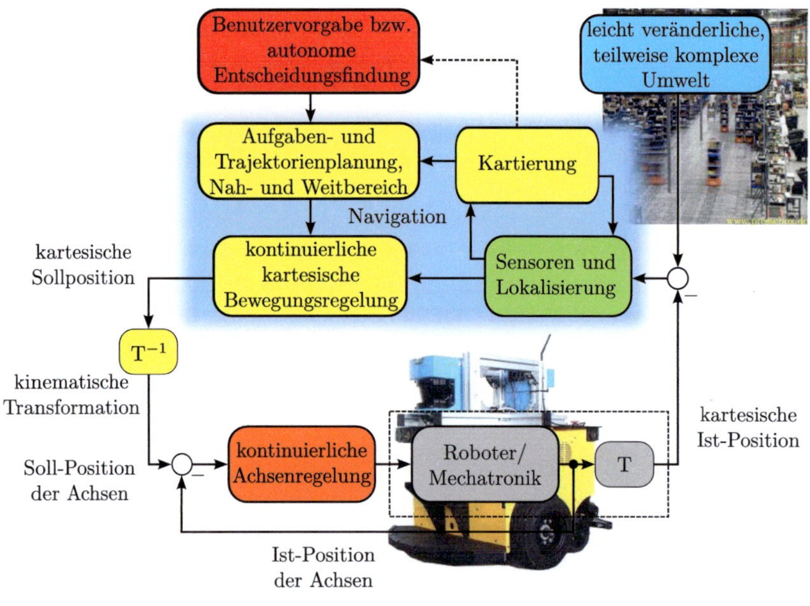

Abbildung 2.10: Regelungsschema für mobile Roboter

Schon aus der schematischen Darstellung in Abbildung 2.10 wird deutlich, dass die Komplexität der Regelung eines mobilen Roboter viel höher ist, als die eines Industrieroboters. Daher ist es notwendig, neben tauglichen Regelungsalgorithmen auch eine geeignete *Regelungsarchitektur* zu entwickeln, welche die notwendigen Regelungskomponenten effizient kombinieren und verwalten kann.

In den folgenden Abschnitten werden diese verschiedenen Teilaspekte kurz dargestellt, um die besonderen Fragestellungen der Regelung von mobilen Robotern zu diskutieren. Für einen ausführlicheren Einstieg in die Thematik sei z. B. auf [Jörg, 1994; Siegwart und Nourbakhsh, 2004; Handbook of Robotics, 2008] verwiesen.

2.2.1 Perzeption der Umwelt

Um autonom agieren zu können, muss der Roboter relevante Informationen über seine Umfeld erfassen. Deshalb sind mobile Roboter im Gegensatz zu Industrierobotern, deren Regelung oft nur auf den Messungen ihrer eigenen internen (propriozeptiven) Sensoren basiert, auf externe Sensoren (exterozeptive) stark angewiesen. Die Vielfalt an den in der mobilen Robotik angewendeten Sensoren, kann je nach Funktion aufgeteilt werden [Everett, 1995]:

- *Räder-, Antriebe-Sensoren*, die den internen Zustand des Roboters messen. Weit verbreitet sind optische inkrementelle Winkelcodierer, die auch in anderen Gebieten der Robotik ihre Anwendung finden.
- *Kurssensoren*, die die Orientierung des Roboters messen. In allgemeiner Verwendung sind der Kompass oder das Gyroskop.
- *Absolute Positionsensoren*, die die Roboterposition in einem festen Koordinatensystem messen. Hauptsächlich werden solche Sensoren für Outdoor-Anwendungen eingesetzt (z. B. Global Positioning System – GPS).
- *relative Abstandssensoren*, die die Abstände zwischen Roboter und Umwelt messen. Sie sind die häufigsten in mobiler Robotik verwendeten Sensoren für Hindernisdetektion und -umgehung, Umweltmodellierung und Lokalisierung (z. B. Ultraschall- und Lasersensoren).
- *Bewegungs-, Geschwindigkeits- und Beschleunigungssensoren*, mit denen sich die relative Bewegung zwischen Roboter und Umfeld ermitteln lässt (z. B. Radar oder Inertialsensoren).
- *bildgebende Sensoren*, die sich für verschiedene Teilaufgaben (z. B. Lokalisierung, Navigation, Überwachung, Hindernisumgehung) einsetzen lassen [DeSouza und Kak, 2002].
- *taktile Sensoren*, die die physikalische Kontaktkraft bzw. die Nähe eines Objekts erfassen (z. B. Sicherheitsschalter, Stoßfänger).

Um ein ausreichend genaues Modell der Umwelt zu erstellen und die Lage des Roboters in diesem Modell schätzen zu können, ist es notwendig mehrere Sensorinformationen miteinander zu kombinieren. Ziel der Perzeption ist daher auch die Entwicklung geeigneter Verfahren zur Sensorfusion [Brooks und Iyengar, 1998].

2.2.2 Kartierung und Selbstlokalisierung

Um die Abweichungen zu minimieren, die aufgrund von Messfehlern sowohl bei der Umweltmodellierung als auch bei der Schätzung der Lage des Roboters entstehen, müssen bei der Exploration von unbekannten Umgebungen diese beiden Probleme gleichzeitig gelöst werden. Das bedeutet, dass der Roboter während seiner Fahrt sowohl für seine Lokalisierung als auch für die Erstellung der Karte seiner Umgebung verantwortlich ist (engl. „*Simultaneous Localization and Mapping*“ – SLAM).

Grundlagen der aktuellen SLAM-Konzepte sind das erweiterte Kalman-Filter (engl. „*extended Kalman filter*“ – EKF), die graphbasierte Optimierung und Partikel-Methoden [Handbook of Robotics, 2008]. Etablierte Methoden zur Kartierung von 2D-Umgebungen können in den folgenden Klassen zusammengefasst werden [Siegwart und Nourbakhsh, 2004]:

- Kontinuierliche Karten, die eine exakte 2D-Nachbildung der Umwelt bieten, welche aber sehr rechenintensiv sind;

- Karten mit Zerlegungsstrategien, die aufgrund ihrer Diskretisierung an Genauigkeit verlieren, minimieren aber die gespeicherten Informationen:

  - mit exakter Zellenzerlegung, selten in der Robotik eingesetzt.
  - mit inexakter (approximativer) Zellenzerlegung, entweder mit festgelegter Zellendimension, wie z. B. die Belegungskarte (engl. „*occupancy grid*“) oder mit variabler Zellendimension (engl. „*quadtree*“).
  - mit topologischer Zerlegung durch Knoten und Verbindungen.

Während SLAM-Algorithmen bereits erfolgreich für klar strukturierte Indoor-Umgebungen angewendet werden, besteht noch erheblicher Entwicklungsbedarf im Outdoor-Bereich. Wesentliche Unterschiede sind hierbei die spärlich besetzten Karte mit fehlenden markanten Merkmalen (Wände, Ecken, ...) und ihre hohe zeitliche Varianz.

2.2.3 Bahn- und Trajektorienplanung

Das Ziel einer Bahnplanung besteht darin, eine Solltrajektorie zu generieren, die den Roboter unter Berücksichtigung seiner Stellbeschränkungen (z. B. maximale Lenkung) sowie der Umweltstruktur (z. B. Hindernisse) sicher zu einem Ziel führt.

Pfadplanungsalgorithmen unterscheiden sich hinsichtlich der Art der Zerlegung der Umweltdarstellung in eine diskrete Karte. Als Grundlage für die verbreitetsten Pfadplanungsmethoden können drei Strategien unterschieden werden:

Straßenkarte (engl. „*road map*“): Der Freiraum des Roboters ist mit Hilfe von 1D-Linien und -Kurven in eine diskrete Karte zerlegt. Bekannte Beispiele für einen solchen Ansatz sind der Sichtbarkeitsgraph (engl. „*visibility graph*“) und das Voronoi-Diagramm.

Zerlegung in Zellen: Wie schon in Abschnitt 2.2.2 für die Kartenerstellung präsentiert, wird der Freiraum in Zellen zerlegt. Basiert auf dieser Dekomposition wird ein Konnektivitätsgraph erstellt, der alle benachbarte Zellen verbindet. Mit Hilfe einer Suche in diesem Graph können die Zellen, die Start und Ziel beinhalten, durch eine optimale Zellensequenz verbunden und eine Bahn geplant werden.

Potentialfelder: Potentialfelderstrategien betrachten den Roboter als ein Punkt unter dem Einfluss von einem künstlichen Potentialfeld [Khatib, 1986]. Das Ziel generiert ein anziehendes, die Objekte ein abstoßendes Potential. Auf diese Art und Weise ist das Ziel das absolute Minimum des Feldes und der Roboter bewegt sich dem größten Gradient entlang.

2.2.4 Umweltinteraktive Bewegungsregelung

Da der Roboter in einer ständig veränderlichen Umwelt agiert, muss für eine optimale Navigation die Planung mit entsprechenden Regelungsalgorithmen kombiniert werden, die den Roboter befähigen, auch auf unerwartete Ereignissen zu reagieren. Zwei wichtige Regelungskomponenten, die für einen mobilen Serviceroboter unverzichtbar sind, sind Algorithmen zur Trajektorienverfolgung und zur Kollisionsvermeidung.

Trajektorienverfolgung. Diese Bewegungsregelung geht davon aus, dass die kartesische Isttrajektorie im Umweltkoordinatensystem mittels geeigneten exterozeptiven Sensoren gemessen und ausgeregelt werden kann. Im Gegensatz zu einer Bewegungsregelung allein mit odometrischen Sensoren können so schlupfbedingte Bahnabweichungen ausgeregelt werden. In diesem Bereich basieren innovative Regelungskonzepte z. B. auf den Prinzip des modellprädiktiven Reglers [Faulwasser und Findeisen, 2009]. Hier wird mit Hilfe eines aktuellen Umweltmodells über einen bestimmten Prädiktionshorizont eine optimale Robotertrajektorie generiert und schrittweise ausgeführt.

Der unterlagerte achsenspezifische Antriebsregler hängt dann vom verwendeten Lokomotionsprinzip (Springen, Gleiten, Schwimmen, Fahren ...) bzw. von der Fahrzeugkinematik ab. Für eine unabhängige Entwicklung der kartesischen Regelungsstrategien und für Planungsaufgaben kann aber der Roboter als Punkt abstrahiert werden, sodass seine Position in einer Ebene durch nur drei Koordinaten (zwei translatorische und eine rotatorische) identifiziert werden kann.

Hindernisumgehung. Um den Roboter zu befähigen, Kollisionen mit dynamischen Hindernissen zu vermeiden, sind in der Literatur viele verschiedene Techniken zu finden, die sich je nach verfügbaren Sensoren, aktueller Kartendarstellung, usw. als optimal erweisen. Unter anderem sind folgende zu erwähnen:

- Potentialfeld-Methoden [Khatib, 1986]: Dieses Konzept geht davon aus, Hindernisse durch ein virtuelles Abstoßungspotential einzuhüllen. Beim Eindringen des Roboters in diese Gefahrenzonen werden Abstoßungskräfte generiert, die die Kollision vermeiden. Im Bereich des Zieles werden umgekehrt virtuelle Anziehungskräfte auf den Roboter ausgeübt.

- Vektorfeld-Histogramm (engl. „*Vector Field Histogram*“ – VFH) [Borenstein und Koren, 1991]: Im ersten Schritt wird ein polares Histogramm, das die Dichte der Hindernisse darstellt, rund um den Roboter erstellt. Im zweiten Schritt wird aus diesen möglichen Richtungen eine Bewegungsrichtung ausgewählt. Diese Methode ist für probabilistische Hindernisverteilungen besonders geeignet.

- Dynamisches-Fenster-Ansätze (engl. „*Dynamic Window Approach*“ – DWA) [Fox u. a., 1997]: Besonderheit dieser Methode, die sehr dem Konzept der modellprädiktiven Regelung ähnelt, ist die direkte Berücksichtigung von Roboter- und Hindernisdynamik. Deshalb ist sie für dynamische Szenarien geeignet.

- Nähe-Diagramm (engl. „*Nearness Diagram*“ – ND) [Minguez und Montano, 2000]: Das Problem wird auf Basis einer „teile und herrsche“-

Strategie (engl. „*divide-and-conquer*") vereinfacht. Die Menge der Situationen, die alle Möglichkeiten hinsichtlich Roboterpositionen, Hindernissen und Zielen repräsentieren, ist durch einen binären Entscheidungsbaum symbolisch dargestellt. Jeder Situation ist dann eine Bewegungsstrategie zugeordnet.

- Hindernisrestriktion-Methoden (engl. „*Obstacle Restriction Method*" – ORM) [Minguez, 2005]: Das Problem wird in drei Schritten mit Hilfe einer geometrischen fallbasierten Methode gelöst. Zuerst wird ein Teilziel berechnet, dann jedem Hindernis eine Bewegungsbeschränkung zugeordnet, sodass eine Menge erwünschter Richtungen extrahiert werden kann. Schießlich wird aus dieser Menge eine Bewegung berechnet. Eine solche Methode ist sehr effektiv in begrenzten Gebieten.

2.2.5 Regelungsarchitekturen

Die Planung, Überwachung und Regelung von Servicerobotern ist deutlich komplexer als bei Industrierobotern und zwingt daher zur Einführung einer geeigneten Systemarchitektur, welche die steigende Hardware- und Software-Komplexität hinsichtlich Echtzeitanforderung und Transparenz berücksichtigen kann.

SPA-Architektur. Die ersten für die Robotik entwickelten Architekturen basierten auf dem „*sense-plan-act*" (SPA – wahrnehmen-planen-agieren) Paradigma [Nilsson, 1982]. Die Sensorinformationen fließen in ein Umweltmodell ein, das als Grundlage für die Planung dient. Der Ablauf wird dann ohne die direkte Einbindung der Sensoren durchgeführt, mit einem unidirektionalen Informationsfluss. Es wurde aber bald klar, dass eine Echtzeitplanung mit dieser Architektur in einer realen Umgebung viel zu zeitaufwendig und nicht realisierbar war. Außerdem konnte ein offener Regelkreis ohne Rückkopplung der Sensormessungen mit einer dynamischen Welt nicht zuverlässig funktionieren.

Subsumption-Architektur. Eine Verbesserung wurde mit Architekturen erzielt, die auf der Basis der „*subsumption*" (Einordnung) Architektur [Brooks, 1986] entwickelt wurden. Hier werden Schichten von interagierenden Zustandsmaschinen mit direkten Verbindungen zwischen Aktoren und Sensoren hierarchisch strukturiert. Jede Zustandsmaschine beschreibt ein Verhalten (engl. „*behaviour*"), das alle darunterliegende Schichten dominiert. Obwohl die Subsumption-Architektur im Vergleich zu der SPA Architektur schnellere Reaktionszeiten aufweist, erwies es sich als problematisch, langfristige Ziele zu erreichen und das Roboterverhalten zu optimieren.

Dreischichtige Architekturen. Wichtige Fortschritte hinsichtlich der Integration von Reaktion- und Planungsfähigkeiten wurde mit dem ersten Entwurf einer *dreischichtigen Architektur* erreicht [Firby, 1994; Vernon u. a., 2007]. Sie besteht in der Regel aus einer unteren Regelungsebene (engl. *„functional control layer“*), aus einer mittleren Durchführungsebene (engl. *„executive layer“*) und aus einer oberen Planungsebene (engl. *„task-planning layer“*) und ist auch heute noch für Robotikanwendungen am verbreitetsten [Gat, 1998].

In der unteren *Regelungsebene* sind mehrere schnell getaktete konventionelle Regelkreise realisiert, die direkt mit Sensoren und Aktoren verbunden sind. Auf dieser Ebene findet fast keine Verarbeitung der Daten statt.

Die mittlere *Durchführungsebene* ist die Schnittstelle zwischen numerischer Regelung und symbolischem Planer. Hier wird die Übersetzung von Aufgabenbeschreibungen auf hoher Ebene in Regelungsstrategien auf niedriger Ebene durchgeführt. Die Aufgaben werden in Teilaufgaben unterteilt und die Vor- und Nachbedingungen für ihre Ausführung festgelegt. Ein Erfolgskriterium wird ebenfalls festgesetzt. In Abhängigkeit von den aktuellen Sensordaten werden die geeigneten Regelungsstrategien aktiviert oder deaktiviert und der optimale Regler mit dazugehörigen Parametern dynamisch ausgewählt. Die Durchführung der Aufgabe wird ständig überwacht, um auf eventuelle Ausnahmen und Ressourcenkonflikte reagieren zu können. Petri-Netze (siehe Abschnitt 3.5) sind als populäres Werkzeug für die Darstellung der Durchführungsebene eingesetzt.

Die obere *Planungsebene* dient zur Bestimmung der langfristigen Aktionen, um die globalen Ziele zu erreichen. Diese höchste Ebene ist auch für die Planungskorrekturen verantwortlich, falls die Randbedingungen sich ändern. Während der Planung werden auch die zeitlichen Beschränkungen jeder Aufgabe berücksichtigt und die Ressourcen entsprechend zugeordnet.

Aus zeitlicher Perspektive gesehen, beschäftigt sich die Regelungsebene mit dem gegenwärtigen Augenblick, die Durchführungsebene beobachtet was innerhalb eines kleinen Zeithorizontes passiert ist und entscheidet was als nächstes geschehen sollte, während die Planungsebene einen längeren Prädiktionshorizont überwacht und optimiert.

Dreischichtige Architekturen werden in verschiedenen Lösungskonzepten für unterschiedlichen Anwendungen erfolgreich realisiert (z. B. die 3T- [Bonasso u. a., 1997], die ATALANTIS- [Gat, 1991] und die LAAS-Architektur [Alami u. a., 1998]).

Trotz der vielen vorgeschlagenen Konzepte ist die Kommunikation zwischen Planungs- und Durchführungsschicht aufgrund der zwei unterschiedlichen Abstraktionsebenen immer noch ein offenes Problem [Joyeux u. a., 2007]. Zur Integration von Planungs- und Durchführungskomponenten wurden die folgenden zwei Ansätze realisiert:

- Die Planungsebene wird nach Bedarf durch Anfrage von der Durchführungsebene aktiviert. Nachdem der neue Plan erstellt ist, wird sie wieder ausgeschaltet. Der Ansatz ist nur für statische Systeme mit seltenem Planungsbedarf geeignet.

- Die Planungsebene schickt der Durchführungsebene den Plan und überwacht seinen Ablauf. Falls die Aufgabe scheitert, wird sofort ein neuer Plan erstellt. Dieser Ansatz eignet sich auch für a priori unbekannte oder dynamische Umgebungen.

Zweischichtige Architekturen. Hinsichtlich der Zuordnung der Aufgaben und ihrer Überwachung zu den verschiedenen Ebenen weist die dreischichtigen Architekturen noch deutliche Mängel auf. Deshalb wird immer öfter bei der Entwicklung neuer Architekturen eine weitere Vorgehensweise angewendet, in dem die zwei oberen Ebene in eine einzige hybride Ebene vereinigt werden (z. B. IDEA [Finzi u. a., 2004], CLARAty [Estlin u. a., 2001], CIRCA [Musliner u. a., 2000] und ORCCAD [Borrelly u. a., 1998]). In solchen *zweischichtigen Architekturen* wird die Flexibilität der gesamten Planung erhöht, indem der langfristige Planer (dem normalerweise auf der Planungsebene Informationen über die Durchführung fehlen) direkt mit dem kurzfristigen Planer (dem es auf Durchführungsebene an Kenntnissen über Fernziele mangelt) verbunden ist.

Zusammenfassend lässt sich feststellen, dass es trotz langfristiger F&E-Programme, die nach der Entwicklung einheitlicher Open Source-Software-Plattformen streben (z. B. [Orocos]), derzeit noch keine allgemein etablierte Systemarchitektur für komplexe Robotersysteme gibt. Es kann dagegen die Tendenz erkannt werden, für jede einzelne Anwendung die passende Struktur zu entwickeln. Aufgrund ihrer Modularität, Flexibilität und Transparenz wird dem in dieser Arbeit vorgestellten diskret-kontinuierlichen Regelungskonzept eine zweischichtige Architektur zugrunde gelegt.

2.3 Regelung von humanoiden Robotern

Humanoide Roboter sind spezielle mobile Serviceroboter mit besonderen Manipulations- und Lokomotionseigenschaften, die als multifunktionale Hilfe dem Menschen zur Seite stehen sollen. Hierzu verfügen sie über menschenähnliche Gestalt, Mobilität und Perzeptionsfähigkeit. In Gegensatz zu anwendungsspezifischen Servicerobotern sollen sie sich als „Alleskönner" erweisen, die den Menschen in seinem Alltag unterstützen.

Die hohen Erwartungen, die in humanoide Roboter gesetzt werden, manifestieren sich weltweit in langfristigen Forschungs- und Entwicklungsprogrammen, in denen mit hohem finanziellen Aufwand die technologischen und methodischen Grundlagen für die Herstellung humanoider Roboter geschaffen werden.

Zur Entwicklung einer solchen sozialverträglichen Technologie wurden und werden auch innerhalb Deutschlands zahlreiche Forschungsvorhaben begonnen. Zu nennen seien beispielsweise die Forschungsaktivitäten, die sich mit zweibeinigem Gang (DFG-Schwerpunktprogramms 1039 „Autonomes Laufen" [Löffler u. a., 2003]) oder mit Greifen und Manipulation bzw. den hierzu erforderlichen multimodalen Dialogen (SFB 360 „Situierte Agenten" [Knoll u. a., 1997]) befassen. Im Jahr 2001 wurde der Sonderforschungsbereich (SFB) 588 „Humanoide Roboter, lernende und kooperierende multimodale Roboter" als erstes Projekt begonnen, das die Bündelung aller notwendigen Wissensgebiete zur Erforschung und Entwicklung eines humanoiden Gesamtsystems vorantreibt [SFB588, 2001]. Gleichzeitig erforschen andere Gruppen wichtige Teilaspekte eines humanoiden Roboters wie seine kognitive Fähigkeiten z. B. durch die Beteiligung am RoboCup [Weigel u. a., 2001; Friedmann u. a., 2008] oder auf Basis industrieller Systeme [CorLab, 2007]. Noch zu erwähnen in diesem Forschungspanorama sind das vom Bundesministerium für Bildung und Forschung (BMBF) beförderte DESIRE-Projekt (Deutsche Serviceroboter Initiative [Parlitz u. a., 2007]) und die Aktivitäten innerhalb des Cogito-Projektes an der TU-München [Cogito].

Im Rahmen der zahlreichen internationalen Forschungsvorhaben wurden unterschiedliche Demonstratoren realisiert, die in der Öffentlichkeit eine breite Resonanz finden. Einige davon sind z. B. in Abbildung 2.11 dargestellt:

- ARMAR III (Sonderforschungsbereich 588) [Asfour u. a., 2006]
- ASIMO (Honda) [Hirai u. a., 1998]
- HOAP 3 (Fujitsu) [Fujitsu Automation, 2008]

- HRP 4C (Kawada Industries) [Kaneko u. a., 2009]
- ICUB (EU-RobotCub Konsortium) [Metta u. a., 2005]
- JUSTIN (DLR) [Borst u. a., 2007]
- NAO (Aldebaran Robotics) [Aldebaran]
- QRIO (Sony) [Geppert, 2004]
- WABIAN II (Waseda University) [Ogura u. a., 2006]

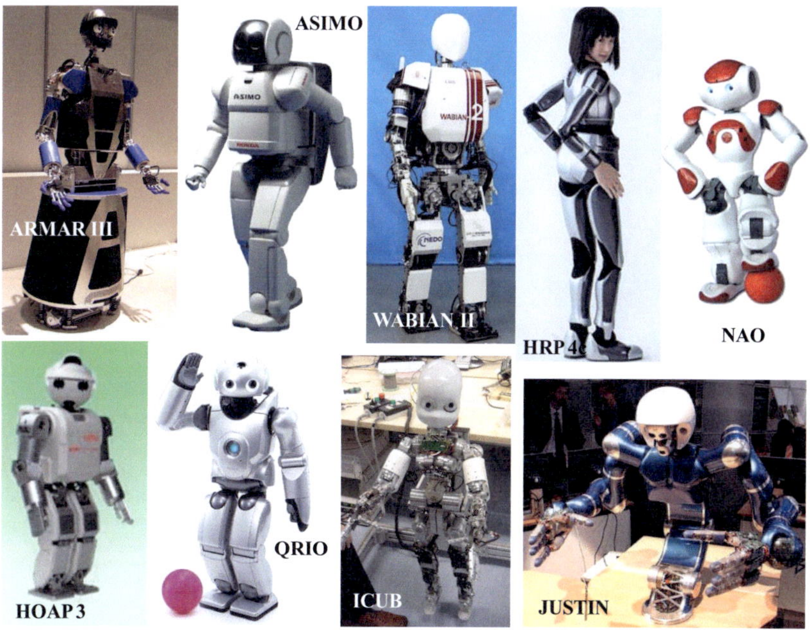

Abbildung 2.11: Realisierungsbeispiele für humanoide Roboter

Aufgrund der hohen Komplexität des Aufgabenspektrums sowie der sich ständig veränderlichen Umwelt haben humanoide Roboter natürlich höhere Anforderungen an die notwendige Intelligenz und Flexibilität [Katić und Vukobratović, 2003]. Zusammen mit ihrer besonderen Kinematik und ihrer engen

Kooperation mit dem Menschen, brauchen sie wesentlich komplexere Regelungskomponenten als diejenigen, die für mobile und Industrieroboter im Einsatz sind (siehe Abbildung 2.12). Einige Aspekte, die bei der Regelung humanoider Roboter sehr wichtig sind, können in folgende Kategorien gruppiert werden [Handbook of Robotics, 2008]:

- Ausführung komplexer Manipulationsaufgaben;
- zweibeinige Lokomotion;
- Kombination von Handhabungen während des Laufens;
- Mensch-Roboter Interaktion.

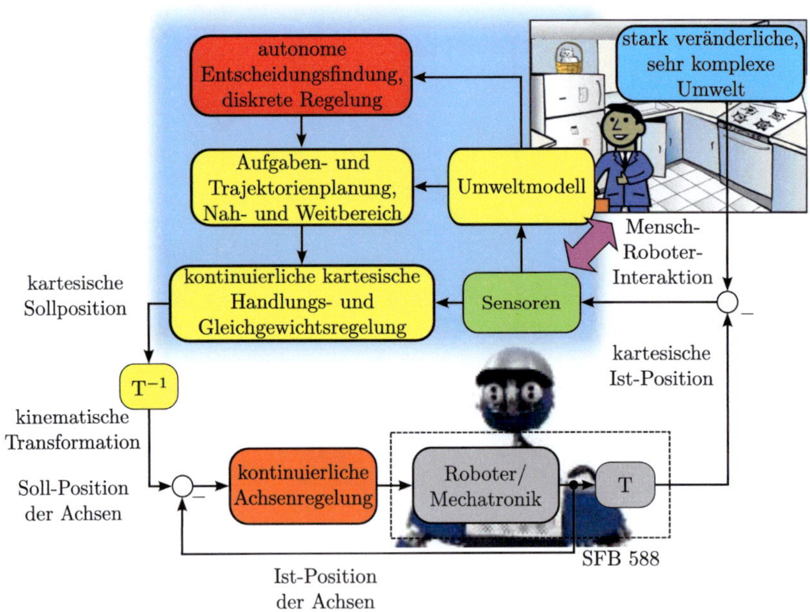

Abbildung 2.12: Regelungsschema eines humanoiden Roboters

2.3.1 Manipulation

Die höhere Schwierigkeit der Manipulationsaufgaben bei humanoiden Robotern resultiert zum einem aus der komplexeren Kinematik des Oberkörpers, der mit Kopf, Armen, Händen, Schultern und Hüften über erheblich mehr Freiheitsgrade verfügt als andere Roboter. Ein weiterer Grund besteht darin, dass die meisten Manipulationsaufgaben mehrere Bewegungsphasen beinhalten, die jeweils eigene phasenspezifische Regelungsalgorithmen erfordern.

Die Durchführung einer allgemeinen Manipulationsaufgabe besteht mindestens aus zwei Phasen: Eine Phase mit einer freien Bewegung, während der der Roboter den Kontakt mit dem Objekt aufnimmt und eine Phase in der Kräfte und Momente auf das Objekt ausgeübt werden, um dessen Zustand zu ändern. In der zweite Phase können zusätzlich zwei verschiedene Bewegungen identifiziert werden: Die Macro-Bewegung des Armes für die Positionierung der mehrgliedrigen Hand und die Micro-Bewegung der Finger, um ein stabiles Greifen zu gewährleisten und eine Feinmanipulation durchzuführen.

Um die Realisierung der vielfältigen Manipulationsaufgaben so einfach und flexibel wie möglich zu halten, werden zurzeit starke Anstrengungen unternommen, solche Bewegungsphasen aus menschlichen Bewegungen zu extrahieren. Mit Hilfe generalisierter Bewegungseinheiten (engl. „*Dynamic Movement Primitives*“ – DMP) [Schaal, 2006] werden Sequenzen gebildet, welche die Modellierung und Ausführung komplexer Aktionen ermöglichen. Durch ihre geeignete Parametrisierung können dann die erzeugten Sequenzen auch für ähnliche Aufgaben erweitert werden.

Hinsichtlich der Regelung solcher Bewegungen bietet der mechanische Aufbau eines humanoiden Leichtbauarmes keine ausreichende Genauigkeit, um die gewünschte Positionierung der Hand bzw. der Finger zu erzielen. Außerdem erfordert die Aufgabenbewältigung in einer unstrukturierten und zeitvarianten Umgebung eine konstante Überwachung. Aus diesen Grunde ist die Rückkopplung von externen Sensorinformationen in einem übergeordneten kartesischen Regelkreis während des gesamten Manipulationsprozesses unverzichtbar.

2.3.2 Zweibeinige Lokomotion

Das Laufen eines humanoiden Roboters stellt ein sehr komplexes Regelungsproblem dar, da die Mehrkörpermechanik mit ca. 15-25 Freiheitsgraden wegen ihres hohen Schwerpunktes bereits im statischen Zustand sehr labil ist (Haltungsinstabilität). Außerdem haben beim Laufen die dynamischen Massenverlagerungen störende Trägheitskräfte zur Folge, die entsprechend kompensiert werden müssen (Laufinstabilität). Zur Stabilisierung des Roboters sowohl im Stand als auch im langsamen Lauf (engl. „*walking*“) und im schnellen Trab (engl. „*jogging*“) ist es erforderlich, dass die verschiedenen Servoantriebe in koordinierter Weise so angesteuert werden, dass sich einerseits der Körperschwerpunkt möglichst genau entlang einer glatten kartesischen Solltrajektorie bewegt und andererseits destabilisierende Massenträgheitskräfte durch Ausgleichbewegungen redundanter Körpermassen (Arme, Oberkörper, Kopf) weitgehend kompensiert werden.

Aktuell basieren die vorhandenen Methoden zum zweibeinigen Laufen auf dem Zero-Moment-Point (ZMP) Konzept [Sardain und Bessonnet, 2004], die aber unerwartete externe Störungen schwer nur bedingt ausgleichen kann. Deshalb wird momentan angestrebt, die ZMP-Algorithmen so zu erweitern, dass sie zum Beispiel Manipulationsaufgaben während des Laufens ermöglichen.

Um die Laufbewegung an wechselnde Umgebungsbedingungen anpassen zu können und im Besonderen mit unterschiedlichen Bodenbeschaffenheiten zurecht zu kommen, werden lauffähige Roboter mit verschiedenen Sensoren ausgestattet. Übliche dedizierte Sensoren sind z. B. Gyroskope, Beschleunigungs- und Kraft-Momenten-Sensoren.

Fortgeschrittene Regelungskonzepte für zweibeinige Roboter wurden z. B. in Deutschland im Rahmen des DFG-Schwerpunktprogramms 1039 „Autonomes Laufen“ an der TU München [Löffler u. a., 2003; Pfeiffer, 2005] sowie an der TU Hannover („BARt-UH“ [Albert und Gerth, 2003]) erfolgreich entwickelt.

2.3.3 Ganzkörperregelung

Eine sehr anspruchsvolle Herausforderung besteht darin, Lokomotion und Manipulation zu kombinieren, um eine einzige Aktion zu realisieren (z. B. ein Objekt tragen oder schieben, auf eine Leiter steigen). Während der Ausführung der für die Handhabung nötigen Bewegungen, muss der Roboter fähig sein, sein Gleichgewicht zu halten und einen dynamisch stabilen Laufgang zu erzielen. Die meisten dafür entwickelten Konzepte lassen sich in eine Planungs- und in eine Regelungsphase unterteilen. In der ersten Offline-Planungsphase wird eine grobe Ganzkörperbewegung generiert, die in einem zweiten Schritt in eine balancierte dynamische Bewegung umgesetzt wird. Während der Ausführung wird dann die geplante Bewegung mittels sensorischer Rückkopplung geregelt und stabilisiert.

Die Generierung einer groben Ganzkörperbewegung kann prinzipiell mittels folgenden Verfahren erfolgen [Handbook of Robotics, 2008]:

- Durch das Imitieren von menschlichen Bewegungen, welche mit Hilfe von *Bewegungserfassungssystemen* (engl. „*motion capture systems*“) aufgenommen werden. Aufgrund der kinematischen Ähnlichkeiten zwischen menschlichen Körper und Roboterkinematik können die so gespeicherten Bewegungen auf dem Roboter nachgebildet werden.

- Mit Hilfe von *grafischen Benutzeroberflächen* (engl. „*Grafical User Interface*“ – GUI) oder mittels *Teleoperation*, bei denen der Benutzer die Bewegungen bestimmter Glieder oder Punkte des Roboters festlegen bzw. fernsteuern kann.

- Unter Verwendung von *automatischer Bewegungsplanung*, die auf Basis des Roboter- und Umweltmodells und der Anfangs- und Zielpose eine kollisionsfreie Ganzkörperbewegung generiert.

Weil diese erste grobe Bewegung ohne Berücksichtigung der Dynamik des Roboter geplant wird, muss sie in eine balancierte dynamische Bewegung umgesetzt werden. Diese Umsetzung kann zum Beispiel an Hand von *Dynamics Filter* [Yamane und Nakamura, 2003], *Autobalancer* [Kagami u. a., 2000] oder *Torso-Bewegung* [Yamaguchi u. a., 1999] realisiert werden.

Für die autonome Durchführung einer Aufgabe sind die oben erwähnten Methoden dennoch größtenteils ungeeignet. Die Generierung der notwendigen Bewegungen erfolgt offline (auch die automatische Planung aufgrund ihrer sehr hohen Rechenzeit muss als offline betrachtet werden) und ihre dynamische Anpassung kann daher auf starke Veränderungen in der Umgebung nicht reagieren.

Außerdem gehen die meisten Ansätze zur Generierung einer Ganzkörperbewegung davon aus, dass der Roboter nur in Kontakt mit dem Boden ist. Für den Fall dass der Roboter zusätzliche Kontaktpunkte mit der Umwelt hat (z. B. Hände) können die Standard-Methoden, die auf ZMP basieren, nicht mehr angewendet werden. Für solche typischen Regelungsaufgaben wie z. B. das Heben oder das Schieben schwerer Objekte werden spezielle Lösungen benötigt, welche die auf Hände und Füßen agierenden Kräfte berücksichtigen [Harada u. a., 2004, 2005].

2.3.4 Mensch-Roboter Interaktion

Wesentliche Fortschritte bei der flexiblen Lösung anspruchsvollerer Aufgabenstellungen können dann erwartet werden, wenn es gelingt, dass Mensch und Roboter in intelligenter Weise miteinander kooperieren. Das heißt sowohl eine reibungslose Kommunikation als eine koordinierte physikalische Interaktion.

Für eine ideale *Kommunikation* muss der Roboter fähig sein, einerseits seine eigenen Eindrücke und Wünsche zu äußern, andererseits menschliche Aussagen zu verstehen und zu interpretieren. Neben der Entwicklung von Roboterköpfen, welche die Grundbewegungen des menschlichen Gesichts nachahmen können (z. B. [Breazeal und Scassellati, 1999]), wird daran gearbeitet, Fähigkeiten wie die Erkennung von Personen und Gesten [Sakagami u. a., 2002; Nickel und Stiefelhagen, 2006], Bestimmung der Blickrichtung [Stiefelhagen und Zhu, 2002; Asano u. a., 2004], Führung von Dialogen [Gieselmann und Waibel, 2006] oder akustische Szenenanalyse [Heracleous u. a., 2004; Swerdlow u. a., 2007] zu implementieren.

Trotz den vielfältigen Anstrengungen bei der Entwicklung der notwendigen perzeptorischen Fähigkeiten werden die damit verbundenen Regelungsaspekte jedoch oft vernachlässigt. Die meisten bisher implementierten Ansätze sind zudem noch nicht robust genug, um außerhalb eines Labors angewendet zu werden.

Sobald Mensch und Roboter auf der Grundlage enger *kraftschlüssiger oder visuell basierter Kooperation* anspruchsvolle Aufgaben gemeinsam erfolgreich und sicher erledigen wollen, müssen sie bezüglich der dafür erforderlichen Überwachungs- und Regelungskonzepte als ein ganzheitliches Regelungssystem betrachten werden [Haddadin u. a., 2009]. Beim einfachen Fallbeispiel eines gemeinsam zu tragenden und horizontal zu balancierenden Tabletts mit fragilen Objekten (z. B. Gläsern) wird diese Ganzheitlichkeit besonders deutlich. Viele Konzepte für eine physikalische Interaktion wurden unter Verwendung unterschiedlicher Kraft-Momenten- und taktilen Sensoren entwickelt [De Santis, 2007; J. Krüger, 2008; Schmid, 2008; De Luca u. a., 2009].

Trotz weitreichender Bemühungen auch im Rahmen von internationalen Kooperationen [Phriends; CHRIS], fehlt es aber immer noch an generischen Regelungskonzepten, die sowohl die komplexe kinematische Kette beherrschen als auch den extrem hohen Sicherheitsanforderungen gerecht werden.

2.4 Abschliessende Bewertung

Zusammenfassend lässt sich feststellen, dass die Regelungskonzepte und -algorithmen zunehmend komplexer werden, sobald der Roboter seine ihm vertraute strukturierte Umgebung verlässt und/oder anspruchsvollere Nutzaufgaben lösen muss (siehe Abbildungen 2.1, 2.4, 2.10 und 2.12).

Mit dem Ziel, über Roboter für maßgeschneiderte Lösungen und spezielle Anwendungen hinwegzukommen und einen bedeutenden Sprung in Richtung Flexibilität und Autonomie zu erzielen, wurden humanoide Roboter entwickelt.

Zur Regelung der Manipulation und Lokomotion solcher Roboter werden bisher sehr leistungsfähige Teilregelungskonzepte erarbeitet. Hinsichtlich eines ganzheitlichen Überwachungs- und Regelungskonzepts mangelt es jedoch noch an generischen Lösungsansätzen. Alle Bemühungen scheiterten an der mangelhaften Flexibilität gegenüber wechselnden Aufgaben und Interaktion mit einer unstrukturierten dynamischen Umwelt. Entscheidend sind auch die extrem hohen Sicherheitsanforderungen, die von den aktuellen Regelungsalgorithmen noch nicht gewährleistet werden können.

Deshalb wurde im Rahmen dieser Arbeit ein multisensorielles diskret-kontinuierliches Überwachungs- und Regelungskonzept entwickelt, das den Roboter befähigt, den Anforderungen in einer weitgehend unstrukturierten Umgebung mit sich ständig ändernden Umwelteinflüssen und Aufgabenstellungen gerecht werden zu können.

Kapitel 3

Diskret-kontinuierliches Regelungskonzept für humanoide Roboter

Das dynamische Verhalten des humanoiden Roboters in seiner Umwelt lässt sich nur mit Hilfe eines hybriden Modells ganzheitlich beschreiben. Einerseits ist die Roboterdynamik durch kontinuierliche Differenzialgleichungen beschrieben, andererseits kann die Handlungsplanung, die von externen Ereignissen beeinflusst wird, nur anhand eines ereignis-diskreten Systems modelliert werden. Dieser hybriden Struktur des Gesamtsystems entsprechend wurde eine zweischichtige Architektur ausgewählt, die sowohl eine kontinuierliche Regelung der Roboterdynamik als auch eine diskrete Regelung der Handlungssequenz flexibel kombiniert.

Nach einer ersten kurzen Einführung in die Grundlagen der hybriden Systeme (Abschnitt 3.1) wird die entwickelte hierarchische Regelungsarchitektur erläutert (Abschnitt 3.2). Dann werden die zur multisensoriellen Diagnose implementierten Verfahren beschrieben (Abschnitt 3.3). In den Abschnitten 3.4 und 3.5 wird ein Aktionsprimitiv definiert und die angewandte Methodik zur Modularisierung und Modellierung komplexer Aufgaben ausführlich dargestellt. Anschließend wird die darauf basierende diskrete Regelung beschrieben, die mit Hilfe eines autonomen Entscheidungsfindungsalgorithmus realisiert wurde (Abschnitt 3.6).

3.1 Grundlagen hybrider Systeme

Ein dynamisches System beschreibt die Evolution des Systemzustands im Laufe der Zeit in Abhängigkeit vom Systemzustand selbst und evtl. von vorhandenen Eingangsgrößen (sowohl Störungen als auch Stellgrößen).

Dynamische Systeme können auf Basis der Natur ihrer Signale (Eingangs-, Ausgangs- oder Zustandsgrößen) in folgenden Klassen eingeordnet werden [Lunze, 2006; Kiencke, 2006]:

- *Kontinuierliche Systeme*, wenn ihre Signale einen reellwertigen Wertebereich mit unendlich vielen möglichen Werten in $\Re^n$ haben.
- *Zeitdiskrete Systeme*, wenn ihre Signale weiterhin wertkontinuierlich sind, aber nur zu diskreten Zeitpunkten beobachtet werden (Abtastung).
- *Wertdiskrete Systeme*, wenn die Werte ihrer Signale zu einer endlichen oder zumindest abzählbaren Menge gehören.
- *Ereignisdiskrete Systeme* (engl. „*discrete event systems*“ – DES), wenn Zustandsänderungen zu unvorhersehbaren zufälligen Zeitpunkten, die nur von Ereignissen abhängen, ausgelöst werden. Eine Zustandsänderung kann im Falle eines externen Ereignisses durch eine äußere Einwirkung oder, im Falle eines internen Ereignisses, durch das System selbst hervorgerufen werden.
- *Hybride Systeme*, wenn sie als Kombination eines wert- und ereignisdiskreten und/oder eines kontinuierlichen Teilsystems dargestellt werden können [Nenninger und Krebs, 1997]. In dem beispielhaften hybriden System von Abbildung 3.1 bezeichnen x_{dis} und x_{con} den diskreten und kontinuierlichen Systemzustand, y_{dis} und y_{con} die Systemausgänge, u_{dis} und u_{con} die Systemeingänge und v_{dis} und v_{con} die Verknüpfungsvektoren. So ergibt sich der hybride Zustand aus den Zuständen der beiden Teilsysteme. Diese sind über zwei Schnittstellen miteinander verknüpft, die die Wechselwirkungen der beiden Systeme beschreiben. Die kontinuierlich-diskrete Schnittstelle beeinflusst das ereignisdiskrete System abhängig von der Untermenge des Zustandsraums, in der sich das kontinuierliche System befindet. Die diskret-kontinuierliche Schnittstelle beeinflusst wiederum das kontinuierliche System abhängig vom Zustand des ereignisdiskreten Systems. Beide Teilsysteme verfügen zudem jeweils über einen eigenen Eingang und Ausgang, die zusammen den hybriden Eingang beziehungsweise Ausgang bilden.

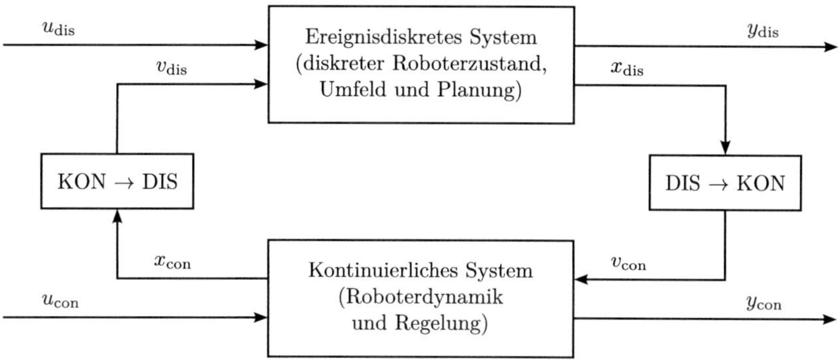

Abbildung 3.1: Blockschaltbild des Roboters als hybrides System

Wenn im Folgenden von kontinuierlichen oder diskreten Signalen gesprochen wird, dann beziehen sich diese Attribute stets auf den Wertebereich der Signale und nicht in Bezug zur Zeit. Wenn vom diskreten System die Rede ist, wird damit ein ereignisdiskretes System gemeint.

Zur Synthese und Modellierung hybrider Systeme wurde im letzten Jahrzehnt ein breites Spektrum von Ansätzen entwickelt. Auch in Deutschland wurde das zunehmende Interesse an hybriden Systemen u. a. durch das DFG-Schwerpunktprogramm „Analyse und Synthese kontinuierlich-diskreter Systeme (KONDISK)“ sichtbar [Schnieder u. a., 2001]. Der Akzent der entwickelten Methoden wurde entweder auf die kontinuierliche oder auf die diskrete Dynamik gesetzt. Im ersten Fall werden theoretische Verfahren erweitert, die für kontinuierliche Systeme entwickelt wurden und die auf Differenzialgleichungen und Automaten basieren [Goebel u. a., 2009]. Im zweiten Fall werden logische Ansätze verwendet, die für diskrete Systeme konzipiert wurden [Antsaklis und Koutsoukos, 1998]. In dieser Klasse sind Petri-Netze (PN) weitgehend das verbreitetste Modellierungswerkzeug. Im Gegensatz zu anderen Modellierungsmethoden, können PN Nebenläufigkeit (engl. „*concurrency*“) und Synchronisierung modellieren. Außerdem sind sie imstande, komplexe Systeme zu modularisieren und zuletzt sind PN-basierte Modelle sehr intuitiv, indem sie die logische Struktur des Systems durch ihre grafische Schnittstelle spiegeln [Cassandras, 1993; David und Alla, 1992].

Die geeignetste Modellform zur Beschreibung eines Systems kann aber nicht nur in Abhängigkeit vom Charakter des Prozesses ausgewählt werden, sondern hängt auch stark vom Ziel der Modellbildung und von der gewünschten Abstraktionsebene ab. Wenn das Hauptaugenmerk des Modells auf der Reihenfolge eingenommener Zustände bei einer Eingangsfolge von Ereignissen liegt, können zum Beispiel *logische Modelle* eingesetzt werden (z. B. Automaten- oder Petri-Netze). Sie ermöglichen eine erste Analyse des Systems, indem sie erkennen lassen, welche Zustandsübergänge eintreten könnten und welche Ereignisse zum Erreichen bzw. Nichterreichen von erwünschten bzw. verbotenen Zuständen führen würden. Diese grundlegenden DES-Modelle sind jedoch rein kausal, beschreiben also nicht, wann ein Zustand erreicht oder wie lange er eingehalten wird.

Um die Dynamik von DES zu untersuchen, beispielsweise wie lange das System in einem Zustand verbleibt oder in welchem zeitlichen Abstand die Ereignisse auftreten, werden *zeitbewertete Modelle* verwendet (z. B. zeitbewertete Petri-Netze oder zeitbewertete Automaten). Um Aussagen über die Auftrittswahrscheinlichkeit bestimmter Zustände oder Zustandsfolgen in nichtdeterministischen Systemen treffen zu können, müssen logische Modelle zu *stochastischen Modellen* erweitert werden. Hierzu kommen z. B. autonome stochastische Automaten (Markovketten) zum Einsatz. Natürlich können stochastische und zeitbewertete Modelle auch kombiniert werden, sodass sowohl eine Bewertung der Wahrscheinlichkeit der Zustandsübergänge, als auch Informationen über die Verweilzeit in den Zuständen gewonnen werden können.

Das Gebiet der digitalen Schaltungen [Shannon, 1938] war das erste Gebiet, in dem die Theorie ereignisdiskreter Systeme technisch angewendet wurde. Seither hat sich der Einsatz von DES in zahlreichen Bereichen immer mehr ausgebreitet, da eine Modellierung der Systeme nur durch Differenzialgleichungen entweder nicht ausreichend oder übertrieben für die zu lösende Aufgabe ist. Die Komplexität der Darstellung eines Systems ist tatsächlich eine entscheidende Frage sowohl bei seiner Analyse als auch bei seiner Steuerung. Deshalb ist es oft günstiger, aus dem kontinuierlichen Prozess ein abstrahiertes einfacheres diskretes Modell zu erzeugen. Bei der Optimierung der logistischen und zeitlichen Planung (engl. „*scheduling*“) eines Bearbeitungs- oder Montageprozesses, wird z. B. jeder Schritt als Ereignis modelliert, das den Zustand des zu fertigenden Objekts verändert. Obwohl die Bewegung des dafür benötigten Roboters (bzw. Werkzeugmaschine) kontinuierlich ist, reicht für eine erste Analyse eine Abstraktion der Handlungsplanung auf der diskreten Ebene. Auf Basis dieser Vereinfachung der Prozessbeschreibung können auch komplexe Abläufe online überwacht werden. Durch die Kombination des kontinuierlich geregelten Systems und seines logischen diskreten Modells, das für Überwachungsaufgaben dient, entsteht dann ein hybrides diskret-kontinuierliches System wie beispielhaft in Abbildung 3.1 dargestellt. Diese

Vorgehensweise findet zahlreiche Anwendungen in der chemischen Industrie [Flaus, 1997; Fritz u. a., 1998], in der Fertigung [Koutsoukos u. a., 2000; Sobh, 2007] und auch speziell in der Robotik [Glüer und Schmidt, 2000; Ferrarini und Carpanzano, 2002].

3.2 Regelungsarchitektur

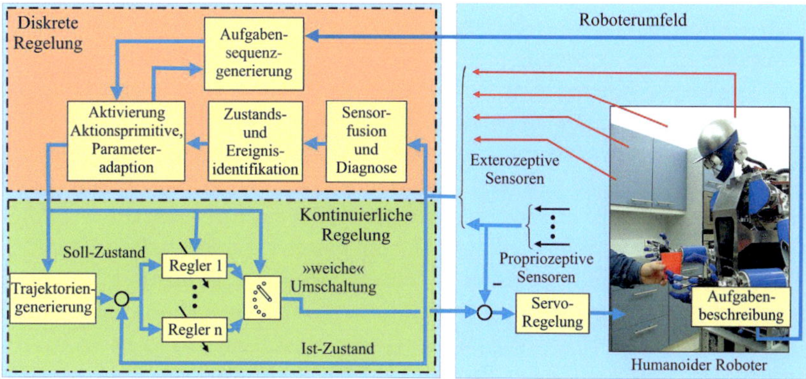

Abbildung 3.2: Zweischichtige diskret-kontinuierliche Regelungsarchitektur

Mit dem Ziel, eine Architektur zu entwickeln, die die Überwachung und Regelung eines diskret-kontinuierlichen Systems flexibel und modular gestalten lässt, wurde in dieser Arbeit eine zweischichtige Struktur bevorzugt (siehe Abbildung 3.2). In Übereinstimmung mit der gegenwärtigen Tendenz in der Robotikforschung (siehe Abschnitt 2.2.5) wurde das gesamte Regelungskonzept in eine diskrete Planungs- und Durchführungsebene und in eine kontinuierliche Regelungsebene unterteilt.

In der oberen Planungs- und Durchführungsebene [`Diskrete Regelung`] wird der diskrete Zustand des Roboters während der Ausführung der Aufgabe geregelt und überwacht. In der unteren kontinuierlichen Regelungsebene [`Kontinuierliche Regelung`] wird das gewünschte Verhalten der Roboterdynamik sichergestellt.

Während der Ausführung der Roboteraufgabe werden sowohl der interne Roboterzustand als auch der externe Zustand der Umgebung unter Verwendung von propriozeptiven (z. B. Encoder) bzw. exterozeptiven Sensoren (z. B.

Kameras, Mikrofone, Kraft-Momenten-Sensoren) wahrgenommen. Die so gewonnenen Informationen werden dann sowohl in den kontinuierlichen als auch in den diskreten Regelkreis zurückgekoppelt.

Auf der *höheren diskreten Ebene* der Reglerhierarchie werden die verarbeiteten Sensormessungen zusammengetragen, um Signale zu erstellen, welche robuste quantitative Informationen über den kontinuierlichen Zustand des Systems enthalten (z. B. Positionen von Objekten, Diagnosesignale) [`Sensorfusion und Diagnose`]. In einem zweiten Schritt wird diese Information zur Erkennung des diskreten Zustands bzw. Ereignisses benutzt, wodurch qualitative Informationen über die gegenwärtige Situation erstellt werden (z. B. ein bestimmtes Ereignis ist aufgetreten) [`Zustands- und Ereignisidentifikation`] [Giesen u. a., 2004b; Kuntze u. a., 2003a]. Aufgrund der gesammelten Erkenntnisse über den kontinuierlichen und diskreten Zustand des Systems überwacht eine Entscheidungseinheit die ablaufende Handlungssequenz, die auf Basis der diskreten Zielsetzung (z. B. Becher ist gegriffen) generiert wurde. Falls eine unvorhergesehene Situation das Erreichen des ursprünglich angestrebten Ziels behindert (z. B. eine Flasche wurde neben den zu greifenden Becher gestellt), gestaltet die diskrete Regelung dynamisch eine neue Aktionsfolge (z. B. erst Flasche greifen und verschieben, dann Becher greifen) [`Aufgabensequenzgenerierung`] oder passt die bisherige an (z. B. Änderung der Greifposition des Bechers) [`Aktivierung Aktionsprimitive, Parameteradaption`].

Mit dem Ziel, eine flexible Generierung von Handlungssequenzen zu ermöglichen und gleichzeitig eine schnelle Modifikation des Plans online durchführen zu können, wurde eine modulare diskrete Struktur entwickelt, die sowohl eine transparente Modellierung der Aufgabe gewährleistet (siehe Abschnitt 3.5), als auch ein effizientes Bearbeiten von Online-Entscheidungen unterstützt (siehe Abschnitt 3.6). Dabei wird jede Handlung in eine Kette von elementaren Aktionen zerlegt, die sukzessive Teilziele verfolgen. Solche Einheiten werden Aktionsprimitive (engl. „*Primitive Skills*" – PS) genannt (siehe Abschnitt 3.4) [Milighetti und Kuntze, 2006c].

Auf der *unteren kontinuierlichen Regelungsebene* werden dann die Trajektorien für die ausgewählte Aktionssequenz generiert [`Trajektoriengenerierung`]. In Abhängigkeit vom gerade auszuführenden Aktionsprimitiv (AP) werden jeweils diejenigen spezifischen Teilregler [`Regler 1...Regler n`], die für die Bewältigung der aktuellen Situation am besten geeignet sind, dynamisch aktiviert. So wird z. B. für eine kontaktfreie Annäherung des Roboterarmes an ein bewegtes Objekt ein bildgestützter Regelungsalgorithmus benötigt (siehe Abschnitt 2.1.2.2), während für eine Wischbewegung auf einer

Objektoberfläche eine hybride Kraft-/Positionsregelung bevorzugt wird (siehe Abschnitt 2.1.2.1). Außerdem ist die kontinuierliche Regelung dafür zuständig, dass die Reglerparameter dynamisch adaptiert werden, um eine optimale und robuste Durchführung jedes AP auch unter variablen Bedingungen zu garantieren. Da jeder Teilregler eine charakteristische Struktur aufweist und von unterschiedlichen Sensoren ausgeht, ist eine stoßfreie stabile Umschaltung zwischen unterschiedlichen Teilreglerstrukturen für die Sicherheit der Roboterbewegung von großer Bedeutung [`weiche Umschaltung`].

Schwerpunkt dieser Arbeit liegt bei der Erarbeitung von Methoden, die die diskrete Regelung eines umweltinteraktiven Roboters ermöglichen. In den folgenden Abschnitten werden die dazu entwickelten Komponenten in Detail dargestellt. Einige Aspekte der kontinuierlichen Regelung werden anhand von experimentellen Ergebnissen in Abschnitt 5.1 diskutiert.

3.3 Multisensorielle Datenfusion zur Systemüberwachung

Die multisensorielle Datenfusion kombiniert die Daten mehrerer Sensoren, um Schlussfolgerungen zu ermöglichen, die auf Basis der Daten einer einzigen Quelle nicht möglich oder nicht robust genug wären [Hall und Llinas, 2001; Ferdinand, 2003]. Datenfusion kann mit dem kognitiven Prozess verglichen werden, den der Mensch nutzt, um aus den auf seine Sinne einströmenden Daten Kenntnisse über seine Umwelt zu ziehen.

In der entwickelten Regelungsarchitektur werden Grundlagen der multisensoriellen Datenfusion zur Online-Überwachung von Bewegungsphasen und Fehlerereignissen eingesetzt [Kuntze u. a., 2003b; Giesen u. a., 2004a]. Die Fusion und Auswertung der verschiedenen Sensordaten vollzieht sich in den zwei aufeinander folgenden Schritten der Merkmalsgenerierung und Merkmalsauswertung [Frank, 1994] (siehe Abbildung 3.3).

In dem ersten Schritt, der *Merkmalsgenerierung*, werden aus den zur Verfügung stehenden Sensorsignalen die relevanten quantitativen Informationen (Merkmalen) extrahiert. Hierzu können signalbasierte Verfahren (z. B. Grenzwert-, Trend- und Spektral- bzw. Waveletanalysen), modellbasierte Verfahren (z. B. Kalman-Filter) oder wissensbasierte Verfahren (z. B. Expertensysteme) eingesetzt werden. Die resultierenden Ergebnisse können dann in einem hybriden Gesamtmerkmalsvektor geringerer Dimensionalität zusammengefasst werden.

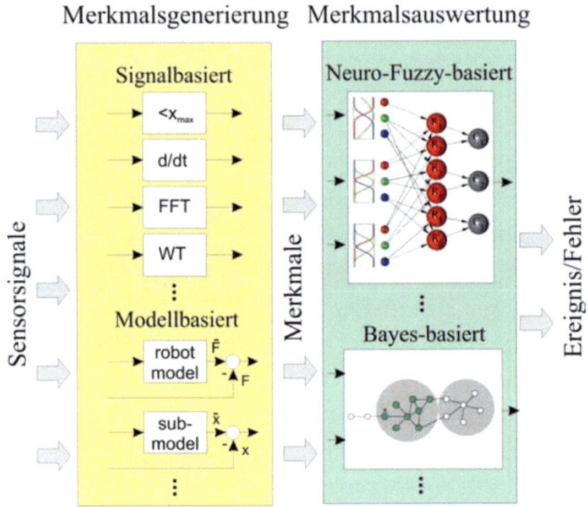

Abbildung 3.3: Zweiphasiges Konzept der multisensoriellen Diagnose

Der zweite Schritt, die *Merkmalsauswertung*, stellt einen logischen Entscheidungsprozess dar, welcher die quantitativen Informationen in qualitatives Wissen transformiert. Auf Basis dieses Wissens wird entschieden, ob und zu welchem Zeitpunkt ein bestimmter Fehler oder eine Bewegungsphase aufgetreten ist. Hierzu können statistische Methoden (z. B. Generalized Likelihood Ratio Test) oder Mustererkennungsmethoden (z. B. Bayes-Klassifikatoren, Fuzzy-Logik oder Neuronale Netze) eingesetzt werden.

In dem vorgeschlagenen Regelungskonzept wurden sowohl signalbasierte Ansätze zur Identifikation von Bewegungsphasen als auch modellbasierte Ansätze zur Generierung von Diagnosesignalen angewendet [Kuntze u. a., 2004; Milighetti u. a., 2004a,b; Kuntze u. a., 2008]. Die signalbasierten Verfahren basieren grundsätzlich auf adaptiven Schwellwerten und Tiefpassfilterung, die modellbasierten Verfahren stützen sich hauptsächlich auf die „verallgemeinerten Momente“ (engl. „*generalized momenta*“) Methode [De Luca und Mattone, 2003] [Milighetti, 2003b].

Da eine adaptive Version dieser Methode auf der Plattform am IOSB zur Schätzung des internen Zustandes der Roboterachsen eingesetzt wurde, wird jetzt ihre Funktionsweise kurz erläutert. Zur Generierung der Diagnosesignale (Residuen) wird von der Bewegungsgleichung (2.1) ausgegangen. Hierbei kennzeichnet der Vektor $\underline{\tau}$ die Differenz $\underline{\tau}_n - \underline{\tau}_f$ zwischen den nominellen

Antriebsmomenten und den zu identifizierenden unbekannten Fehlermomenten. Der Residuenvektor $\underline{r} = [r_1 \cdots r_n]^T$ lässt sich berechnen nach

$$\underline{r} = \mathbf{K} \cdot \left[\int (\underline{\tau}_n - \underline{\alpha} - \underline{r}) dt - \underline{\eta} \right] \tag{3.1}$$

Dabei ist $\mathbf{K}$ eine diagonale Matrix, $\underline{\eta}$ stellt der Vektor der verallgemeinerten Momente (3.3) dar und $\underline{\alpha}$ ergibt sich aus der Gleichung (3.2).

$$\alpha_i = -\frac{1}{2} \cdot \underline{\dot{q}}^T \cdot \frac{\partial \mathbf{M}}{\partial q_i} \cdot \underline{\dot{q}} + \underline{g}(\underline{q}) + \underline{F}(\underline{\dot{q}}), \quad i = 1 \ldots n \tag{3.2}$$

$$\underline{\eta} = \mathbf{M}(\underline{q}) \cdot \underline{\dot{q}} \tag{3.3}$$

Auf Basis dieser Gleichungen gilt für jedes generierte Residuum folgende Bedingung:

$$\underline{r} = \underline{r}(\underline{q}, \underline{\dot{q}}, \underline{\tau}_n) \begin{cases} = 0 & \text{kein Fehler} \\ \neq 0 & \text{Fehler} \end{cases} \tag{3.4}$$

Für jede der n Roboterachsen weist das entsprechende Residuum r_i ein entkoppeltes Tiefpassverhalten auf, das vom Verhalten der Fehlermomente $\tau_{f,i}$ getrieben ist.

$$\frac{r_i}{\tau_{f_i}} = \frac{K_i}{s + K_i} \tag{3.5}$$

Die Auswertung des generierten hybriden Residuenvektors erfolgt dann mit Hilfe von logischen Verknüpfungen, die die Zusammenhänge zwischen den Residuen und den zu klassifizierenden Fehlerereignissen beschreiben und die in Form linguistischer Regeln dargestellt werden, wie z. B.:

```
wenn (Residuum 1 mittel) und
     (Residuum 2 groß)   und
               ⋮
     (Residuum n ...)
dann (Fehlerereignis f).
```

Die extrahierten Informationen über die aufgetretenen Ereignisse werden schließlich in den Entscheidungsprozess einfließen und die Handlungen des Roboters beeinflussen.

3.4 Aufgabenplanung mit Aktionsprimitiven

Mit dem Ziel, komplexe Handlungssequenzen flexibel und transparent zu gestalten, sodass sie für den Benutzer verständlich und einfach zu bedienen sind, werden Roboteraufgaben sehr häufig in mehrere elementare Teilaufgaben zerlegt. Ein solches Bewegungsprimitiv stellt intuitive Bewegungsabschnitte dar und befähigt den Roboter, ein Zwischenziel zur Lösung der gesamten Aufgabe mittels geeigneter Regelungsstrategie und unter Verwendung entsprechender Sensoren zu erreichen. Die Implementierung erfolgt durch ein Software-Modul, das eine standardisierte Schnittstelle zwischen diskreter Planung und kontinuierlicher Regelung bildet. Durch eine modularisierte Programmierung ist dann eine höhere Wiederverwendbarkeit der Software-Komponenten garantiert.

Um das Konzept mit einem einfachen anschaulichen Beispiel zu erläutern, wird an dieser Stelle ein Fügeprozess betrachtet. Eine solche Aktion kann in den folgenden fünf Bewegungsphasen bzw. Aktionsprimitive (AP) unterteilt werden:

AP_1. *Lokalisierung des zu greifenden Teils:* Mit Hilfe eines optischen Sensors (z. B. Stereokamera) wird das Teil erkannt und lokalisiert.

AP_2. *Annäherung:* Der Roboter fährt zum Objekt. Hierbei können für die Ausführung einer kollisionsfreien und zeitoptimalen Trajektorie verschiedene Sensoren angewendet werden.

AP_3. *Greifen des Teils:* Das Teil wird gegriffen und die Stabilität des Griffes wird z. B. mittels taktiler und Schlupfsensoren überprüft.

AP_4. *Bewegung zur Fügestelle:* Der Roboter fährt bis zur Erstellung des Kontaktes mit der Umgebung der Fügestelle. Hierzu werden hauptsächlich Kraft-Momenten-Sensoren eingesetzt.

AP_5. *Fügevorgang:* Ein kraftgeregelter Fügeprozess wird schließlich durchgeführt.

Mit Hilfe einer solchen Abstraktion auf hoher Ebene wird die ereignisdiskrete Natur der Aufgabe hervorgehoben und die Komplexität des diskreten Modells stark reduziert. Das führt unter anderem zu einer Vereinfachung der Algorithmen, die zur Überwachung und Regelung des Systems dienen. Außerdem bleiben dem Benutzer die Hardware-nahen Problemstellungen verborgen.

Auch trotz leicht unterschiedlicher Vorgehensweisen findet ein solcher Ansatz eine breite Anwendung hauptsächlich im Bereich der Robotermanipulation [Hasegawa u. a., 1992; McCarragher, 1996; Morrow und Khosla, 1997] und des Lernens durch Vormachen [Bentivegna und Atkeson, 2001; Steil u. a., 2001; Schaal u. a., 2004; Pardowitz u. a., 2006]. Innovative Arbeiten erweitern die Idee der Zerlegung in Teilaktionen auch im Bereich des zweibeinigen Laufens [Schmidt, 2005].

In der vorliegenden Arbeit wurde für die Beschreibung einer elementaren Aktion das modulare Konzept von Aktionsprimitiven (engl. „*Primitive Skill*“ – PS) [Finkemeyer, 2004] als Grundlage verwendet und hinsichtlich ihrer Abhängigkeit vom dynamischen Zustand des Systems erweitert [Milighetti und Kuntze, 2007b]. In den nächsten Abschnitten wird dieses Grundkonzept erläutert (Abschnitt 3.4.1) und die vorgenommenen Erweiterungen dargestellt (Abschnitt 3.4.2).

3.4.1 Grundlagen der Aktionsprimitive

Ein Aktionsprimitiv AP lässt sich nach der Definition von [Finkemeyer, 2004] als die 3-Menge (3.6) beschreiben und besteht aus den folgenden drei Variablen:

- $\mathcal{HM}$, die die Parametrisierung der hybriden Bewegung (engl. „*Hybrid Move*“) des Roboters beinhaltet (siehe Abschnitt 3.4.1.1).
- ψ, die die Menge an Werkzeugkommandos definiert, die parallel zur Roboterbewegung zusätzliche Ressourcen aktivieren oder deaktivieren (siehe Abschnitt 3.4.1.2).
- λ, die die Abbruchbedingungen enthält, die zur Beendigung des AP erfüllt werden müssen (siehe Abschnitt 3.4.1.3).

$$\mathrm{AP} = \left\{\mathcal{HM}, \psi, \lambda\right\} \tag{3.6}$$

Durch die Spezifikation dieser Bestandteile, die ein AP definieren, wird die entsprechende Roboteraktion eindeutig festgelegt. Der dazu notwendige Formalismus ist durch die Baumdarstellung in Abbildung 3.4 zusammengefasst und wird in den folgenden Abschnitten ausführlich beschrieben.

3.4.1.1 Hybrid Move $\mathcal{HM}$

Der Hybrid Move $\mathcal{HM}$ erfasst alle notwendigen Informationen, die eine Roboterbewegung eindeutig definieren. Er wird mit der 2-Menge (3.7) angegeben.

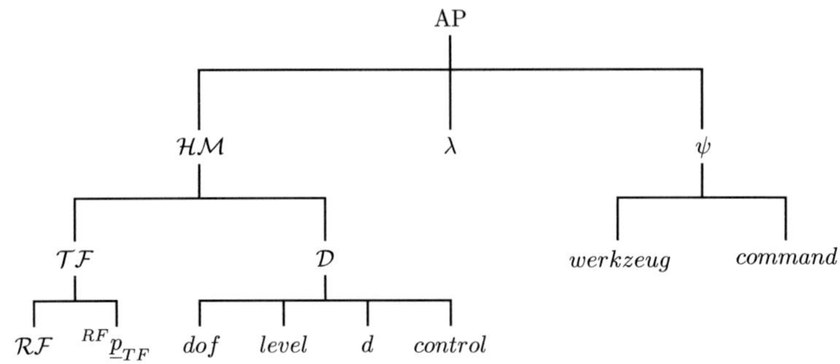

Abbildung 3.4: Bestandteile für die Beschreibung eines AP

Dabei ist $\mathcal{TF}$ die Lage des Koordinatensystems, in dem die aktuelle Roboteraufgabe definiert ist (engl. „*Task Frame*“) und $\mathcal{D}$ fasst die Menge der Sollwerte der Bewegung zusammen.

$$\mathcal{HM} = \{\mathcal{TF}, \mathcal{D}\} \tag{3.7}$$

Die Lage des $\mathcal{TF}$ kann wiederum durch die Position eines Bezugskoordinatensystems $\mathcal{RF}$ (engl. „*Reference Frame*“) und einen relativen Verschiebungsvektor ${}^{RF}\underline{p}_{TF} \in \Re^6$ festgelegt werden. In der Regel bezieht sich das Bezugskoordinatensystem entweder auf ein sich bewegendes Koordinatensystem im Endeffektor des Roboters (engl. „*Tool Center Point*“ – TCP) oder auf ein im Raum festes Koordinatensystem (Welt-, Roboterbasis-Koordinatensystem, ...).

Die Sollwerte $\mathcal{D}$ werden auf Basis einer Erweiterung des Compliance-Frame-Konzepts [Mason, 1981] definiert (siehe auch Abschnitt 2.1.2.1). Jedes einzelne Element von $\mathcal{D}$ besteht aus den vier Attributen dof, $level$, d und $control$.

Das Attribut dof gibt den Freiheitsgrad an, auf den der Sollwert sich bezieht. Sollwerte im Gelenkraum werden durch $dof \in \{q_1 \dots q_n\}$ beschrieben, $dof \in \{x, y, z, \phi_x, \phi_y, \phi_z\}$ stellt dagegen Sollwerte in kartesischem Raum dar.

In vielen Roboteraufgaben reicht die Festlegung eines einzigen Sollwertes pro Freiheitsgrad meistens nicht aus. Falls der vorgegebene Sollwert nicht erreicht werden kann (z. B. die Sollposition kann wegen eines Hindernisses nicht erreicht werden), muss eine Alternative gegeben werden (z. B. eine Sollkraft während des Kontakts). Hierzu wird pro Freiheitsgrad eine Anzahl von Sollwerten gegeben, die durch das Attribut $level \in \{1 \dots l\}$ priorisiert werden.

Die Anzahl l der definierbaren Ebene ist durch die Anzahl m der vorhandenen Regelkreise begrenzt.

In der Variable d ist der numerische Wert des Sollwertes gespeichert. Er muss zwischen den voreingestellten Grenzen d_{min} und d_{max} liegen und kann eine Funktion der Zeit sein (siehe Gleichung (3.8)). Die Sollwerte werden bezüglich des $\mathcal{TF}$ angegeben.

$$d\colon f(\text{time}) \mapsto [d_{\text{min}}, d_{\text{max}}] \in \Re \tag{3.8}$$

Schließlich beinhaltet das Attribut $control$ den Regler und die Reglerparameter, die für das Erreichen des entsprechenden Sollwertes anzuwenden sind (z. B. $control = \{PID - Positionsregler, K_P, K_I, K_D\}$).

Auf Basis dieser Definition können die gesamten Sollwerte d eines AP in einer dreidimensionalen Matrix $\mathbf{D}_{n \times m \times l}$ zusammengefasst werden:

$$\mathbf{D}_j = \overset{dof}{\uparrow} \underset{\longrightarrow control}{\begin{pmatrix} d_{11j} & \cdots & d_{1mj} \\ \vdots & \ddots & \vdots \\ d_{n1j} & \cdots & d_{nmj} \end{pmatrix}}, \quad \underset{\longrightarrow level}{j = 1 \ldots l} \tag{3.9}$$

Zeilenweise sind die Sollwerte für die n Freiheitsgrade angegeben, mit $n = 6$ in kartesischem Raum und n= Anzahl der Robotergelenke in Gelenkraum (Attribut dof). Spaltenweise ist die Abhängigkeit der Sollwerte von den verfügbaren m Regelungsalgorithmen dargestellt (Attribut $control$). Die dritte Dimension der Matrix bestimmt die Priorität der Sollwerte durch das Attribut $level$.

In den meisten Fällen ist es allerdings nicht notwendig, alle Elemente der Matrix $\mathbf{D}$ festzulegen, sondern es reicht, nur eine kleine Anzahl der Parameter anzugeben, um das Aktionsprimitiv vollständig zu definieren.

3.4.1.2 Werkzeugkommandos ψ

In der Beschreibung eines AP ist der Begriff „Werkzeug“ nicht nur als klassisches Roboterwerkzeug (Zweibackengreifer, mehrgliedrige Hand, ...) zu verstehen, sondern beinhaltet auch alle zusätzlichen Ressourcen, die bei der Ausführung des AP beteiligt sind. Das heißt sowohl Greif- und Bearbeitungssysteme als auch Sensoren, Objekte, weitere Roboter, menschliche Benutzer, ...

Um das Konzept von Werkzeug zu erläutern, wird noch einmal auf das Füge-Beispiel verwiesen, das am Anfang dieses Abschnittes eingeführt wurde. Für die Ausführung des AP_1 („`Lokalisierung des zu greifenden Teils`“) sind zwei „Werkzeuge“ notwendig: das zu greifende Objekt und die Kamera für die Schätzung der Objektlage. Für das AP_3 („`Greifen des`

`Teils`") kommen zusätzlich neben dem Greifer und dem Objekt taktile und Schlupfsensoren in Einsatz.

Das Werkzeugkommando ψ eines AP besteht aus der Menge von eingesetzten Werkzeugen ψ_i und deren entsprechenden Kommandos, die von der Eigenschaft $command$ beschrieben wird. Das Attribut $command$ kann beliebig umfangreich sein. Für ein sehr einfaches Werkzeug wie z. B. ein Zweibackengreifen könnte das Kommando „`open`" schon ausreichend sein, während dasselbe Kommando für eine mehrgliedrige Hand nicht mehr eindeutig wäre. In sehr komplexen Fällen könnte ein Werkzeugkommando selbst wieder aus einem AP bestehen.

3.4.1.3 Abbruchbedingungen λ

Jedes Aktionsprimitiv wird beendet, sobald die Erfüllung der Abbruchbedingungen λ festgestellt wird. Üblicherweise kann zwischen zwei Klassen von Abbruchbedingungen unterschieden werden: Default- und Benutzer-Abbruchbedingungen.

Die erste Klasse beinhaltet die Abbruchbedingungen, die durch Fehler oder Ausnahmesituationen verursacht werden (ein technischer Defekt, das Verlassen des Arbeitsraumes, ...). Die Default-Abbruchbedingungen sind implizit im System enthalten und gelten allgemein für alle definierten AP.

Die zweite Klasse fasst die Abbruchbedingungen zusammen, die vom Benutzer für jedes AP spezifisch definiert werden. Eine allgemeine Benutzer-Abbruchbedingung λ_i ist eine Funktion, die die Menge aller verfügbaren Sensorsignale auf einen booleschen Wert abbildet:

$$\lambda_i \colon S \mapsto \{true, false\} \tag{3.10}$$

Als Abbruchbedingung kann jede beliebige Funktion eingesetzt werden, von einem einfachen Schwellwertvergleich bis zu komplexen Fuzzy-Regeln. Entscheidend ist nur, dass das Ergebnis Element der Menge $\{true, false\}$ ist, sodass die verschiedenen Abbruchbedingungen mit logischen Operatoren miteinander verknüpft werden können. Benutzerdefinierte Abbruchbedingungen sind in der Regel mit dem AP-spezifischen Zielzustand verbunden. Beispiele dafür sind das Erreichen der Sollposition oder die Überschreitung einer bestimmten Kontaktkraft.

3.4.2 Erweitertes Konzept von Aktionsprimitiven

Ein Aktionsprimitiv, wie im Abschnitt 3.4.1 definiert wurde, stellt eine Struktur dar, die eine elementare Roboteraktion in allen ihren Einzelheiten eindeutig beschreibt. Es ist aber nur eine rein statische Beschreibung einer bestimmten Grundfähigkeit des Roboters, die in einem Modul gekapselt und dem Benutzer zur Verfügung gestellt wird. Das parametrisierte AP ist größtenteils unabhängig vom dynamischen Zustand des diskret-kontinuierlichen Roboter-Umwelt-Systems und beinhaltet keinerlei Information über die aktuelle Situation, die dem Roboter gegenübersteht.

Die Ausführung einer vorgegebenen Aktion in einer weitgehend unstrukturierten Umgebung mit ständig sich ändernden Bedingungen kann aber auf solche Informationen nicht verzichten. Deshalb wurde das Konzept von Aktionsprimitiven so erweitert, dass verschiedene Umwelteinflüsse mitberücksichtigen werden können [Milighetti, 2009a]. Aus der 3-Menge (3.6) wurde mit Hilfe zweier zusätzlicher Variablen die folgende 5-Menge gebildet:

$$\text{AP} = \left\{\mathcal{HM}, \psi, \lambda, E, a\right\} \tag{3.11}$$

Sowohl die *Effizienz* E als auch die *Affinität* a werden dazu verwendet, die Zusammenhänge zwischen dem auszuführenden AP und dem aktuellen Systemzustand zu beschreiben. Beide neuen Attribute sind Maße für die Fähigkeit des AP, seinen gewünschten Zielzustand unter Berücksichtigung mehrerer Entscheidungsfaktoren zu erreichen.

3.4.2.1 Effizienz

Die Effizienz E misst die momentane Leistungsfähigkeit des AP, indem sie die Güte der Voraussetzungen analysiert, die für eine korrekte Ausführung der Aktion erfüllt werden müssen. Die für das AP benötigten Ressourcen, die schon in ψ festgelegt wurden (siehe Abschnitt 3.4.1.2), werden jetzt hinsichtlich ihrer Funktionalität im Bezug auf den aktuellen Zustand des Systems ausgewertet. Ein Effizienzwert von 1 bedeutet dann, dass die Leistungsfähigkeit der erforderlichen Ressourcen maximal ist. Damit kann das AP optimal ausgeführt werden. Ein Effizienzwert von 0 zeigt dagegen ein nicht funktionsfähiges AP an, dessen Ausführung vermieden werden sollte.

Die Effizienz $E(t)$ eines AP zum Zeitpunkt t wird aus den Effizienzen der n_{res} beteiligten Ressourcen berechnet. Die Effizienz $E_k(t)$ einer Ressource k kann wiederum in zwei Komponenten zerlegt werden:

$$E_k(t) = av_k(t) \cdot \vartheta_k(t), \quad av_k \in \{0,1\}, \vartheta_k \in [0,1], \quad \forall k = 1 \ldots n_{\text{res}} \tag{3.12}$$

Dabei stellt av_k die Verfügbarkeit der k-ten Ressource dar und ϑ_k ihre Qualität. Während die Verfügbarkeit av nur die diskreten Werte 1 (die Ressource ist verfügbar) oder 0 (die Ressource ist nicht verfügbar) annehmen kann, steht für die Beschreibung der Qualität der ganze kontinuierliche Wertebereich $[0,1]$ zur Verfügung. Der Grenzwert 1 deutet auf eine optimal funktionierende Ressource hin, der Grenzwert 0 auf eine Ressource, die nicht mehr leistungsfähig ist. In dem spezifischen Fall einer Sensor-Ressource kann ihre Qualität z. B. aufgrund der Genauigkeit und der Messrate bestimmt werden. Die Berechnung der Qualität kann mit beliebigen Methoden erfolgen, sodass jeder Ressource das passendste Verfahren zugeordnet werden kann. Wichtig ist nur, dass das Ergebnis im Wertebereich $[0,1]$ liegen muss.

Um die gesamte Effizienz des AP zu bewerten, werden die Effizienzen der n_{res} daran beteiligten Ressourcen wie folgt kombiniert:

$$E(t) = \gamma \cdot \prod_{i=1}^{n_{\text{comp}}} \max_{j=1\ldots n_{\text{coop}}} (E_{ji}(t)), \qquad \gamma \in [0,1] \tag{3.13}$$

Hierbei ist n_{comp} die maximale Anzahl der sich gegenseitig ergänzenden Ressourcen (engl. „*complementary*“), n_{coop} die Anzahl der zusammenarbeitenden Ressourcen (engl. „*cooperative*“). Als zusammenarbeitende Ressourcen werden z. B. Sensoren betrachtet, die unterschiedliche Messungen derselben Größe auf Basis desselben Messprinzips liefern. Die einzelnen nach Gleichung (3.12) berechneten Effizienzen können in einer $n_{\text{coop}} \times n_{\text{comp}}$ Matrix $\mathbf{E}$ eingeordnet werden. Mit einer solcher Darstellung werden in jeder Spalte von $\mathbf{E}$ alle Effizienzen aufgelistet werden, deren Ressourcen kooperativ arbeiten (siehe Gleichung (3.14)). Zur Berechnung der gesamten Effizienz werden dann einfach nach Gleichung (3.13) die Maxima der Spalten miteinander multipliziert. Das heißt, die E_{ji} einer Spalte sind redundant und wenn eine ausfällt, kann die gesamte Effizienz trotzdem nicht Null bleiben. Die Spalten sind dagegen untereinander nicht redundant: Der Ausfall einer kompletten Spalte hat dann das Nullen der gesamten Effizienz zur Folge.

$$\mathbf{E} = \overset{coop}{\uparrow} \underset{\longrightarrow comp}{\begin{pmatrix} E_{11} & \cdots & E_{1i} & \cdots & E_{1n_{\text{comp}}} \\ \vdots & & \vdots & & 0 \\ E_{j1} & & \vdots & & \vdots \\ 0 & & \vdots & & \vdots \\ \vdots & & \vdots & & \vdots \\ 0 & \cdots & E_{n_{\text{coop}}i} & \cdots & 0 \end{pmatrix}} \tag{3.14}$$

In dem AP_4 des im Abschnitt 3.4 dargestellten Fügeprozesses („`Bewegung zur Fügestelle`“) kann die Fügestelle z. B. mit Hilfe mehrerer fest installierter Kameras lokalisiert werden und der Kontakt mit der Oberfläche mit Hilfe des Kraft-Momenten-Sensors überwacht. In diesem Fall würde das Maximum der Effizienzen der verschiedenen Kameras genommen und mit der Effizienz des KMS multipliziert, um die Effizienz des AP zu berechnen.

Ein Gedächtnisfaktor γ wurde zusätzlich in Gleichung (3.13) eingeführt, um die Lernfähigkeit des Roboters hinsichtlich vorheriger Ausführungen des AP zu berücksichtigen. Die Effizienz eines AP, das ohne das Erreichen seines Zieles abgebrochen wurde, wird durch eine Reduzierung des Wertes von γ bestraft. Ein erfolgreicher Abschluss des AP hat dagegen eine Steigerung dieses Wertes zur Folge (mehr Details werden in Abschnitt 5.2.1.3 gegeben).

Da die Effizienz die aktuelle Leistungsfähigkeit eines AP und seiner Ressourcen misst, wird ihr Wert während der Ausführung der gesamten Roboteraufgabe jeden Regelungstakt in Echtzeit aktualisiert. Auf diese Weise hat die diskrete Regelung zu jeder Zeit Zugriff auf die Informationen, die die Einflüsse des derzeitigen Systemzustandes auf die ausgeführten und geplanten Roboteraktionen in einer kompakten Form beschreiben.

3.4.2.2 Affinität

Die Affinität a bewertet die A-priori-Eignung eines AP, ein gegebenes Ziel zu erreichen. Die Affinität ist ein relatives Maß, das beschreibt, wie geeignet ein AP im Vergleich zu einem anderen für die Erzielung des gewünschten Zustands ist.

Dieser kontextspezifische Vergleich kann aus verschiedenen Ansichten erfolgen (aus Sicht der Dauer, der Genauigkeit, des Energieverbrauchs, ...). Dem AP, das hinsichtlich des entsprechenden ausgewählten Vergleichsparameters p (Ausführungszeit, Positionierungsfehler, Stromverbrauch, ...) als optimal bewertet wird, wird der maximale Affinitätswert von 1 zugewiesen. Der Affinitätswert des damit verglichenen AP_i kann dann wie folgt berechnet werden:

$$a_i(p) = \begin{cases} 0 & \textit{if goal} \notin goalset_i \\ 1 - k \cdot \frac{|p_i - p_{\mathrm{opt}}|}{\max(p_i, p_{\mathrm{opt}})} & \textit{if goal} \in goalset_i, \qquad 0 < k \leq 1 \end{cases} \tag{3.15}$$

Dabei ist p_{opt} der festgelegte optimale Bezugswert, p_i der entsprechende Wert des betrachteten AP_i, $goal$ das zu erreichende Teilziel und $goalset_i$ die Menge der Teilziele, die durch die Ausführung von AP_i erreichbar sind.

Falls z. B. der Roboter ein Objekt lokalisieren muss, kann er die Aufgabe mittels eines optischen bzw. eines taktilen Sensors durchführen. Es ist aber intuitiv, dass unter normalen Umgebungsbedingungen eine visuelle Lokalisierung schneller zum Erfolg führt als eine blinde taktile Inspektion. Deshalb wird hinsichtlich der Ausführungszeit dem ersten AP ein höherer Affinitätswert im Vergleich mit dem zweiten zugeordnet.

Die Affinität ist zeitunabhängig, sie beruht lediglich auf A-priori-Kenntnissen der Leistungsmerkmale jedes AP, ohne die tatsächlich vorherrschende Situation zu berücksichtigen. Der statische Wert der Affinität versieht das AP mit einer Priorität. Bei gleichmäßigen Randbedingungen (gleiche Effizienzwerte für alle Ressourcen) wird das AP mit dem höchsten Affinitätswert vom Roboter bevorzugt (siehe Abschnitt 3.6).

3.5 Modellierung von Aktionssequenzen mit Petri-Netzen

Wie schon im Abschnitt 3.1 angedeutet, sind Petri-Netze (PN) ein mächtiges Werkzeug für die Modellierung, Analyse und Synthese von ereignisdiskreten Systemen. Gleichzeitig bieten sie zahlreiche Techniken zur Lösung von Überwachungs- und Regelungsaufgaben und dazu eine durchsichtige Darstellung der logischen Eigenschaften des Prozesses [Antsaklis und Koutsoukos, 1998; Sobh, 2007]. Dank ihrer Flexibilität und ihrer fundierten Methodik haben sich Petri-Netze auch für den Einsatz bei hybriden Systemen durchgesetzt.

Sowohl für die Modellierung als auch für die Regelung, bietet der PN-Formalismus viele Vorteile gegenüber anderen Modellierungsmethoden wie z. B. Zustandsautomaten (Nebenläufigkeit, Synchronisierung, ...). Außerdem kann ein Automat immer als PN dargestellt werden, das Gegenteil ist aber nicht immer möglich. Deshalb sind PN eine mächtigere Sprache für die Beschreibung von ereignisbasierten Systemen [Cassandras, 1993].

Die Anwendung von PN in industriellen Systemen, insbesondere in der Fertigung, begann schon in den frühen Achtzigern und hat sich bis heute immer mehr konsolidiert. Die seitdem entwickelten PN-Techniken sind heutzutage robust genug, einen sicheren Einsatz in den meisten Produktionsbereichen zu ermöglichen [Zhou, 1998; Chung und Doo Yong, 2001; Chew und Lawley, 2006].

Allerdings werden Petri-Netze auch verstärkt im Bereich der Robotik, zur Modellierung und Planung komplexer Aufgaben [Cao und Sanderson, 1994; Chang u. a., 2004] sowie zu deren Überwachung und Regelung [Gao und Zhou, 2005; Lehmann u. a., 2006] eingesetzt. Viele Anwendungen sind zum Beispiel im Gebiet der unbemannten Fahrzeuge [Palomeras u. a., 2006] und der humanoiden Roboter [Kobayashi u. a., 2002] zu finden. Überdies ist eine auf Petri-Netzen basierende Aufgabenstruktur auch kompatibel mit existierenden und noch laufenden Forschungsaktivitäten im Rahmen des gemeinschaftlichen Sonderforschungsbereiches 588 „Humanoide Roboter“ [Asfour u. a., 2004].

Aufgrund der erwähnten Motivationen werden PN auch in der vorliegenden Arbeit als Grundlage für eine transparente Modellierung komplexer Roboteraufgaben verwendet.

Im folgenden Abschnitt wird ein sehr kurzer Überblick über wesentliche Formalismen der PN gegeben, in dem die wichtigsten Begriffe eingeführt werden, die dann für die Einbindung in die diskrete Regelung verwendet werden. Für eine ausführlichere Darstellung der PN-Theorie wird z. B. auf [David und Alla, 2005; PN-World] verwiesen.

3.5.1 Grundlagen der Petri-Netze

Ein Petri-Netz ist ein Modell einer Maschine, das nach bestimmten Regeln Ereignisse verarbeitet. Es besteht aus einem gerichteten Graphen, der zwei unterschiedliche Arten von Knoten beinhaltet: Stellen und Transitionen. Eine Transition wird grafisch als Balken dargestellt und ist mit dem Auftreten eines oder mehrerer Ereignisse verbunden. Eine Stelle, die mit einem Kreis gekennzeichnet wird, repräsentiert einen Zustand des Systems und beschreibt die Vorbedingungen für die Schaltung einer Transition. Jeder Knoten einer Art ist nur mit einem Knoten der anderen Art mittels gerichteter Kanten verbunden. Abbildung 3.5 zeigt beispielsweise die Visualisierung eines einfachen Petri-Netzes mit fünf Stellen und vier Transitionen.

Formal ist ein elementares Petri-Netz $\mathcal{PN}$ als die 3-Menge (3.16) definiert.

$$\mathcal{PN} = \{\mathcal{P}, \mathcal{T}, \mathcal{A}\} \tag{3.16}$$

Hierbei ist $\mathcal{P} = \{p_1 \dots p_n\}$ eine nicht leere, endliche Stellenmenge, $\mathcal{T} = \{t_1 \dots t_m\}$ eine nicht leere, endliche Transitionsmenge und $\mathcal{A} \subseteq (\mathcal{P} \times \mathcal{T}) \cup (\mathcal{T} \times \mathcal{P})$ eine nicht leere Kantenmenge. Um den aktuellen Zustand des modellierten Systems darzustellen, wird eine Markierung des Netzes eingeführt. Ein markiertes PN kann dann von der 6-Menge (3.17) beschrieben werden, wobei $\mathcal{K}\colon \mathcal{P} \mapsto \mathbb{Z}$ die Abbildung der Stellenkapazität, $\mathcal{W}\colon \mathcal{A} \mapsto \mathbb{Z}$ die Abbildung der Kantengewichte und $\mathcal{M}_0\colon \mathcal{P} \mapsto \mathbb{Z}$ die Anfangsmarkierung ist.

$$\mathcal{PN} = \{\mathcal{P}, \mathcal{T}, \mathcal{A}, \mathcal{K}, \mathcal{W}, \mathcal{M}_0\} \tag{3.17}$$

Eine Stelle kann so viele Markierungen enthalten, wie es ihre Kapazität zulässt. Beim so genannten Schalten einer Transition werden den Vorgängerstel-

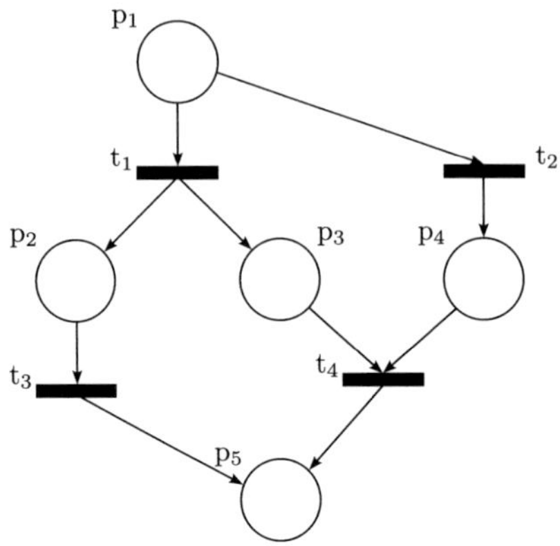

Abbildung 3.5: Beispiel eines elementaren Petri-Netzes

len der Transition so viele Markierungen entnommen und den Nachfolgestellen der Transition so viele Markierungen hinzugefügt, wie es die Gewichte der verknüpfenden Kanten angeben. Eine Transition kann nur schalten, wenn der Schaltvorgang zu einer zulässigen Folgemarkierung führt. Das heißt, dass die Markenzahl auf keiner Stelle negativ wird oder die Stellenkapazität überschreitet.

Basierend auf diesem grundlegenden PN-Modell, wurden zahlreiche Erweiterungen entwickelt, die die Modellierung einer umfassenden Reihe von Systemen (sowohl deterministisch als auch nicht deterministisch, zeitabhängig, ...) ermöglichen. Unter anderem sind kontinuierliche PN, hybride PN, zeitbewertete PN und Fuzzy-PN zu nennen [Cardoso und Camargo, 1999; David und Alla, 2005].

Eine vorteilhafte Form, ein Petri-Netz vektoriell darzustellen, wird durch die Netzmatrix (oder Inzidenzmatrix) $\mathbf{N}$, den Kapazitätsvektor $\underline{\kappa} = [\mathcal{K}(p_1) \ldots \mathcal{K}(p_n)]^T$ und den Anfangsmarkierungsvektor $\underline{m}(0) = [\mathcal{M}_0(p_1) \ldots \mathcal{M}_0(p_n)]^T$ gegeben. Die Netzmatrix wird aus den Transitionsvektoren $\underline{t}$ gebildet, die jeder Transition zugeordnet sind. Ein Transitionsvektor $\underline{t}_j = [t_{1j} \ldots t_{nj}]^T$ wird komponentenweise definiert durch

$$t_{ij} = \begin{cases} -\mathcal{W}(p_i, t_j) & \text{falls } (p_i, t_j) \in \mathcal{A}, \\ \mathcal{W}(t_j, p_i) & \text{falls } (t_j, p_i) \in \mathcal{A}, \quad i = 1 \ldots n,\ j = 1 \ldots m \\ 0 & \text{sonst} \end{cases} \tag{3.18}$$

Darauf basierend wird die Netzmatrix wie folgt gebildet:

$$\mathbf{N}_{n\times m} = (\underline{t}_1 \ldots \underline{t}_m) \tag{3.19}$$

So stellt die Netzmatrix die Verknüpfungen zwischen Stellen (Zeilen) und Transitionen (Spalten) dar. Die Elemente der Matrix stehen für das Kantengewicht, wobei ein positiver Wert für eine Kante von einer Transition zu einer Stelle und ein negativer Wert für eine Kante von einer Stelle zu einer Transition steht. Falls es angenommen wird, dass die Kantengewichte, die Stellenkapazitäten und die Anfangsmarkierung in der Stelle p_1 den Wert 1 haben, kann also das Beispielnetz aus Abbildung 3.5 in der algebraischen Form (3.20) ausgedrückt werden.

$$\mathbf{N} = \begin{pmatrix} -1 & -1 & 0 & 0 \\ 1 & 0 & -1 & 0 \\ 1 & 0 & 0 & -1 \\ 0 & 1 & 0 & -1 \\ 0 & 0 & 1 & 1 \end{pmatrix}, \underline{\kappa} = \begin{pmatrix} 1 \\ 1 \\ 1 \\ 1 \\ 1 \end{pmatrix}, \underline{m}_0 = \begin{pmatrix} 1 \\ 0 \\ 0 \\ 0 \\ 0 \end{pmatrix} \tag{3.20}$$

Die Folgemarkierung $\underline{m}(k+1)$, die die Evolution des Petri-Netzes beschreibt, wird mittels der Zustandsgleichung (3.21) bestimmt.

$$\underline{m}(k+1) = \underline{m}(k) + \mathbf{N} \cdot \underline{v}(k+1) \tag{3.21}$$

Hierbei gibt der Schaltvektor $\underline{v}$ an, welche Transitionen beim nächsten Schaltschritt schalten. Er ist wie folgt definiert:

$$v_j(k) = \begin{cases} 1 & \text{falls } t_j \text{ schaltet,} \\ 0 & \text{falls } t_j \text{ nicht schaltet} \end{cases} \qquad j = 1 \ldots m \tag{3.22}$$

Ein Konflikt kann eintreten, wenn mehrere Transitionen einen gemeinsamen Vorbereich besitzen, d. h. sie benötigen die gleiche Markierung, um zu schalten. Der Konflikt liegt vor, wenn diese Transitionen aktiviert werden, aber nicht alle gleichzeitig schalten können. Im Netz in Abbildung 3.5 sind zum Beispiel bei einer Markierung $m = [1\ 0\ 0\ 0\ 0]^T$ beide Transitionen t_1 und t_2 aktiv, nur eine kann aber schalten. In solchen Fällen muss eine übergeordnete Entscheidungseinheit eine Priorisierung in der Schaltungssequenz festlegen (siehe Abschnitt 3.6).

3.5.2 Generierung von AP-Netzen

Bei der Planung einer neuen Aufgabe verfügt der Roboter über eine bestimmte Auswahl an parametrisierbaren Aktionen, die er ausführen kann, um sein Ziel zu erreichen. Die Bestimmung einer oder mehrerer erfolgversprechender Aktionssequenzen und ihre Zerlegung in eine Folge von Aktionsprimitiven kann entweder aufgrund der Segmentierung, die beim Lernen der Aktion angewendet wurde [Pardowitz u. a., 2006], oder mit Hilfe von automatisierten Verfahren [Bagchi u. a., 2000; Ahle, 2007] durchgeführt werden. Die gesamte Roboteraufgabe ergibt dann eine Kette bzw. ein Netz von AP, die die diskrete Natur des Systems hervorhebt.

Ein solcher Plan kann dann ganz intuitiv mit Hilfe eines PN dargestellt werden, indem jedem AP eine Stelle zugeordnet wird. Das momentan ausgeführte AP (d. h. der derzeitige diskrete Zustand des Systems) wird von der aktuellen Markierung des Netzes gekennzeichnet. Eine Transition wird aktiviert und geschaltet, sobald alle Abbruchbedingungen λ der durchgeführten AP, die zu dem Vorbereich der betrachteten Transition gehören, erfüllt werden und alle damit verbundenen Ereignisse aufgetreten sind. Beim Schalten der Transition wird dann anhand der Netzstruktur das nächste zu aktivierende AP ausgewählt. Diesem Ansatz folgend, wird z. B. der im Abschnitt 3.4 vorgestellte Fügeprozess durch das lineare Netz in Abbildung 3.6 modelliert.

Häufiger ergibt aber die Planung ein Netz mit Alternativen, Aufspaltungen, Begegnungen und Synchronisationen (siehe Abbildung 3.7). Diese Zweige im Netz können aus verschiedenen Gründen resultieren wie u. a.:

- mehrere parallele Aufgaben, die der Roboter erledigen muss (z. B. beim Abdecken eines Tisches);
- Prozesse, die während der Ausführung der Hauptaufgabe jederzeit aktiviert werden können (z. B. Aufmerksamkeitssteuerung oder Aufgaben mit höherer Priorität);
- verschiedene Strategien, die zur Lösung der Aufgabe zur Verfügung stehen (z. B. Erkennen eines Objekts durch Ertasten oder Sehen).

Wenn in einem PN mit Alternativen die entsprechenden Transitionen schaltbereit sind, tritt ein Konflikt auf: Alle folgenden Stellen sind grundsätzlich für den nächsten Schaltvorgang gleichberechtigt, nur eine kann jedoch markiert werden, weil nur eine der aktiven Transitionen schalten kann. Zu diesem Zeitpunkt muss eine höhere Instanz eine Entscheidung treffen, die darüber bestimmt, welche der aktiven Transitionen schalten darf, welche Stelle also als nächste eine Markierung erhält und welches damit verknüpfte Aktionsprimitiv infolgedessen letztendlich aktiv sein wird. Die dafür entwickelte Entscheidungseinheit stützt sich auf der Struktur des PN und löst die aufgetretenen Konflikte, anhand von in jedem AP (und daher in jeder Stelle) enthaltenen Informationen über den aktuellen Zustand des Systems.

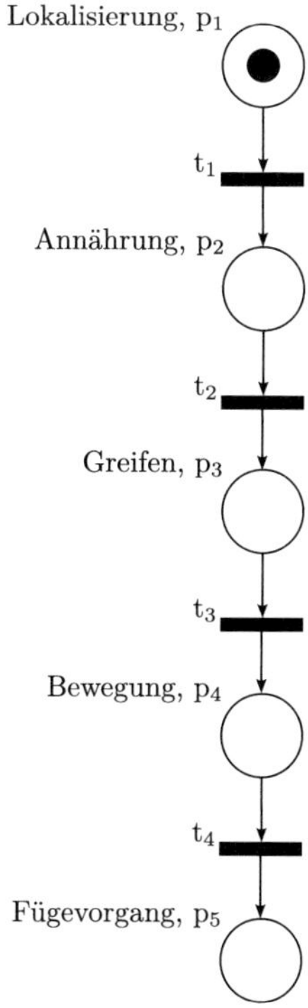

Abbildung 3.6: Petri-Netz für die Modellierung eines Fügeprozesses

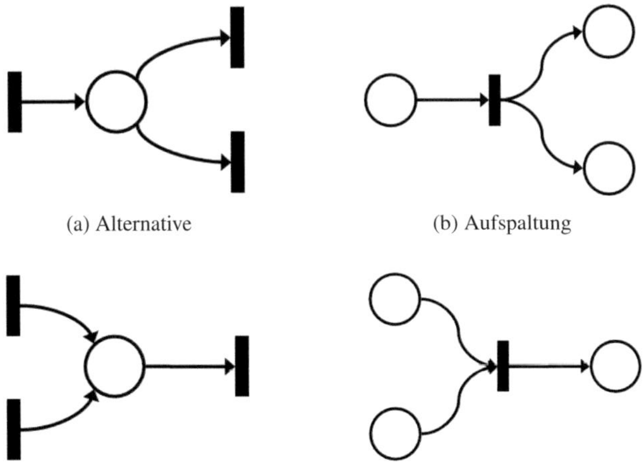

(a) Alternative (b) Aufspaltung

(c) Begegnung (d) Synchronisation

Abbildung 3.7: Darstellung verschiedener Netzstrukturen

3.6 Diskrete Regelung durch optimale Entscheidungsfindung

Um einem humanoiden Roboter komplette Autonomie zu geben, muss er befähigt werden, zielführende Entscheidungen ohne externe Hilfe treffen zu können. Das heißt zum Beispiel, dass der Roboter selbstständig die optimale auszuführende Strategie situationsabhängig auswählen kann.

In der Planungsphase wird eine Aktionssequenz erstellt, die das Erreichen des gewünschten diskreten Sollzustandes unter Berücksichtigung von verschiedenen Umgebungsbedingungen ermöglicht. Die resultierenden Aktionen werden dann mit Hilfe eines Petri-Netzes modelliert, das die vernetzte Struktur der gesamten Aufgabe darstellt (siehe Abschnitt 3.5.2). Während der Ausführung trägt dann die diskrete Regelung die Verantwortung dafür, dass die geeignetste Aktionssequenz aktiviert wird.

Die diskrete Regelung ist in diesem Sinne nichts anderes als ein multikriterieller Entscheidungsfindungsprozess (engl. „*Decision Making Process*“), der die passendste Strategie zur erfolgreichen Ausführung der vorgegebenen Aufgabe bestimmen muss. Die Optimierungskriterien werden in einer Nutzenfunktion (engl. „*utility function*“) zusammengefasst, sodass das Entscheidungsfindungsproblem auf die Maximierung dieser Nutzenfunktion zurückgeführt werden kann.

Zuerst werden im Abschnitt 3.6.1 einige allgemeine Grundlagen der autonomen Entscheidungsfindung dargestellt sowie Ansätze, die gegenwärtig in der Robotik von Interesse sind. Im Abschnitt 3.6.2 wird dann eine geeignete Nutzenfunktion definiert, die auf den Werten der Effizienz und der Affinität basiert. Zwei verschiedene Ansätze zur ihrer Evaluierung und zwei unterschiedliche Hierarchieebenen, auf denen der Entscheidungsprozess ausgeführt werden kann, werden dann im Abschnitt 3.6.3 untersucht und bewertet. Schließlich wird ein Konzept für die Suche nach der optimalen AP-Sequenz in Abschnitt 3.6.4 diskutiert.

3.6.1 Grundlagen der autonomen Entscheidungsfindung

Wie im Fall von DES ist auch die Entscheidungsfindung ein Feld, das nicht nur in der Robotik von Interesse ist. Der Einsatzbereich von Systemen, die autonom in der Lage sind, Entscheidungen zu treffen, erstreckt sich auf viele unterschiedliche Gebiete. Unter anderem sind technische (z. B. Fehlerdiagnose von Prozessen), medizinische (z. B. Unterstützung bei der Bestimmung einer Diagnose), militärische (z. B. Zielverfolgung) oder auch betriebswirtschaftliche Probleme (z. B. Investitionsentscheidungen eines Unternehmers) zu erwähnen. Die Aufgabe eines solches Entscheidungssystems ist es, aus einer Menge von Eingangsgrößen und anhand eines Modells den Prozess hinsichtlich eines Gütekriteriums oder einer Zielfunktion (z. B. Minimierung der Kosten oder der Fehlentscheidungen) optimal zu betreiben.

Das Grundmodell der Entscheidungstheorie besteht aus der Zielfunktion des Entscheidungsträgers (entweder eine Person oder eine Instanz) und aus dem Entscheidungsfeld (Handlungsalternativen, Umweltzustände, Ergebnisse für die Kombinationen aus Umweltzuständen und getroffenen Entscheidungen).

Entscheidungssysteme können auf Basis verschiedener Merkmale klassifiziert werden [Beck, 2005]:

- *Umgang mit der Antwort:* Das System kann selbst in Abhängigkeit von seiner Entscheidung eine bestimmte Handlung einleiten (z. B. in der Prozessdiagnose), oder die Entscheidung kann nur als Empfehlung für eine weitere Instanz verwendet werden (z. B. in der Medizin).
- *Wiederholbarkeit der Entscheidung:* Die Entscheidung wird nur einmal getroffen (z. B. Investitionsprojekt eines Unternehmers), oder sie ist immer wiederholt zu treffen (Fehlerüberwachung eines Prozesses).

- *Vollständigkeit der verfügbaren Informationen:* Auf Basis des Informationsstandes können Entscheidungsprobleme erneut in Entscheidungen bei Sicherheit (Umweltzustand bekannt) und bei Unsicherheit (Umweltzustand nicht bekannt) unterteilt werden. Entscheidungen bei Unsicherheit können wiederum in Entscheidungen bei Risiko (Wahrscheinlichkeitsverteilung des Umweltzustands liegt vor) und Entscheidungen bei Ungewissheit (Wahrscheinlichkeitsverteilung des Umweltzustands liegt nicht vor) eingestuft werden.

Entscheidungssysteme können manuell auf der Basis von Expertenwissen zu dem betrachteten Prozess entworfen werden. Bei vielen physikalischen, chemischen, biologischen, soziologischen oder ökonomischen Prozessen übersteigt aber der Aufwand zur exakten und vollständigen Modellierung den Rahmen des Möglichen. An dieser Stelle bieten datenbasierte Verfahren eine alternative Modellbildung. Eine Kombination aus theoretischer (mit Expertenwissen) und experimenteller (datenbasierter) Prozessanalyse ist ebenfalls möglich. Für die Erstellung eines Modells steht eine Vielzahl von Verfahren zur Verfügung wie z. B. statistische Verfahren [Vapnik, 1998], Fuzzy-Verfahren [Rommelfanger, 1994], künstliche Neuronale Netze [Buckley und Hayashi, 1994], Entscheidungsbäume [Breiman u. a., 1984] und Cluster-Verfahren [Höppner u. a., 2000]. Um die Akzeptanz bei den Benutzern zu erhöhen, sollten die repräsentierten Zusammenhänge beim Entwurf eines Entscheidungssystems nachvollziehbar bleiben. Nach dieser Ansicht haben rein datenbasierte Verfahren gegenüber den auf Expertenwissenbasierten Verfahren einen kleinen Nachteil.

Auf dem Gebiet von Service- und humanoiden Robotern ist die Transparenz des Entscheidungsprozesses von besonderer Bedeutung, deshalb werden Ansätze basierend auf Bayes- oder Fuzzy-Theorie oft bevorzugt.

Bayes-Methoden finden hauptsächlich in der Medizin Anwendung. Hier werden sie eingesetzt, um z. B. die Wahrscheinlichkeit einer bestimmten Krankheit bei gegebenen Testergebnissen zu ermitteln oder um festzustellen, welche Untersuchung die Sicherheit einer bestimmten Diagnose am meisten erhöhen kann [Campanella u. a., 1996; Burnside, 2005; Choi u. a., 2006; Petroglou und Sparos, 2006]. Sie stellen sich als sehr geeignet in der Medizin heraus, da große Datensätze zu verarbeiten sind [Vollmer, 2004]. Ähnliche Bayes-Ansätze haben sich auch in der Robotik ausgebreitet, z. B. zur automatischen Bestimmung der besten Landezone für ein unbemanntes Raumschiff [Serrano, 2006] oder zur Absichtserkennung im Bereich Mensch-Roboter-Kooperation [Schrempf u. a., 2005].

Stark vertreten in der Robotik sind auch Ansätze, die unscharfe Petri-Netze verwenden [Looney, 1988]. Die Vorteile dieser Ansätze liegen darin, eine vielfältig anpassbare Fuzzy-Inferenz zur Verfügung zu haben, die es erlaubt, Expertenwissen über ein System zur Regelung desselben zu nutzen [Gao u. a., 2003]. Außerdem bieten unscharfe PN nicht nur ein Werkzeug zur Entscheidungsfindung, sondern auch gleichzeitig ein mächtiges Mittel zur Ablaufmodellierung (siehe Abschnitt 3.5).

Basierend auf unscharfen PN wurden Entscheidungsfindungskonzepte in zahlreichen Robotikbereichen erfolgreich entwickelt. Beispiele dafür können in der Fertigung (sowohl zur Planung [Cao und Sanderson, 1993], als auch zur automatischen Fehlerbehebung [Cao und Sanderson, 1994]) und auf dem Gebiet von unbemannten Fahrzeugen (z. B. zur Bestimmung der optimalen Regelungsstrategie für mobile Roboter [Gao und Zhou, 2005] oder zur Klassifikation des Angriffsziels für unbemannte Drohnen [Lundell u. a., 2005]) gefunden werden.

3.6.2 Bestimmung geeigneter Nutzenfunktionen

Während der Ausführung einer Aufgabe ergibt sich der aktuelle diskrete Sollzustand aus dem AP, das einerseits die höchste Eignung und andererseits die maximale Funktionsfähigkeit mit Bezug auf das Erreichen des gewünschten Zieles (bzw. Teilziel) besitzt. Diese Eigenschaften, über die das optimale AP verfügen muss, können mit Hilfe der im Abschnitt 3.4.2 definierten Effizienz E und Affinität a in die folgende Nutzenfunktion zusammengefasst werden:

$$\nu = E^z \cdot a \tag{3.23}$$

Das Maximum einer solchen Nutzenfunktion, die eine logische UND-Verknüpfung realisiert, ist unabhängig von der Gewichtung $z \geq 0$ und resultiert aus einer Effizienz $E = 1$ und aus einer Affinität $a = 1$. Eine Affinität gleich 1 bedeutet, dass das Soll-AP die a priori optimale Wahl ist, unabhängig von der gegenwärtigen Situation (siehe Abschnitt 3.4.2.2). Eine Effizienz gleich 1 kennzeichnet dagegen ein AP, das momentan über die bestmöglichen Ressourcen verfügt (siehe Abschnitt 3.4.2.1). Das heißt zum Beispiel fehlerfreie Hardware-Komponenten oder Sensoren, die zuverlässige und hochqualitative Signale liefern.

Die positive Gewichtung z steuert den Entscheidungsprozess, indem sie die Wirkung der zwei Faktoren E und a beeinflusst. Die folgenden vier Fälle können unterschieden werden:

- $z = 0$: Der Wert der Effizienz spielt bei der Entscheidung keine Rolle (siehe Abbildung 3.8a). Keine Information über den aktuellen Zustand des Systems wird berücksichtigt.

- $0 < z < 1$: Bei der Entscheidung wird mehr Wert auf die Affinität gelegt (siehe Abbildung 3.8b). Das A-priori-Wissen ist wichtiger als die momentane Leistungsfähigkeit des Systems.
- $z = 1$: Effizienz und Affinität sind als gleichwertig betrachtet (siehe Abbildung 3.8c). Die Entscheidung erfolgt mit Hilfe von balancierten gegenwärtigen und A-priori-Eignungen.
- $z > 1$: Der Einfluss der Effizienz wird in diesem Fall verstärkt (siehe Abbildung 3.8d). Die Abhängigkeit vom aktuellen Zustand wird auf diese Weise betont.

3.6.3 Algorithmen zur Evaluierung der Nutzenfunktion

Die Qualität ϑ einer Ressource ist ein entscheidender Faktor zur Ermittlung ihrer Effizienz E (siehe Gleichung (3.12)) und somit der AP-Nutzenfunktion ν. Sie trifft eine Aussage darüber, wie gut die Ressource momentan in der Lage ist, ihre Aufgabe zu erfüllen. Im Folgenden werden zwei Methoden vorgestellt, mit denen die Ressourcenqualität aus den über die Ressource vorhandenen Informationen berechnet werden kann. Außerdem wird ihre Implementierung auf verschiedenen Hierarchieebenen des Netzes diskutiert.

3.6.3.1 Fuzzy-basierter Ansatz

Grundlagen der Fuzzy-Inferenz. Fuzzy-Methoden werden seit Anfang der neunziger Jahre sowohl in der multisensoriellen Roboter-Diagnose als auch in der Prozessregelung erfolgreich eingesetzt [Zadeh und Yage, 1987; Bandemer und Gottwald, 1993; Börcsök, 2002].

Sie basieren grundsätzlich auf der Idee von unscharfen Mengen. Diese sind von Nutzen, um Gruppierungen zu beschreiben, bei denen die Gruppenzugehörigkeit der Elemente nicht scharf definiert ist oder werden kann. Eine unscharfe Menge $\mathcal{U}$ wird durch eine so genannte Zugehörigkeitsfunktion $\mu\colon \mathcal{X} \mapsto [0,1]$ dargestellt, die über dem Grundbereich $\mathcal{X}$ definiert ist. So wird jedem Element aus $\mathcal{X}$ eine Zugehörigkeit zur Menge $\mathcal{U}$ zwischen 0 (nicht zugehörig) und 1 (voll zugehörig) zugeordnet.

Der Erste von drei Schritten in der Fuzzy-Auswertung ist die sogenannte *Fuzzyfizierung* und besteht in der Zuordnung der Eingänge zu linguistischen Variablen auf Basis definierter Zugehörigkeitsfunktionen. Für die beispielhafte Eingangsgröße „`Temperatur`“ seien die linguistischen Variablen `{kalt, warm, heiß}` und die entsprechenden Zugehörigkeitsfunktionen im Bereich

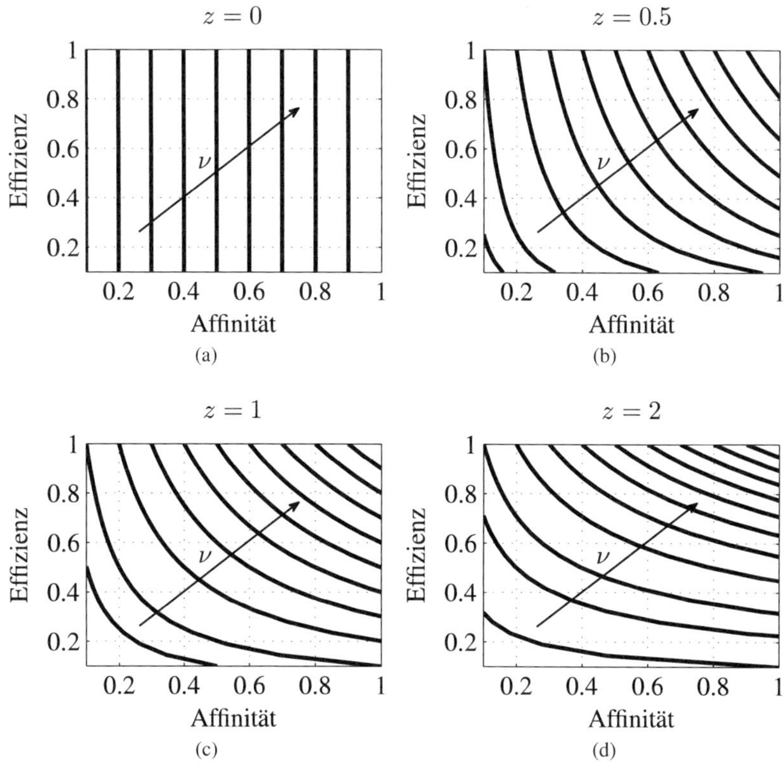

Abbildung 3.8: Einfluss des Faktors z auf dem Wert der Nutzenfunktion ν dargestellt in Form von Niveaulinien

$[-10, +40]$ °C definiert (siehe Abbildung 3.9). Die Fuzzyfizierung eines Temperaturwertes von 18 °C wird dann folgende Zugehörigkeiten ergeben: $\mu(18, \texttt{kalt}) = 0.2$, $\mu(18, \texttt{warm}) = 0.8$, $\mu(18, \texttt{heiß}) = 0$.

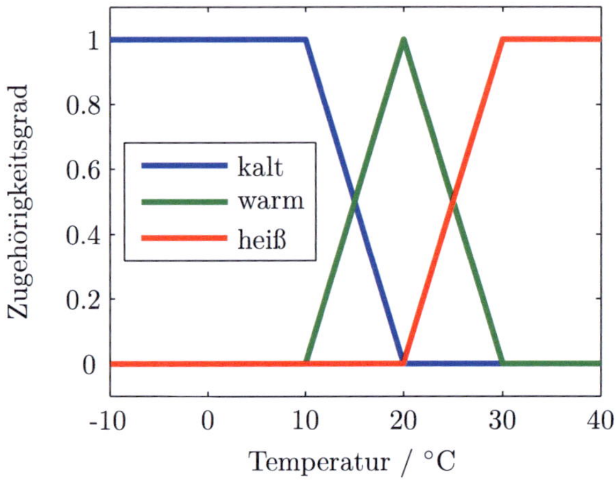

Abbildung 3.9: Beispielhafte Zugehörigkeitsfunktionen für die Eingangsgröße „`Temperatur`"

Der zweite Schritt besteht aus der *Fuzzy-Inferenz*, die auf Basis von festgelegten Aussagen aus Bedingungen die Folgerungen ableitet. Die Aussagen liegen in Form von „Wenn ... dann ...“-Regeln vor, die als Teilbedingungen linguistische Variablen der abstrakten Eingangsgröße und als Folgerungen linguistische Variablen der abstrakten Ausgangsgröße beinhalten. Um die Teilbedingungen zu verknüpfen, werden logische Operatoren wie $\wedge$ (Konjunktion), $\vee$ (Disjunktion) oder $\neg$ (Negation) verwendet. Ein Beispiel einer Fuzzy-Regel ist gegeben von:

```
wenn (Luftfeuchtigkeit feucht und
      Temperatur       heiß)  oder
     (Wind             stark)
dann  Wetter           nicht gut.
```

Nach der Auswertung der Fuzzy-Inferenz liegt für jede dem Ausgang zugeordnete linguistische Variable ein Erfüllungsgrad vor, zusammengesetzt aus dem Erfüllungsgrad aller Regeln, die den jeweiligen linguistischen Wert als

Folgerung besitzen. Daraus ergibt sich eine Funktion über den Ausgang, die dem Verlauf der Zugehörigkeitsfunktionen der linguistischen Variablen der abstrakten Ausgangsgröße entspricht, begrenzt durch den aus der Inferenz ermittelten Erfüllungsgrad des jeweiligen linguistischen Wertes.

Im letzten Schritt, der *Defuzzyfizierung*, wird ausgehend von dieser Funktion ein scharfer Wert für die Ausgangsgröße ermittelt. Die Extraktion dieses Wertes kann mit Hilfe verschiedenen Methoden erfolgen, wie z. B. die Methode des einfachen Maximums, des mittleren Maximums oder des Flächenschwerpunktes.

Berechnung der Qualität ϑ. Durch die Verwendung eines Fuzzy-Ansatzes ist es möglich, die Informationen über die Ressourcen eines AP durch linguistische Werte zu definieren und daraus durch Anwendung eines vordefinierten geeigneten Regelsatzes eine Aussage über ihre Qualität ϑ zu treffen. Fuzzy-Methoden ermöglichen eine Inferenz basierend auf einem flexiblen und von Menschen leicht verständlichen Regelsatz, in den das Expertenwissen über die Beurteilung der Ressourcenqualität ganz intuitiv einfließen kann.

Um die vorgeschlagene Methode mit Hilfe eines Beispiels zu erläutern, werde nun die Qualität einer Kamera ausgewertet. Drei wichtige Faktoren, die die Qualität der Messungen eines solchen optischen Sensors am meisten beeinflussen, sind:

- Helligkeit des Raums (mit linguistischen Variablen „`hell`“ und „`dunkel`“);
- Rauschen des Signals (mit linguistischen Variablen „`hoch`“ und „`niedrig`“);
- Arbeitsbereich (mit linguistischen Variablen „`zu nah`“, „`optimal`“ und „`weit weg`“).

Die damit verknüpften Zugehörigkeitsfunktionen sind in Abbildung 3.10 dargestellt. Intuitive Regeln für den Inferenzprozess sind z. B.

```
wenn Arbeitsbereich weit weg oder
     Arbeitsbereich zu nah   oder
     Rauschen       hoch     oder
     Helligkeit     dunkel
dann Qualität       niedrig.
```

```
wenn Arbeitsbereich optimal und
     Helligkeit     hell    und
     Rauschen       niedrig
dann Qualität       hoch.
```

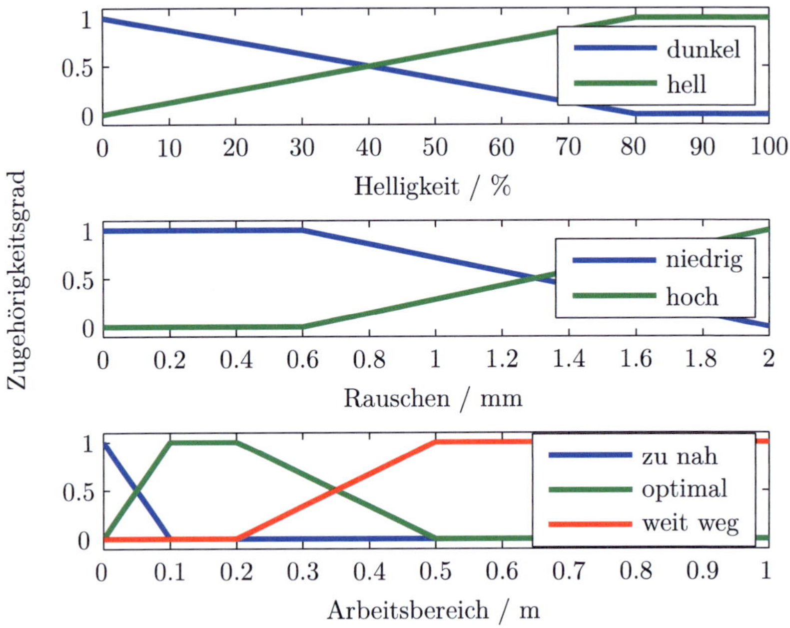

Abbildung 3.10: Zugehörigkeitsfunktionen für die Ermittlung der Qualität einer Kamera

Mittels einer Defuzzyfizierungsmethode kann dann ein Qualitätswert entweder der betrachteten Ressource oder des gesamten AP, in dem sie eingesetzt wird (siehe Abschnitt 3.6.3.3), berechnet werden.

3.6.3.2 Bayes-basierter Ansatz

Grundlagen der Bayes'schen Inferenz. Ein Bayes'sches Netz (BN) ist ein gerichteter azyklischer Graph, der aus Knoten und Kanten besteht [Jensen, 1996]. Knoten und Kanten stellen Variablen bzw. bedingte Abhängigkeiten zwischen den Variablen dar. Jedem Knoten ist eine Wahrscheinlichkeitstabelle zugeordnet, mit der sich die Wahrscheinlichkeiten der verschiedenen annehmbaren Zustände der entsprechenden Variable in Abhängigkeit der Zustände der Elternknoten ermitteln lassen (der Knoten am Beginn einer Kante ist dem Knoten am Ende der Kante ein Elternknoten). Ein BN dient dazu, die Wahrscheinlichkeitsverteilung aller in ihm enthaltenen Variablen auf kompakte Weise darzustellen, und nutzt hierzu bekannte bedingte Abhängigkeiten.

Um die Gewissheit über den Zustand einer Variablen in einem solchen kausalen Netz zu quantifizieren, verwenden Bayes'sche Netze Mittel der klassischen Wahrscheinlichkeitsrechnung. Die Wahrscheinlichkeit eines Ereignisses A genügt hierbei folgenden drei Axiomen:

1. $P(A) \in [0, 1]$;
2. $P(A) = 1$ wenn und nur wenn A sicher ist;
3. Wenn A und B sich gegenseitig ausschließen, dann gilt $P(A \vee B) = P(A) + P(B)$.

Das wichtigste Konzept bei der Bayes'schen Betrachtung von Unsicherheiten in kausalen Netzwerken ist das der bedingten Wahrscheinlichkeit. Diese ist eine Aussage des Typs: „Bei einem gegebenen Ereignis B, ist die Wahrscheinlichkeit von A x“, und wird als $P(A|B) = x$ ausgedrückt. Nun lässt sich die Wahrscheinlichkeit $P(A, B)$, dass A und B zusammen eintreten, berechnen als

$$P(A, B) = P(A|B) \cdot P(B) = P(B|A) \cdot P(A) \tag{3.24}$$

Daraus ergibt sich das Bayes-Theorem

$$P(A|B) = \frac{P(B|A) \cdot P(A)}{P(B)} \tag{3.25}$$

Wie schon erwähnt, wird jedem Knoten in einem solchen kausalen Netzwerk eine Variable zugeordnet, die eine endliche Menge an sich gegenseitig ausschließenden Werten einnehmen kann. Wenn A also eine Variable mit dem Definitionsbereich $\{a_1, \ldots, a_n\}$ ist, dann ist $P(A)$ eine Wahrscheinlichkeitsverteilung über diese Werte, sodass

$$P(a_i) \in [0, 1], \sum_{i=1}^{n} P(a_i) = 1 \tag{3.26}$$

Wenn B nun eine Variable mit den Werten $\{b_1, \ldots, b_m\}$ ist, dann sind sowohl $P(A|B)$ als auch $P(A, B)$ $n \times m$ Tabellen, in denen jeder Eintrag die

	b_1	b_2	b_3
a_1	0.4	0.3	0.6
a_2	0.6	0.7	0.4

Tabelle 3.1: Beispielhafte Wahrscheinlichkeitstabelle für $P(A|B)$

	b_1	b_2	b_3
a_1	0.16	0.12	0.12
a_2	0.24	0.28	0.08

Tabelle 3.2: Beispielhafte Wahrscheinlichkeitstabelle für $P(A, B)$

Wahrscheinlichkeit für eine Kombination (a_i, b_j) enthält. Auch die Wahrscheinlichkeiten für das Vorliegen einzelner Werte lassen sich durch die Formel (3.24) berechnen. So entsteht für die beispielhafte Wahrscheinlichkeitsverteilung $P(B) = (0.4\ 0.4\ 0.2)$ und aus den Werten $P(A|B)$ in Tabelle 3.1, die Wahrscheinlichkeit $P(A, B)$ in Tabelle 3.2. Außerdem ist es möglich, $P(A) = (0.4\ 0.6)$ durch zeilenweise Summierung aus Tabelle 3.2 heraus zu marginalisieren, und durch Anwendung des Bayes-Theorems daraus Tabelle 3.3 zu berechnen.

Berechnung der Qualität ϑ. Mit Hilfe einer Bayes'schen Inferenz, die sich auf diese Wahrscheinlichkeitsrechnung stützt, kann eine Aussage darüber getroffen werden, wie wahrscheinlich es ist, dass sich das betreffende AP als zuverlässig erweisen wird. Das verwendete Netz besteht hierbei aus einer einfachen konvergierenden Verbindung mit den Ressourceninformationen als Eingangsvariablen und mit der Ressourcenqualität als Ausgangsvariable (siehe Abbildung 3.11). Die Qualität erhält die Werte „`hoch`“ und „`niedrig`“, die Werte w_i der Eingangsvariablen müssen individuell bestimmt werden. Für jeden Wert jeder Eingangsvariable wird eine A-priori-Wahrscheinlichkeit über sein Eintreten festgelegt. Darüber hinaus wird der Ausgangsvariable eine A-

	a_1	a_2
b_1	0.4	0.4
b_2	0.3	0.47
b_3	0.3	0.13

Tabelle 3.3: Beispielhafte Wahrscheinlichkeitstabelle für $P(B|A)$

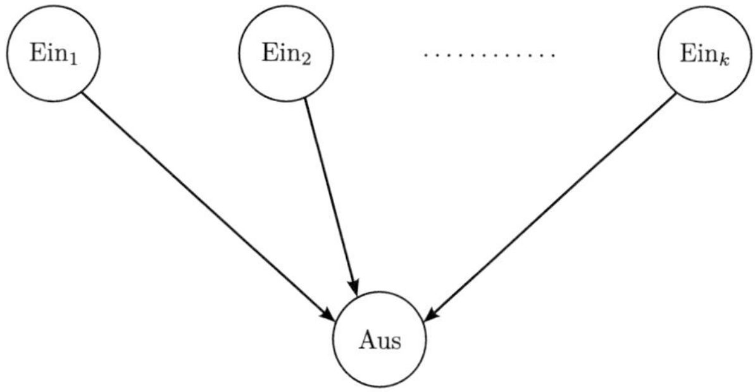

Abbildung 3.11: Bayes'sches Netz zur Ermittlung der Qualität einer Ressource mit k Einflussfaktoren

posteriori-Wahrscheinlichkeitstabelle über das Eintreten ihrer Werte unter Voraussetzung aller möglichen Kombinationen der Eingangswerte zugeordnet. Die einzelnen A-posteriori-Wahrscheinlichkeiten lassen sich aus den Gleichungen (3.27) und (3.28) berechnen und werden als Ressourcenqualität verwendet.

$$\vartheta = P(Aus = w_1 | Ein_1 = w_1 \ldots Ein_k = w_k) = \\ = \prod_{i=1}^{k} P(Aus = w_1 | Ein_i = w_i) \quad (3.27)$$

$$P(Aus = w_1 | Ein_i = w_i) = \frac{P(Aus = w_1, Ein_i = w_i)}{P(Ein_i = w_i)} \quad (3.28)$$

Unter Berücksichtigung des gleichen Beispiels, das zur Erläuterung des Fuzzy-Ansatzes in Abschnitt 3.6.3.1 betrachtet wurde (d. h. die Ermittlung der Qualität einer Kamera), kann die A-posteriori-Wahrscheinlichkeitstabelle 3.4 erzeugt werden.

Eine A-posteriori-Wahrscheinlichkeitstabelle enthält $\prod_{i=1}^{n} n_{ze,i} \cdot n_{za}$ Einträge, wobei n die Anzahl der Eingangsvariablen, n_{ze} die Anzahl ihrer Zustände und n_{za} die Anzahl der Zustände der Ausgangsvariable bezeichnet. Je mehr Zustände gewählt werden, desto genauer wird zwischen den möglichen Werten unterschieden. Daraus ergibt sich jedoch eine sehr große A-posteriori-Wahrscheinlichkeitstabelle, die idealerweise aus einer Statistik erhoben werden sollte, die möglichst viele Eingangskombinationen erfasst. Bei einer großen Anzahl an Eingängen und Werten ist aber die experimentelle Erhebung einer sol-

Elternknoten			$\vartheta = P(Ausgang \vert Eingänge)$	
Arbeitsbereich	Rauschen	Helligkeit	Hoch	Niedrig
nah	hoch	hell	0.1	0.9
gut	hoch	hell	0.4	0.6
weit	hoch	hell	0.2	0.8
nah	hoch	dunkel	0.05	0.95
gut	hoch	dunkel	0.2	0.8
weit	hoch	dunkel	0.05	0.95
nah	niedrig	hell	0.4	0.6
gut	niedrig	hell	0.9	0.1
weit	niedrig	hell	0.5	0.5
nah	niedrig	dunkel	0.2	0.8
gut	niedrig	dunkel	0.5	0.5
weit	niedrig	dunkel	0.3	0.7

Tabelle 3.4: Beispiel einer A-posteriori-Wahrscheinlichkeitstabelle zur Ermittlung der Qualität einer Kamera

chen Statistik nur mit einem extrem großen zeitlichen Aufwand realisierbar und daher in den meisten realen Fällen nicht praktikabel.

Alternativ kann diese Statistik einfacher erstellt werden, indem für jede Wahrscheinlichkeit $P(Eingang)$ und $P(Eingang, Ausgang)$ eine Binomialverteilung zu Grunde gelegt wird, bei jeder Ausführung ein neuer Eintrag in die Statistik vorgenommen wird und daraus eine neue A-posteriori-Wahrscheinlichkeitstabelle berechnet wird. Je mehr experimentelle Daten vorliegen desto aussagekräftiger wird die Wahrscheinlichkeitstabelle und umso vorteilhafter die Verwendung der Bayes'schen Inferenz. Falls nur ein kleiner Anteil der Statistik experimentell erzeugt werden kann, ist die Erstellung eines Fuzzy-Regelsatzes die intuitivere und transparentere Lösung.

3.6.3.3 Hierarchieebenen der Evaluierung der Nutzenfunktion

Sowohl bei der Einführung des Konzepts der Effizienz eines AP (siehe Abschnitt 3.4.2.1) als auch bei der Erläuterung der Methoden, die zu ihrer Evaluierung eingesetzt werden können (siehe Abschnitte 3.6.3.1 und 3.6.3.2), wurde immer davon ausgegangen, dass der Effizienzwert unabhängig von der Netz-Struktur sei. Prinzipiell können aber die einzelnen Schritte der Evaluierung und der anschließenden Entscheidung auf verschiedene Hierarchieebenen des Petri-Netzes aufgeteilt werden. Im Folgenden wird der bisher betrachtete lokale Ansatz mit Evaluierung auf Aktionsprimitiv-Ebene mit einem Netz-spezifischen Ansatz verglichen.

Evaluierung auf AP-Ebene. Die Evaluierung auf Ebene der Aktionsprimitive ist eine dezentrale Vorgehensweise bei der Ermittlung der AP-Effizienz. Hierbei wird die Effizienz eines einzelnen AP im AP selbst ermittelt und der Entscheidungsinstanz im Petri-Netz übergeben. Der Effizienzwert ist also eine Angabe über die momentane absolute Effizienz des AP und variiert nicht, falls es mehrere Instanzen des gleichen AP im gesamten Netz gibt. Das AP erhält somit Informationen über die eingesetzten Ressourcen, nutzt sie zur Bewertung seiner Effizienz und sendet die Ergebnisse an die Entscheidungsinstanz. Diese vergleicht die erhaltenen Effizienzen und löst den lokalen Konflikt, indem sie dem effizientesten AP bevorzugt. Der Informationsfluss ist in Abbildung 3.12 dargestellt.

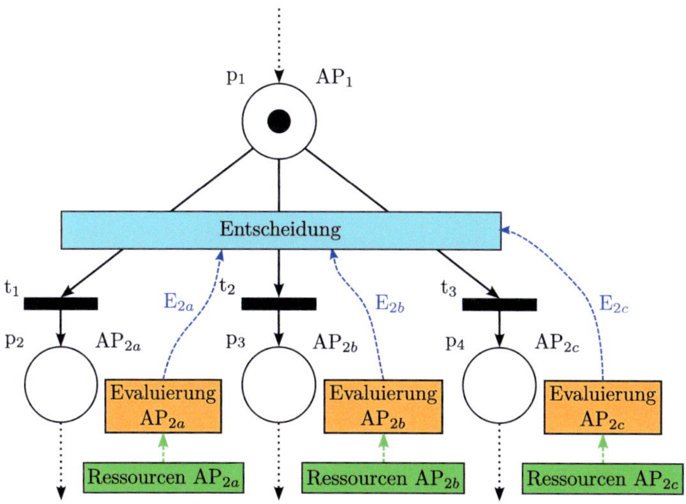

Abbildung 3.12: Konfliktlösung mit Effizienzevaluierung auf AP-Ebene

Durch diesen Ansatz ist ein Ergebnis zu erwarten, das weniger gut auf die Entscheidung zugeschnitten ist. Er bietet jedoch den Vorteil, dass jedem AP seine eigene spezifische Evaluierungsmethode zugeordnet ist. Auf diese Art und Weise sind die so definierten Entscheidungsmodule nicht kontextspezifisch sondern für jeden beliebigen Konflikt anwendbar, unabhängig von den

AP, die zur Auswahl stehen. Die Komplexität des Entscheidungsfindungsprozesses wird dadurch stark reduziert.

Evaluierung auf Netz-Ebene. Dieser Ansatz zur Ermittlung der AP-Effizienz innerhalb des Petri-Netzes führt die Evaluierung durch die Entscheidungsinstanz durch. Die einzelnen AP erhalten auf diese Weise ihre Effizienz durch das Petri-Netz zum gleichen Zeitpunkt, zu dem diese zur Konfliktlösung herangezogen wird. Im Gegensatz zur oben vorgestellten Methode ist der ermittelte Effizienzwert eines AP in diesem Fall stark davon abhängig, wie zuverlässig die anderen Alternativen sind. Der Wert drückt also aus, wie effizient jedes AP im Vergleich zu den anderen Aktionsprimitiven ist, die für diese spezielle Entscheidung verfügbar sind. Die Angaben über die im Aktionsprimitiv eingesetzten Ressourcen müssen bei diesem Ansatz in der Entscheidungsinstanz des Petri-Netzes zusammenlaufen. Hier werden die Effizienzwerte ermittelt und anschließend zur Lösung des Konflikts den Aktionsprimitiven zugeordnet. Abbildung 3.13 stellt hierzu den Informationsfluss dar.

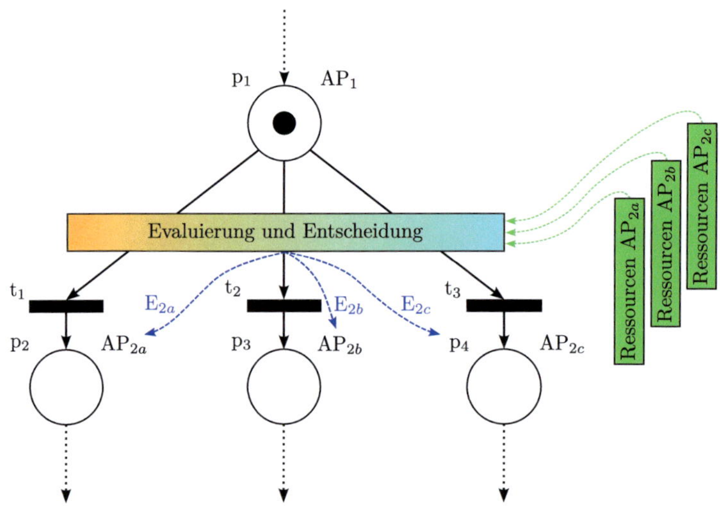

Abbildung 3.13: Konfliktlösung mit Effizienzevaluierung auf Netz-Ebene

Die Evaluierungsmethode ist bei diesem Ansatz stark auf die zu treffende Entscheidung zugeschnitten, daher ist ein hochwertiges Ergebnis zu erwarten. Gleichzeitig ist hierbei gerade aufgrund des hohen Spezialisierungsgrades jede Evaluierungsmethode nur auf eine einzelne Kombination von Aktionsprimitiven anwendbar, und muss also für jede neue AP-Kombination neu definiert werden. Außerdem vergrößert sich die Menge der für die Entscheidungsinstanz erforderlichen Eingänge. Da die vorgestellten Evaluierungsmethoden sehr empfindlich auf die Anzahl der Eingangsgrößen sind (Umfang des Regelsatzes bzw. Größe der A-posteriori-Wahrscheinlichkeitstabelle), führt diese Steigerung zu einer extrem hohen Komplexität der Berechnungen und zum Verlust der Übersichtlichkeit.

3.6.4 Suche der optimalen AP-Sequenz

Es wurde im Abschnitt 3.4 gezeigt, wie eine komplexe Roboteraufgabe in ein Netz von Aktionsprimitiven zerlegt werden kann, jedes mit seiner eigenen Effizienz und Affinität. Jedem AP kann dann eine Stelle zugeordnet werden, sodass die gesamte Aufgabe durch ein Petri-Netz modelliert werden kann (siehe Abschnitt 3.5.2). Ein Konflikt in diesem Netz (mehrere Aktionen sind zu einem Zeitpunkt für den Roboter ausführbar) kann lokal gelöst werden, indem einfach das AP mit der maximalen Nutzenfunktion ν aktiviert wird. Diese Auswahl stellt aber nicht sicher, dass die lokale Entscheidung das Optimum für den ganzen Ablauf des Planes ist.

In Abbildung 3.14 ist eine solche Situation dargestellt. Wenn der Roboter AP_1 beendet hat und nur den nächsten Schritt seiner Aufgabe betrachtet, wählt er AP_3 aus, da seine Nutzenfunktion größer als die von AP_2 ist. Auf diese Art und Weise wird aber nicht berücksichtigt, dass AP_5 nicht ausführbar ist ($\nu = 0$) und der Roboter landet in einem Deadlock. Um die globale optimale Sequenz $AP_2 \rightarrow AP_4 \rightarrow AP_6$ finden zu können, muss der Zeithorizont der Entscheidung erweitert werden und nicht nur die Effizienzen der im nächsten Schritt ausführbaren AP sondern es müssen die Effizienzen des ganzen AP-Netzes betrachtet werden.

Um das effizient zu realisieren, wird aus dem PN ein gerichteter und gewichteter Graph erzeugt (siehe 3.6.4.1), der eine Funktion des Produktes $E^z \cdot a$ als dynamisches Kantengewicht annimmt. Mit Hilfe eines Pfadsuche-Algorithmus wird in diesem Graphen in jedem Entscheidungstakt der optimale Pfad zwischen der Start- und der Ziel-Stelle bestimmt (siehe 3.6.4.2). Aus diesem Pfad, der die optimale AP-Sequenz darstellt, wird das nächste AP extrahiert und aktiviert. Die ständige Online-Aktualisierung der Kantengewichte stellt sicher, dass die berechneten Pfade abhängig von der aktuellen Situation sind.

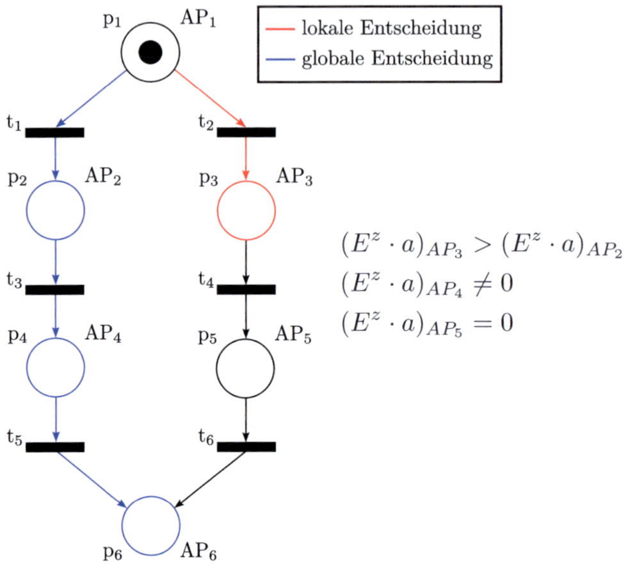

Abbildung 3.14: Beispielhaftes PN, das zeigt, wie eine lokale und eine globale Entscheidung zu verschiedenen Ergebnisse führen könnten

Schließlich kann jede getroffene Entscheidung durch folgende Schritte zusammengefasst werden:

1. Berechnung der AP-Effizienzen;
2. Evaluierung der Nutzenfunktion jedes AP;
3. Aktualisierung der Kantengewichte;
4. Bestimmung des optimalen Pfades;
5. Aktivierung des nächsten AP.

Wenn als Start-Stelle für die Berechnung des optimalen Pfades die Stelle des aktuellen AP genommen wird, werden nach jeder Entscheidung Teile des gesamten Netzes von zukünftigen Entscheidungen ausgeschlossen. Um das zu vermeiden, wird die Pfadsuche unabhängig von der aktuellen Markierung des Netzes immer zwischen Start- und Ziel-Stelle ausgeführt. Falls der ausgewählte Pfad das momentan ausgeführte AP nicht beinhaltet, heißt das, dass sich der

Roboter für eine komplett andere Handlungsstrategie entschieden hat. In diesem Fall muss er dann auf den ersten Zweig zurückkehren, von dem aus er dem neuen geplanten Pfad folgen kann. Dafür werden entsprechende Pläne gebraucht, die diese Rückkehr ermöglichen. Da die Planung nicht Thema dieser Arbeit ist, wird davon ausgegangen, dass solche zusätzlichen parallelen Netze zusammen mit dem Haupt-Netz bereits verfügbar sind.

Zusätzlich zu den Alternativen, die im vorhandenen Netz vorgesehen sind, hat der Roboter dann an jeder Stelle immer die Möglichkeit, die Aufgabe zu unterbrechen sobald die Nutzenfunktion des auszuführenden AP einen vordefinierten Schwellwert unterschreitet. In diesem Fall wird ein komplett neuer Plan (d. h. ein neues Netz) angefordert. Je mehr AP schon in Richtung Ziel ausgeführt wurden, desto kleiner wird dieser Schwellwert.

3.6.4.1 Generierung gerichteter Graphen aus PN

Im Abschnitt 3.5.1 wurde gezeigt, wie ein Petri-Netz durch eine Netzmatrix $\mathbf{N}$, einen Anfangsmarkierungsvektor $\underline{m}(0)$ und einen Kapazitätsvektor $\underline{\kappa}$ vektoriell beschrieben werden kann (siehe Gleichung (3.20)). Eine zu $\mathbf{N}$ alternative Darstellung des Netzes kann mit Hilfe zweier weiterer Matrizen realisiert werden: eine $n \times m$ Matrix $\mathbf{H}_{pt}$, die die Verbindungen von den n Stellen zu den m Transitionen angibt und eine $m \times n$ Matrix $\mathbf{H}_{tp}$, die die Verbindungen von den m Transitionen zu den n Stellen festlegt. In Analogie zur Definition von $\mathbf{N}$ (siehe Gleichungen (3.18) und (3.19)) sind die Elemente dieser zwei Matrizen wie folgt definiert:

$$h_{pt,ij} = \begin{cases} \mathcal{W}(p_i, t_j) & \text{falls } (p_i, t_j) \in \mathcal{A}, \\ 0 & \text{falls } (p_i, t_j) \notin \mathcal{A} \end{cases} \quad i = 1 \ldots n,\ j = 1 \ldots m \quad (3.29)$$

$$h_{tp,ij} = \begin{cases} \mathcal{W}(t_i, p_j) & \text{falls } (t_i, p_j) \in \mathcal{A}, \\ 0 & \text{falls } (t_i, p_j) \notin \mathcal{A} \end{cases} \quad i = 1 \ldots m,\ j = 1 \ldots n \quad (3.30)$$

Aus den Gleichungen (3.29) und (3.30) ergibt sich auch:

$$\mathbf{N} = \mathbf{H}_{pt} - \mathbf{H}_{tp}^T \quad (3.31)$$

Für das Netz in Abbildung 3.5 erhalten $\mathbf{H}_{pt}$ und $\mathbf{H}_{tp}$ die folgenden Werte:

$$\mathbf{H}_{pt} = \begin{pmatrix} 1 & 1 & 0 & 0 \\ 0 & 0 & 1 & 0 \\ 0 & 0 & 0 & 1 \\ 0 & 0 & 0 & 1 \\ 0 & 0 & 0 & 0 \end{pmatrix}, \ \mathbf{H}_{tp} = \begin{pmatrix} 0 & 1 & 1 & 0 & 0 \\ 0 & 0 & 0 & 1 & 0 \\ 0 & 0 & 0 & 0 & 1 \\ 0 & 0 & 0 & 0 & 1 \end{pmatrix} \quad (3.32)$$

Durch die Multiplikation $\mathbf{H}_{pt} \cdot \mathbf{H}_{tp}$ wird eine $n \times n$ Matrix $\mathbf{G}$ erzeugt, die die Adjazenzmatrix (engl. „*adjacency matrix*") eines gerichteten Graphen darstellt. Dieser Graph entsteht aus den Stellen, die im PN durch eine Transition direkt miteinander verbunden sind. Jedes Nicht-Null-Element (i, j) der Matrix $\mathbf{G}$ beschreibt eine Verbindung zwischen den Stellen i und j. Das in Gleichung (3.32) und Abbildung 3.5 dargestellte Beispiel führt zum Graphen in Abbildung 3.15 und zur Matrix:

$$\mathbf{G} = \begin{pmatrix} 0 & 1 & 1 & 1 & 0 \\ 0 & 0 & 0 & 0 & 1 \\ 0 & 0 & 0 & 0 & 1 \\ 0 & 0 & 0 & 0 & 1 \\ 0 & 0 & 0 & 0 & 0 \end{pmatrix} \tag{3.33}$$

Allerdings gehen in dem so erhaltenen Graphen Informationen über die Art der

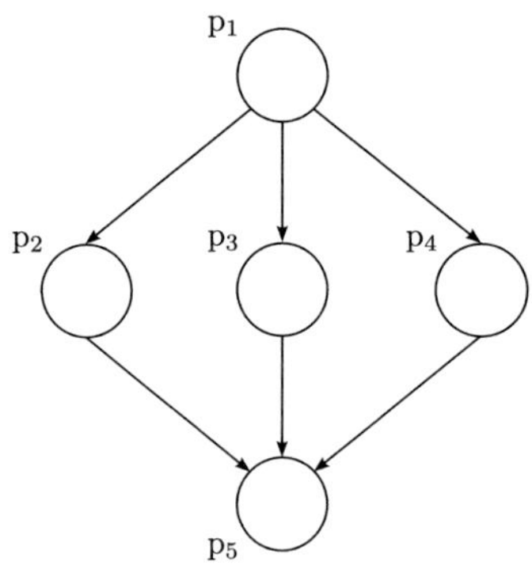

Abbildung 3.15: Beispiel eines einfachen gerichteten Graphen

Verbindungen zwischen den Stellen verloren, da die Transitionen weggelassen worden sind. Die zwei Netze in Abbildung 3.16 würden zum Beispiel beide den gleichen Graph generieren. Um solche Fälle zu vermeiden, kann das Petri-Netz vorverarbeitet werden. So wird sichergestellt, dass auch nach der Entfernung der Transitionen alle wesentlichen Informationen im Graphen bewahrt werden.

In dieser Arbeit werden zwei Fälle betrachtet, bei denen ein Eingriff in die Netz-Struktur durch gezielte Algorithmen vorgenommen wird. Der erste Fall ist in Abbildung 3.17 dargestellt: Beim Schalten von t_1 werden die Stellen p_1 und p_2 gleichzeitig belegt. Der Graph, der aus einem solchen Netz erzeugt wird

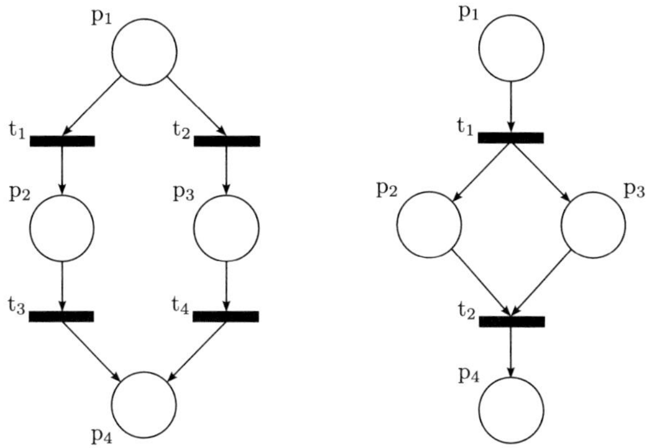

Abbildung 3.16: Zwei PN, die im gleichen Graphen resultieren

(siehe Abbildung 3.17 und Gleichung (3.34)) erlaubt aber keine parallele Aktivierung der entsprechenden AP. Diese Diskrepanz wird behoben, indem die zwei Stellen p_1 und p_2 zu einer einzelnen Stelle p_{12} zusammengefasst werden und aus diesem modifizierten PN der Graph erstellt wird (siehe Abbildung 3.18 und Gleichung (3.35)). Da jede Stelle einem Zustand des Roboters zugeordnet ist, modelliert die so zusammengefasste Stelle den parallelen Ablauf zweier AP.

$$\mathbf{H}_{pt} = \begin{pmatrix} 1 & 0 \\ 0 & 1 \\ 0 & 1 \\ 0 & 0 \end{pmatrix}, \; \mathbf{H}_{tp} = \begin{pmatrix} 0 & 1 & 1 & 0 \\ 0 & 0 & 0 & 1 \end{pmatrix}, \; \mathbf{G} = \begin{pmatrix} 0 & 1 & 1 & 0 \\ 0 & 0 & 0 & 1 \\ 0 & 0 & 0 & 1 \\ 0 & 0 & 0 & 0 \end{pmatrix} \tag{3.34}$$

$$\mathbf{H}_{pt} = \begin{pmatrix} 1 & 0 \\ 0 & 1 \\ 0 & 0 \end{pmatrix}, \; \mathbf{H}_{tp} = \begin{pmatrix} 0 & 1 & 0 \\ 0 & 0 & 1 \end{pmatrix}, \; \mathbf{G} = \begin{pmatrix} 0 & 1 & 0 \\ 0 & 0 & 1 \\ 0 & 0 & 0 \end{pmatrix} \tag{3.35}$$

Die Suche nach solchen Strukturen im Netz und ihre Bearbeitung wird mit Hilfe folgender Schritte automatisiert:

1. In der Matrix $\mathbf{H}_{pt}$ wird nach Spalten gesucht, die mehr als eine 1 besitzen (d. h. mehrere Stellen haben eine Verbindung zu einer Transition) $\rightarrow$ Spalte 2 in (3.34).

2. Die entsprechenden Zeilen, die identisch sind, werden zu einer Zeile zusammengefasst $\rightarrow$ Zeilen 2 und 3 in (3.34).

3. In der Matrix $\mathbf{H}_{tp}$ wird nach Zeilen gesucht, die mehr als eine 1 besitzen (d. h. mehrere Transitionen haben eine Verbindung zu einer Stelle) $\rightarrow$ Zeile 1 in (3.34).

4. Die entsprechenden Spalten, die identisch sind, werden zu einer Spalte zusammengefasst $\rightarrow$ Zeilen 2 und 3 in (3.34).

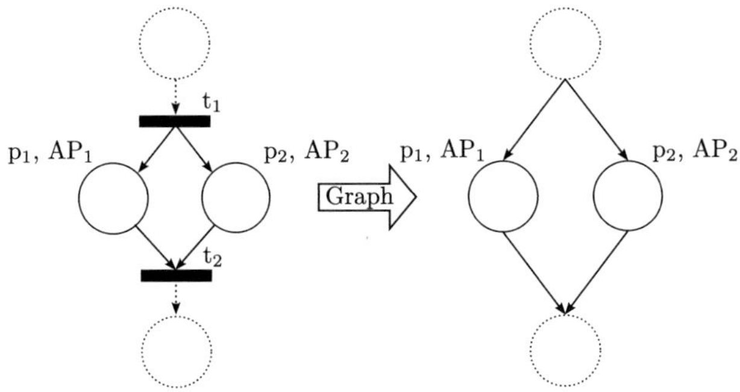

Abbildung 3.17: Inkorrekte Umwandlung eines PN in einen Graphen

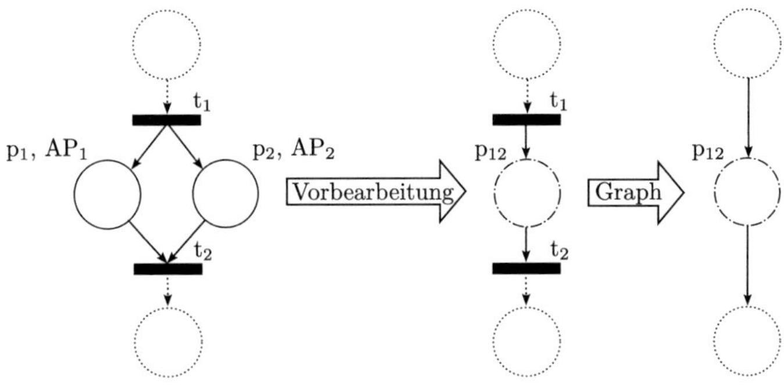

Abbildung 3.18: Umwandlung eines PN in einen Graphen mit zusammengefasster Stelle

In Abbildung 3.19 ist der zweite analysierte Fall dargestellt. Auch hier führt eine direkte Umwandlung des Netzes zu einem inkorrekten Ergebnis. Durch eine Zusammenfassung der zwei Stellen würde aber der Pfad $t_1 \rightarrow p_1 \rightarrow t_3$

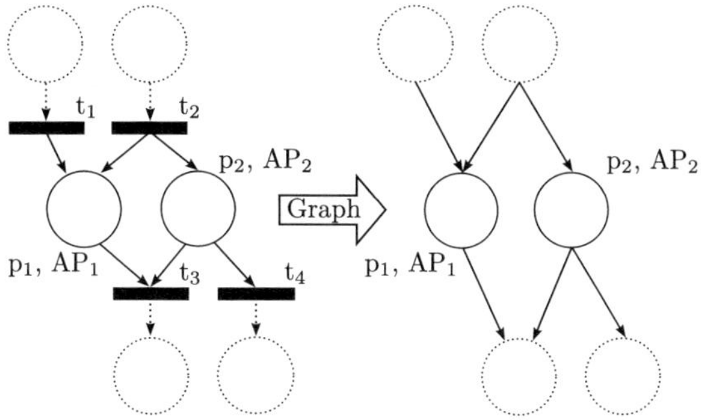

Abbildung 3.19: Inkorrekte Umwandlung eines PN in einen Graphen

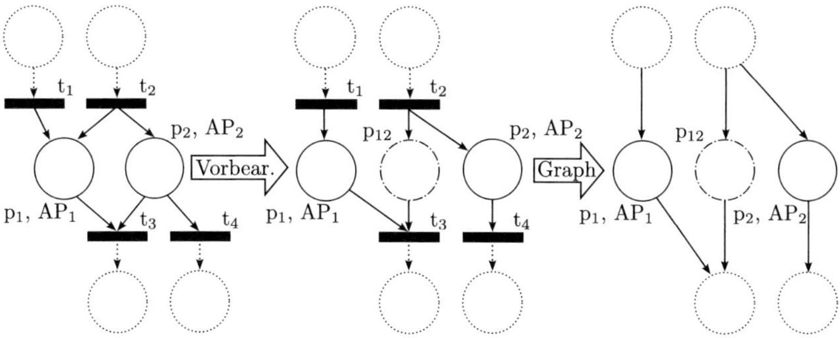

Abbildung 3.20: Umwandlung eines PN in einen Graphen mit zusätzlicher virtueller Stelle

verloren gehen. Deshalb muss erst eine zusätzliche virtuelle Stelle hinzugefügt werden, die die zwei AP vereinigt. Nur dann kann der Graph aus dem neuen Netz erzeugt werden (siehe Abbildung 3.20). Die entsprechenden Matrizen sind in den Gleichungen (3.36) und (3.37) dargestellt.

$$\mathbf{H}_{pt} = \begin{pmatrix} 1 & 0 & 0 & 0 \\ 0 & 1 & 0 & 0 \\ 0 & 0 & 1 & 0 \\ 0 & 0 & 1 & 1 \\ 0 & 0 & 0 & 0 \\ 0 & 0 & 0 & 0 \end{pmatrix}, \; \mathbf{H}_{tp} = \begin{pmatrix} 0 & 0 & 1 & 0 & 0 & 0 \\ 0 & 0 & 1 & 1 & 0 & 0 \\ 0 & 0 & 0 & 0 & 1 & 0 \\ 0 & 0 & 0 & 0 & 0 & 1 \end{pmatrix},$$
$$\mathbf{G} = \begin{pmatrix} 0 & 0 & 1 & 0 & 0 & 0 \\ 0 & 0 & 1 & 1 & 0 & 0 \\ 0 & 0 & 0 & 0 & 1 & 0 \\ 0 & 0 & 0 & 0 & 1 & 1 \\ 0 & 0 & 0 & 0 & 0 & 0 \\ 0 & 0 & 0 & 0 & 0 & 0 \end{pmatrix} \tag{3.36}$$

$$\mathbf{H}_{pt} = \begin{pmatrix} 1 & 0 & 0 & 0 \\ 0 & 1 & 0 & 0 \\ 0 & 0 & 1 & 0 \\ 0 & 0 & 1 & 0 \\ 0 & 0 & 0 & 1 \\ 0 & 0 & 0 & 0 \\ 0 & 0 & 0 & 0 \end{pmatrix}, \; \mathbf{H}_{tp} = \begin{pmatrix} 0 & 0 & 1 & 0 & 0 & 0 & 0 \\ 0 & 0 & 0 & 1 & 1 & 0 & 0 \\ 0 & 0 & 0 & 0 & 0 & 1 & 0 \\ 0 & 0 & 0 & 0 & 0 & 0 & 1 \end{pmatrix},$$
$$\mathbf{G} = \begin{pmatrix} 0 & 0 & 1 & 0 & 0 & 0 & 0 \\ 0 & 0 & 0 & 1 & 1 & 0 & 0 \\ 0 & 0 & 0 & 0 & 0 & 1 & 0 \\ 0 & 0 & 0 & 0 & 0 & 1 & 0 \\ 0 & 0 & 0 & 0 & 0 & 0 & 1 \\ 0 & 0 & 0 & 0 & 0 & 0 & 0 \\ 0 & 0 & 0 & 0 & 0 & 0 & 0 \end{pmatrix} \tag{3.37}$$

Die notwendigen Schritte für die Automatisierung der Umwandlung des Netzes sind folgende:

1. In der $\mathbf{H}_{pt}$ Matrix wird nach den Spalten gesucht, die mehr als eine 1 besitzen $\rightarrow$ Spalte 3 in (3.36).
2. Falls es in einer der Zeilen, die eine 1 enthalten noch weitere Einsen gibt, werden diese in eine neu hinzugefügte Zeile verschoben $\rightarrow$ Zeile 4 in (3.36).

3. Analog wird in der $\mathbf{H}_{tp}$ Matrix nach den Zeilen gesucht, die mehr als eine 1 besitzen $\rightarrow$ Zeile 2 in (3.36).

4. Falls es in einer der Spalten, die diese 1 enthalten noch weitere Einsen gibt, werden diese in eine neu hinzugefügte Spalte verschoben $\rightarrow$ Spalte 3 in (3.36).

3.6.4.2 Algorithmus zur Pfadsuche

Aus der Adjazenzmatrix $\mathbf{G}$ kann eine gewichtete Adjazenzmatrix $\mathbf{G}_w$ (engl. „*cost adjacency matrix*") erzeugt werden, die als Elemente statt 1 die Gewichte der Kanten und statt 0 ein Gewicht ∞ beinhaltet. Das globale Entscheidungsfindungsproblem, das der diskreten Regelung zur Grunde liegt, wird gelöst, indem allen in eine Stelle p_i eintretenden Kanten ein positives Gewicht zugeordnet wird, das durch das Komplement $1-\nu_i$ des Nutzwertes des entsprechenden AP_i gegeben ist. Auf einem solchen Graphen wird die Suche nach der optimalen AP-Sequenz für das Erreichen des Zieles in eine Suche des kürzesten Pfades (mit kleinstem gesamten Gewicht) zum Zielknoten verwandelt. In Tabelle 3.5 sind verschiedene Algorithmen aufgelistet, die die Suche des optimalen Pfades eines Graphen ermöglichen. Unter Berücksichtigung der Komplexität und der einzelnen Eigenschaften hat sich für die vorliegende Problemstellung der Dijkstra-Algorithmus als am geeignetsten erwiesen.

Die Grundidee des ausgewählten Algorithmus ist, zunächst die direkten Wege vom Startknoten zu den einzelnen Knoten als temporär kürzeste Wege einzutragen. In den Folgeschritten wird iterativ der am billigsten zu erreichende, bislang noch nicht besuchte Knoten gewählt und getestet, ob von diesem aus, andere Knoten günstiger erreicht werden können als es bisher der Fall war. Wenn alle Knoten besucht wurden, entstehen die billigsten Kosten für die Wege vom Startknoten zu allen anderen Knoten. Detaillierter kann der Dijkstra-Algorithmus mit dem Algorithmus 1 beschrieben werden.

Die Addition der Gewichte, die für die Berechnung der Distanzen mit der Zeile 18 durchgeführt wird, bevorzugt in der Regel die Pfade, die eine niedrigere Anzahl an Knoten enthalten. Für die betrachtete Anwendung hieße das aber, dass Sequenzen mit einer größeren Anzahl von AP benachteiligt würden, obwohl sie besser geeignet wären. Ein Pfad mit drei gut funktionierenden AP (Effizienzen 0.8, Gewichte der Kanten 0.2 und gesamte Länge des Pfades 0.6) stellt sich als schlechtere Wahl heraus, verglichen mit einem Pfad, der aus einem einzigen AP mit Effizienz 0.45 besteht (Gewicht der Kante und Länge des Pfades 0.55). Dem intuitiven Prinzip folgend, dass mehrere gute AP besser als wenige schlechte sind, wird in der Berechnung der Distanzen eine gemit-

Name	Komplexität	Eigenschaften
A*	$O(n^2)$	heuristisch, benötigt großen Speicherplatz
Dijkstra	$O(n^2)$	deterministisch, keine negativen Kantengewichte
Bellmann-Ford	$O(n \cdot m)$	deterministisch, auch für negative Kantengewichte, langsamer als Dijkstra da $m \leq n$
Breadth-first	$O(b^d)$	deterministisch, nur optimal für ungewichtete Graphen
Depth-first	$O(b^d)$	deterministisch, weder optimal noch vollständig
Iterative deepening depth-first	$O(n + m)$	deterministisch, nur optimal für ungewichtete Graphen
Johnson	$O(n^2 \log n + nm)$	deterministisch, Ergebnis für alle Paare von Knoten, langsam
Floyd-Warshall	$O(n^3)$	deterministisch, Ergebnis für alle Paare von Knoten, langsam
Hill climbing	beliebig	Gradientenverfahren, findet nur lokales Maximum bzw. Minimum

Tabelle 3.5: Algorithmen zur Pfadsuche in einem Graphen mit n Knoten, m Kanten, Verzweigungsfaktor b und Tiefe d

Algorithmus 1 Dijkstra-Algorithmus

```
function Dijkstra(Graph, Start, Target):
for all vertex v in Graph do
    dist[v] := ∞
    previous[v] := undefined
end for
dist[Start] := 0
Q := the set of all vertex in Graph
while Q ≠ ∅ do
    u := vertex in Q with smallest dist[]
    if dist[u] = ∞ then
        break
    end if
    if u = Target then
        break
    end if
    remove u from Q
    for all neighbor v of u do
        tmp_dist := dist[u] + dist_between(u, v)
        if tmp_dist < dist[v] then
            dist[v] := tmp_dist
            previous[v] := u
        end if
    end for
end while
path := empty sequence
u := Target
while previous[u] is defined do
    insert u at the beginning of path
    u := previous[u]
end while
return path
```

telte Summe der Kantengewichte berücksichtigt, die den Einfluss der Anzahl von Knoten mildert. Wenn die Distanz zwischen zwei Knoten über den Mittelwert der betroffenen Kantengewichte berechnet wird, bleibt im oben erwähnten Beispiel die Länge des Pfades mit einem AP nach wie vor 0.45. Dem Pfad mit drei AP wird aber eine Länge 0.2 zugewiesen und deshalb wird er als optimaler Pfad ausgewählt. Der Nachteil dieses Ansatzes wird jedoch sofort deutlich, wenn man einen Pfad mit zwei AP betrachtet, das eine mit Effizienz 0, das andere mit Effizienz 1. Dem gesamten Pfad wird eine Länge 0.5 gegeben, obwohl er ein AP beinhaltet, das gar nicht ausführbar ist.

Um die Vorteile der beiden Methoden zu kombinieren und ihre Nachteile zu mindern, wird eine hybride Lösung als Kompromiss zwischen der klassischen und der gemittelten Addition der Kantengewichte eingesetzt, indem die Distanz d zwischen zwei von p Kanten verbundenen Knoten nach Gleichung (3.38) berechnet wird.

$$d = k \cdot \sum_{i=1}^{p} (1 - E_i^z \cdot a_i) + (1 - k) \cdot \sum_{i=1}^{p} \frac{(1 - E_i^z \cdot a_i)}{p}, \quad k \in]0, 1] \qquad (3.38)$$

Der Parameter k wird abhängig von der Netzstruktur gewählt: Umso längere AP-Sequenzen ohne Zweige im Netz vorhanden sind, desto kleiner sollte k sein. Die Erprobung dieser Heuristik wurde durch den Vergleich mit alternativen Vorgehensweisen und mit Hilfe zahlreicher Simulationen erfolgreich durchgeführt.

Kapitel 4

Versuchs- und Entwicklungsplattform

Für die Evaluierung des entwickelten diskret-kontinuierlichen Überwachungs- und Regelungskonzepts wurde im Rahmen dieser Arbeit eine Versuchsplattform am Fraunhofer IOSB aufgebaut. Diese Plattform besteht aus zwei 7-DoF-Roboterarmen, einem 2-DoF-Schwenk-Neige-Sensorkopf (engl. „*pan-tilt*"), einem zwei-Finger-Greifer und einer mehrgliedrigen Fluidhand (siehe Abbildung 4.1). Für eine vollständige Wahrnehmung seiner Umgebung, um eine Vielzahl an Grundfähigkeiten bewältigen zu können, ist der Roboter mit mehreren redundanten und sich ergänzenden Sensoren und Aktoren ausgestattet. Der Kopf verfügt über eine Stereokamera, welche vordefinierte Objekte lokalisieren und verfolgen kann und einen akustischen Sensor (Mikrofon-Array), der in der Lage ist, Geräuschquellen zu lokalisieren. Des Weiteren ist eine miniaturisierte Kamera zur präzisen Lokalisierung von Objekten in der Handinnenfläche integriert. Für die taktile Interaktion sind zwei Kraft-Momenten-Sensoren (KMS) an den Handgelenken und ein taktiles Array an einen Finger des Greifers angebracht. Außerdem wurde ein Schlupfsensor entwickelt, der Relativbewegungen zwischen der Sensorfläche und dem Objekt in Kontakt mit ihr detektieren und messen kann.

Sowohl die Aktoren als auch die zwei KMS sind über CAN-Bus an den Roboterkontrollrechner angeschlossen. Den Mikrofonen und dem Schlupfsensor sowie den beiden Kamera sind stattdessen dedizierte Rechner zugewiesen, in denen eine erste Datenverarbeitung stattfindet. Die verarbeiteten Informationen werden dann über Netzwerk mit TCP/IP- bzw. UDP/IP-Protokoll zum

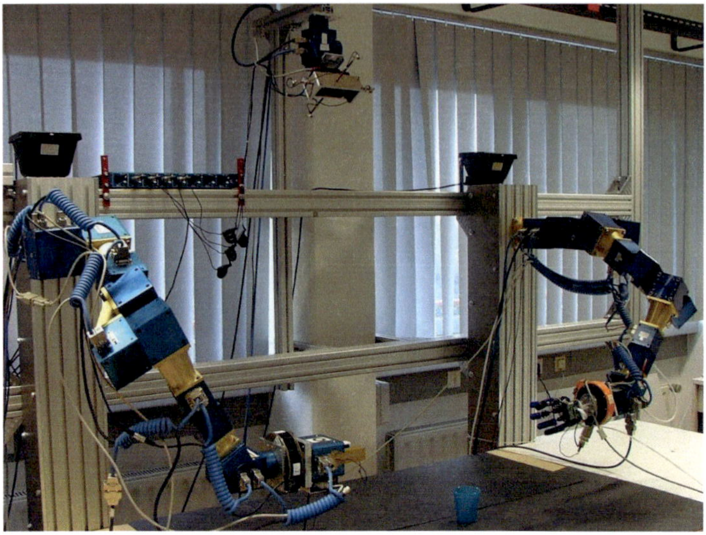

Abbildung 4.1: Test- und Versuchsplattform am IOSB

Hauptrechner zugeschickt (siehe Abbildung 4.2). Die verschiedenen Algorithmen und Steuerungsprogramme wurden in C++ sowohl unter Windows (z. B. die Robotersteuerung und die Software für die KMS) als auch unter Linux (die Software für die Handkamera sowie für das Mikrofone-Array) entwickelt.

Da die Plattform mit ihren Aktoren und Sensoren ein wichtiger Bestandteil für die Erprobung der in dieser Arbeit entwickelten Konzepte ist, werden in diesem Kapitel ihre einzelnen Komponenten und deren Einbindung in die Robotersteuerung kurz beschrieben.

4.1 Hardware-Komponenten

4.1.1 Aktoren

4.1.1.1 Arme und Kopf

Jeder Roboterarm besteht aus sieben Gelenken, die mit sechs Modulen der Serie PowerCube der Firma AMTEC realisiert sind. Die ersten fünf Module sind Drehmodule mit verschiedenen Größen (Abbildung 4.3a) und die letzten zwei

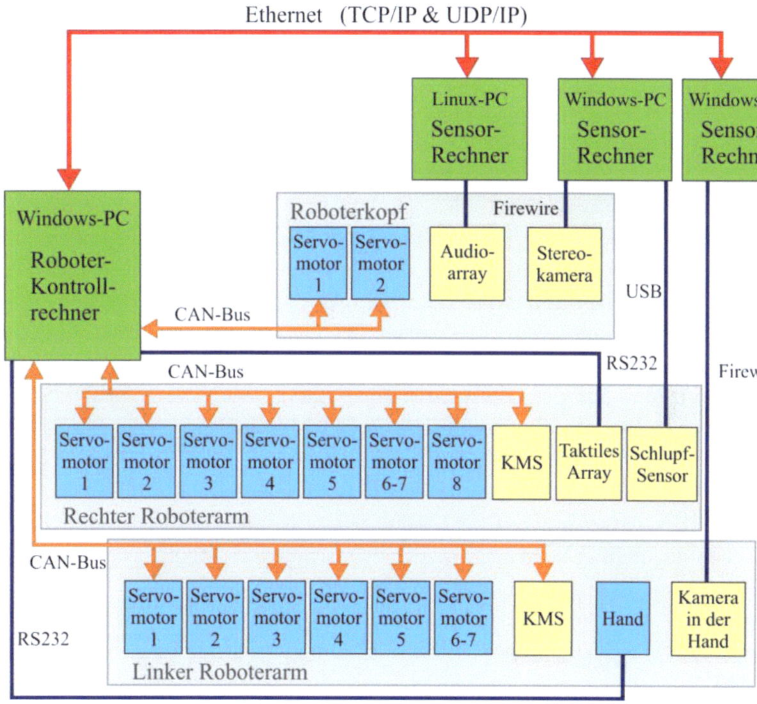

Abbildung 4.2: Kommunikationsstruktur der Roboterplattform

(a) Drehmodul

(b) Schwenk-Neige-Modul

Abbildung 4.3: AMTEC-Module der Serie PowerCube. Quelle: `http://www.de.schunk.com`

Freiheitsgrade im Handgelenk sind durch ein Schwenk-Neige-Modul (Abbildung 4.3b) realisiert.

Das in Abbildung 4.3a dargestellte PowerCube-Drehmodul besteht aus einem EC-Motor (engl. „*electronically commutated*") mit hohem Wirkungsgrad und einem Gleitkeilgetriebe (engl. „*Harmonic Drive*") mit sehr großer Übersetzung. Es verfügt bereits über eine integrierte digitale Positions-, Geschwindigkeits- und Stromregelung (siehe Abschnitt 2.1.1) und wird an einen Steuerungskasten angeschlossen, der sowohl die Betriebsspannung für den Motor liefert, als auch die Kommunikation zwischen dem Rechner und dem Modul per CAN-Bus koordiniert. Auch der Roboterkopf, der als Sensorträger dient, wird durch eine Schwenk-Neige-Einheit der PowerCube-Serie von AMTEC bewegt (siehe Abbildung 4.3b). Jedes Modul ist mit inkrementellen Encoder sowie Strom- und Temperatursensoren ausgestattet. Genauere Spezifikationen zu den verwendeten Modulen sind in den Datenblättern zu finden (siehe Anhang A).

Trotz der überdimensionierten Größe, ist die Verteilung der sieben Freiheitsgrade der Arme sowie die Anordnung des Kopfes an das Aussehen des Menschen angelehnt und erlaubt so die Erprobung von Algorithmen und neuen Fertigkeiten für einen humanoiden Roboter.

4.1.1.2 Zwei-Finger-Greifer

An den rechten Arm ist ein Greifsystem der Firma AMTEC montiert (siehe Abbildung 4.4), das für die Handhabung einfacher Objekte eingesetzt werden kann. Es handelt sich um einem parallelen zwei-Finger-Greifer der Serie PowerCube, dessen Finger ausgetauscht werden können, um immer die beste Konfiguration für die auszuführende Aufgabe zu haben. In Abbildung 4.5 sind einige der am IOSB realisierten Finger dargestellt. Im Vergleich zu einem glatten Finger ist zum Beispiel ein Finger mit einer konkaven Oberfläche beim Greifen zylindrischer Objekte von Vorteil. Finger mit integrierten Sensoren sind stattdessen für intelligente Greifaufgaben geeignet und wurden sowohl mit taktilen Sensoren (siehe Abschnitt 4.1.2.5) als auch mit Schlupfsensoren (siehe Abschnitt 4.1.2.6) realisiert. Die Bewegung der zwei Finger erfolgt positionsgeregelt. Weitere technische Daten des Greifer-Modules können im Anhang A nachgelesen werden.

4.1.1.3 Hand

An den linken Arm ist eine mehrgliedrige Hand montiert, die aus einer gemeinsamen Kooperation der Teilbereiche R1, R2 und R3 des SFB 588 konzipiert

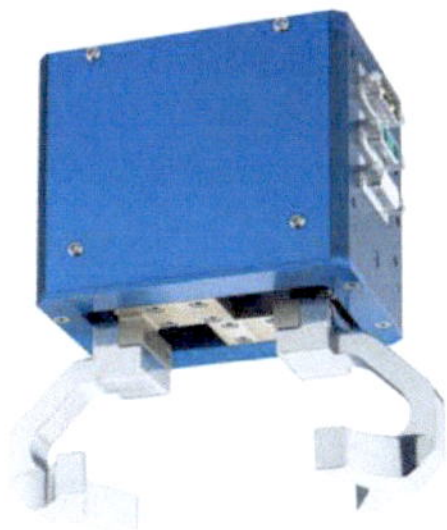

Abbildung 4.4: Zwei-Finger-Greifen der Serie PowerCube. Quelle: `http://www.de.schunk.com`

(a) Glatter Finger (b) Konkaver Finger (c) Finger mit taktilen Sensoren (d) Finger mit Schlupfsensor

Abbildung 4.5: Unterschiedliche Finger zur Lösung verschiedener Greifaufgabe

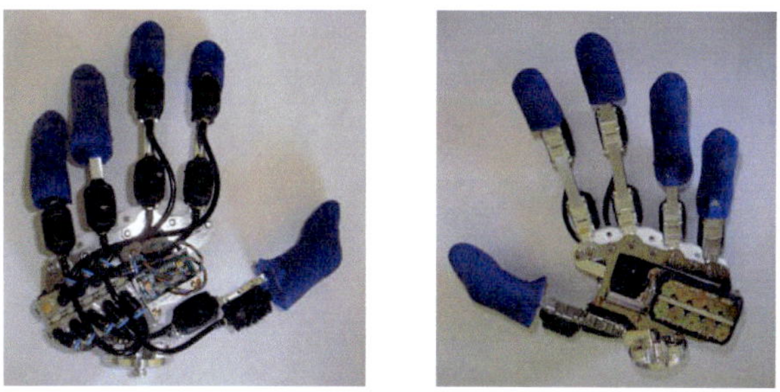

(a) (b)

Abbildung 4.6: Mehrgliedrige Hand mit integrierter Kamera

wurde (siehe Abbildung 4.6). Ziel der Entwicklung einer Hand für humanoide Roboter ist ein System, welches bezüglich seines Aussehens und seiner Fähigkeiten einer menschlichen Hand möglichst nahe kommt. Wichtige Voraussetzungen dafür sind u. a. ein geringes Gewicht, eine hohe Geschicklichkeit, ein kompakter und robuster Aufbau sowie die Fähigkeit, die notwendigen Greifkräfte zur Verfügung zu stellen. Diese Anforderungen wurden mit Gelenken erreicht, die über pneumatische Aktoren bewegt werden [Schulz u. a., 2004]. Die erforderliche Stellenergie stellt ein Kompressor außerhalb der Hand bereit. Die Ansteuerung erfolgt direkt über die serielle Schnittstelle des Roboterrechners, der die auszuführenden Bewegungen vorgibt. Die Elektronik sowie die Ventile sind auf der Hand untergebracht (siehe Abbildung 4.6a). Die verwendete Hand besitzt acht aktive Gelenke, von denen sich jeweils zwei in dem Daumen, dem Zeigefinger und dem Mittelfinger befinden. In den Ring- und den kleinen Finger ist jeweils ein Gelenk integriert.

Zur intelligenten Durchführung eines sichtgeregelten Greifvorganges wurde eine Miniaturkamera in die Handinnenfläche integriert, über welche eine präzise Lokalisierung von Objekten im Nahbereich erfolgt und die darauf folgende kollisionsfreie Annäherung geregelt wird (siehe Abbildung 4.6b und Abschnitt 4.1.2.4).

4.1.2 Sensoren

Die Sensoren, mit denen der Roboter ausgerüstet ist, können als propriozeptiv oder exterozeptiv eingeordnet werden. *Propriozeptive* Sensoren sind diejenigen, die den internen Zustand des Roboters messen (z. B. Encoder). *Exterozeptive* Sensoren sind stattdessen diejenigen, die den Zustand der Umgebung wahrnehmen (z. B. Kamera, Kraftsensoren).

Im Folgenden werden die einzelnen zur Verfügung stehenden exterozeptiven Sensoren und ihre Funktionalitäten kurz beschrieben, da sie für die Entwicklung der im Kapitel 5 dargestellten Grundgeschicklichkeiten von großer Bedeutung sind. Diese Sensoren können hinsichtlich ihrer Anbindung an die Roboterregelung in zwei Klassen unterteilt werden:

- *taktsynchrone Sensoren*, die *taktsynchron* mit der Roboterregelung arbeiten. Zu dieser ersten Klasse gehören die Sensoren, die direkt an den Roboterrechner angeschlossen sind, d. h. die zwei Kraft-Momenten-Sensoren und das taktile Array.

- Sensoren, deren Messungen *asynchron* aktualisiert werden. In dieser zweite Klasse befinden sich dagegen die Sensoren, die an einen dedizierten

Rechner angeschlossen sind und über Ethernet kommunizieren, d. h. die zwei Kameras, das Mikrofon-Array und der Schlupfsensor (siehe Abbildung 4.2).

Eine solche dezentralisierte Struktur sorgt nicht nur für eine hohe Modularität des Systems, sondern entlastet auch den Kontrollrechner von aufwändigen Berechnungen wie z. B. für die Bildverarbeitung.

4.1.2.1 Stereokamera

Der wichtigste Wahrnehmungssinn eines Menschen ist ohne Zweifeln das Sehen. Um diesen Sinn auch auf dem Roboter nachahmen zu können, wurde eine Stereokamera MEGA-DCS Megapixel Digital Stereo Head der Firma Videre Design auf der gesteuerten zweiachsigen Schwenk-Neige-Einheit montiert und mittig zwischen den Roboterarmen angebracht (siehe Abbildungen 4.7a und 4.7b). Diese „Augen“ des Roboters sind in der Lage, über eine auf Muster-Erkennung basierende Auswertesoftware die Position bekannter Zielobjekte bezüglich des Stereokameraframes zu bestimmen und über eine Ethernet Verbindung mit UDP/IP-Protokoll an den Roboterrechner zu senden. Über die bekannten Gelenkwinkel der Schwenk-Neige-Einheit kann dann aus dieser Schätzung die Objektposition in einem Bezugskoordinatensystem bestimmt werden.

Die Auswertesoftware ist auf einem Windows-Rechner in C++ implementiert (siehe Abbildung 4.7c) und kommuniziert mit der Kamera auf Basis einer IEEE1394 Schnittstelle. Die Kamera arbeitet mit einer Bildfrequenz von 15 fps (engl. „*frames per seconds*“) und hat eine maximale Auflösung von 1280×960 Pixel. Weitere Spezifikationen sind im Anhang A zu finden.

4.1.2.2 Audio-Array

Eine weitere wichtige Fähigkeit, die ein humanoider Roboter besitzen muss, besteht darin, sein Umfeld akustisch wahrnehmen zu können. Zur Lokalisierung eines Sprechers oder anderer Geräuschquellen wurde deshalb ein Audio-Array in den Sensorkopf integriert (siehe Abbildung 4.8). Im Gegensatz zu dem eingeschränkten Sichtbereich eines optischen Sensors, kann ein akustischer Sensor den gesamten Raum mit sehr geringem Aufwand überwachen. Außerdem ist die akustische Lokalisation unabhängig von Helligkeitsschwankungen und funktioniert auch im Dunkeln. Um die Richtung, in der die Schallquelle liegt, mit dem Mikrofon-Array zu schätzen (engl. „*Direction Of Arrival*“ – DOA), wurde eine Lokalisation mit Zeitversatzschätzung (engl. „*Time-Difference Of Arrival*“ – TDOA) ausgewählt. Diese Methode benötigt wenige

(a) MEGA-DCS Megapixel Digital Stereo Head

(b) Kameraträger

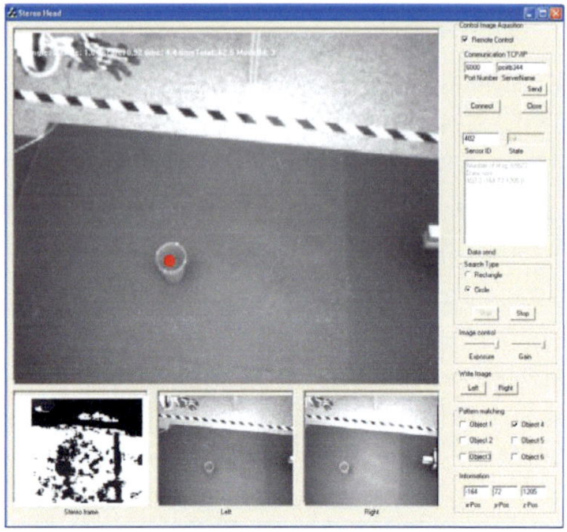

(c) Screenshot der grafischen Benutzerschnittstelle.

Abbildung 4.7: Stereokamera

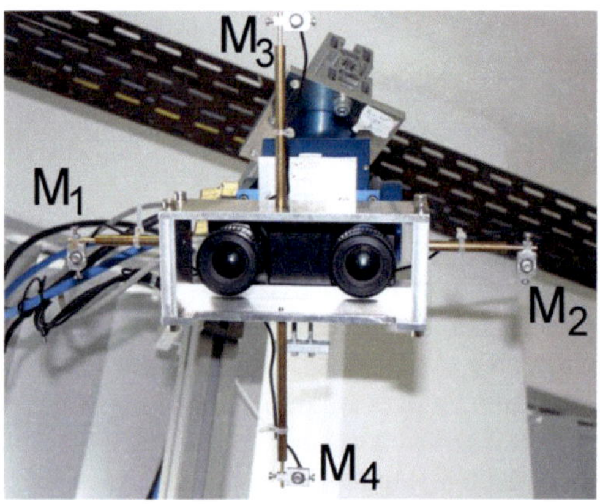

Abbildung 4.8: Sensorkopf mit Stereokamera und Mikrofon-Array, bestehend aus vier Mikrofonen

Mikrofone und bietet eine hohe räumliche Auflösung und einen geringen Rechenaufwand [Milighetti u. a., 2006b,a].

Das realisierte Mikrofon-Array besteht aus zwei Mikrofonpaaren, die in zwei senkrecht aufeinander stehenden Achsen (Kreuzanordnung) angeordnet sind. Die eine Achse ist dabei horizontal ausgerichtet, die andere vertikal. Die vier Mikrofone des Arrays sind Elektret-Kondensator-Mikrofone mit omnidirektionaler Richtcharakteristik vom Typ SONY ECM-T145, die sich durch ihre äußerst kompakten Abmessungen auszeichnen. Die Mikrofone sind über den Impedanzwandler an einen Mikrofonvorverstärker des Typs SM Pro Audio PR8 angeschlossen, der wiederum mit den Line-Ausgängen an eine Mehrkanalsoundkarte vom Typ M-Audio Delta 1010 angeschlossen ist. Die Verwendung einer Mehrkanalsoundkarte ist obligatorisch, da sich damit sicherstellen lässt, dass die einzelnen Kanäle zeitsynchron abgetastet und samplesynchron weiterverarbeitet werden. Nur so ist es möglich, zu garantieren, dass die für die Lokalisation notwendigen Zeitversätze korrekt ausgewertet werden können. Die Soundkarte ist an einen Linux-Rechner angeschlossen, auf dem die Sensorverarbeitung implementiert ist und der über TCP/IP mit dem Hauptrechner verbunden ist. Die Spezifikationen der eingesetzten Hardware sind im Anhang A beschrieben.

4.1.2.3 Kraftsensoren

Bei der taktilen Interaktion des Roboters mit seiner Umwelt ist es notwendig, die auf dem Endeffektor agierenden externen Kräfte messen zu können. Dafür wurden in den Handgelenken der Roboterarmen zwei sechsachsigen Kraft-Momenten-Sensoren montiert, die sich jeweils zwischen Arm und Greifer bzw. Hand befinden (siehe Abbildung 4.9). An den rechten Arm ist ein Sensor des Typs FTCL-050-40 der Firma Schunk angebracht, an den linken Arm ist ein Prototyp V2.03-40F des DLR eingesetzt. Beide zylindrische Kraftmessdosen basieren auf einem optoelektronischen Messsystem mit einer Nachgiebigkeit, das Kräfte in alle drei Raumrichtungen und Momente um alle drei Achsen registrieren kann (siehe Abbildung 4.10). Dabei ist ins Gehäuse ein mechanischer Überlastschutz in alle Freiheitsgrade integriert. Zusätzlich ist eine Auswerteelektronik vorhanden, die die Messwerte in SI Einheiten ausgibt. Die Sensoren kommunizieren über CAN-Bus mit dem Roboterkontrollrechner. In Tabelle 4.1 sind die wesentlichen Kenndaten beider Sensoren zusammengefasst. Weitere Details können im Anhang A gefunden werden.

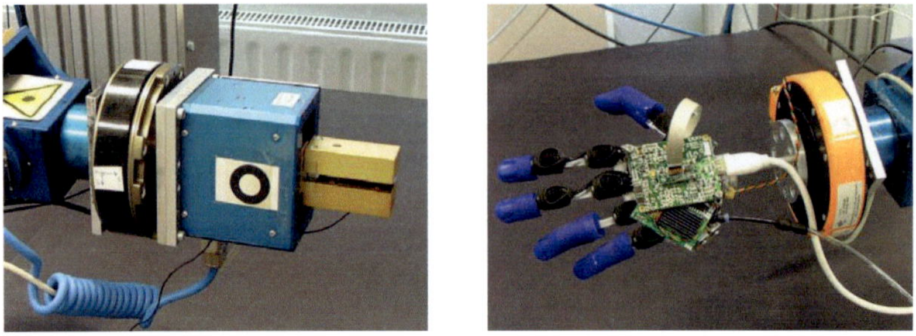

(a) Schunk-KMS im rechten Handgelenk

(b) DLR-KMS im linken Handgelenk

Abbildung 4.9: Kraft-Momenten-Sensoren montiert in der Roboterplattform

Abbildung 4.10: Funktionsschnittbild eines Kraft-Momenten-Sensors. Quelle: `http://www.dlr.de`

Eigenschaft	Einheit	Schunk	DLR
Kraftmessbereich	N	±150	±160
Momentenmessbereich um die Mittelachse	Nm	±8	±2.8
Momentenmessbereich	Nm	±4	±1.8
Messtakt	kHz	1	4
Maximale translatorische Auslenkung	mm	±1.4	±1.5
Gewicht	g	1560	510

Tabelle 4.1: Kenndaten der zwei Kraft-Momenten-Sensoren

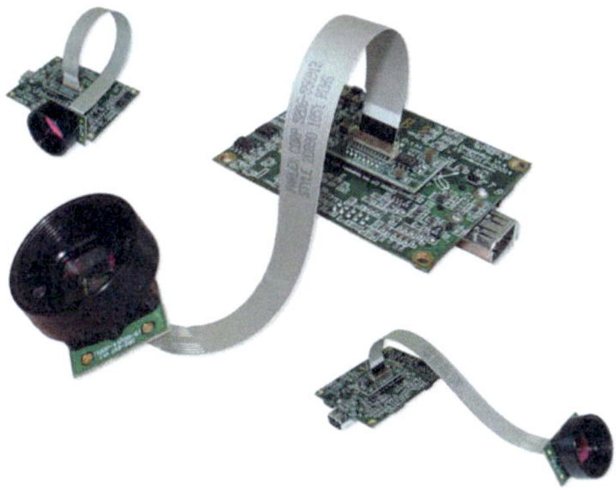

Abbildung 4.11: In der Hand integrierte Kamera DragonFly2. Quelle: `http://www.ptgrey.com/products/dragonfly2`

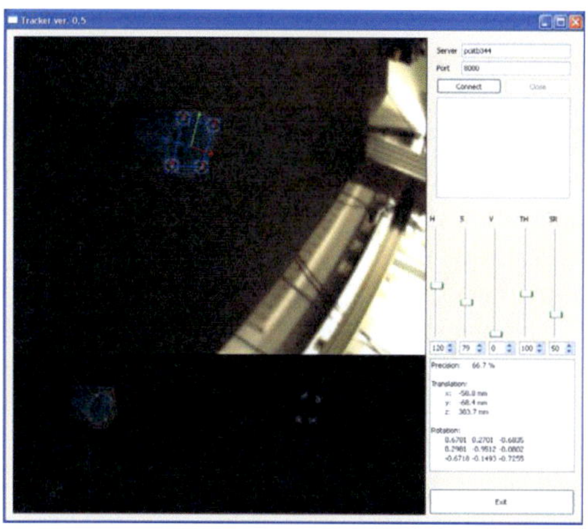

Abbildung 4.12: Screenshot der grafischen Benutzeroberfläche der Handkamera

4.1.2.4 Handkamera

Zur Lösung komplexer Greifaufgaben wurde die Innenfläche der mehrgliedrigen Hand so umgebaut, dass eine Miniaturkamera und ihre Elektronik integriert werden konnten ohne die Kompaktheit des Aufbaus zu beeinflussen (siehe Abbildung 4.6b). Es handelt sich dabei um einer „DragonFly2" Kamera der Firma PointGrey, die 30 Farbbilder pro Sekunde mit einer Auflösung von 640×480 Pixel aufnehmen kann (siehe Abbildung 4.11 und Datenblatt im Anhang A). Zur Aufnahme stehen Objektive mit den Brennweiten 8, 6 und 4 mm zur Verfügung. Die Übertragung der Bilder auf den Auswertungscomputer erfolgt über einen Firewire-Bus IEEE1394, der sowohl den synchronen als auch den asynchronen Bildeinzug erlaubt. Die farbbasierte Auswertesoftware wurde Plattform-unabhängig entwickelt und kann unter Windows sowie unter Linux betrieben werden (siehe Abbildung 4.12) [Hollnagel, 2006].

4.1.2.5 Taktiles Array

Um das subtile Greifen auch von fragilen Objekten zu ermöglichen, muss der Roboter über ein feines Gefühl in den Fingerspitzen verfügen. Für die Entwicklung von Regelungsalgorithmen solcher Greifprozesse, wurde ein taktiles Array in einem Finger des AMTEC-Greifers integriert (siehe Abbildung 4.5c). Als taktiles Sensorsystem zur ortsauflösenden Messung des Anpressdruckes beim Greifen wurde ein Messwandler des Typs DSA 9205 der Firma Weiss Robotics [Weiss] (siehe Abbildung 4.14) in Verbindung mit dem Sensorcontroller DSACON32-H desselben Herstellers verwendet (siehe Abbildung 4.13b). Der Sensor besteht aus einem aktiv abgetasteten Array von 6×14 resistiven Drucksensoren. Die Signalaufbereitung erfolgt direkt im Sensormodul. Die Vorderseite des Arrays ist mit einer robusten Silikonschicht mit hautähnlichen Reibungseigenschaften überzogen, während sich die Anschlüsse auf der Rückseite befinden. Zur Spannungsversorgung, als Taktgeber und zur Vorabauswertung des gemessenen Druckprofils dient der Sensorcontroller, der Anschlüsse für zwei Sensorarrays zur Verfügung stellt. Der Sensorcontroller ist über serielle Schnitstelle RS232 mit dem Roboterrechner verbunden, auf dem dann die eigentliche Datenauswertung erfolgt (siehe Abbildung 4.14). Die räumliche Auflösung eines Arrays beträgt in beiden Richtungen 3.4 mm; das heißt eine Oberfläche von 11.56 mm^2 pro Sensorelement (auch Textel in Analogie mit Pixel genannt). Der angegebene Messbereich reicht von 0 bis 250 kPa (also 2.89 N/Textel), der auf den Ausgangsbereich des 12-Bit A/D-Wandlers $0 - 4096 \pm 0.5$ mV abgebildet wird. Weitere technische Daten können in den Datenblättern im Anhang A gefunden werden. Die Linearität des Sensors im

(a) Messwandler DSA 9205

(b) Sensorcontroller DSACON32-H

Abbildung 4.13: Taktiles Sensorsystem der Firma Weiss Robotics. Quelle: `http://www.weiss-robotics.de/`

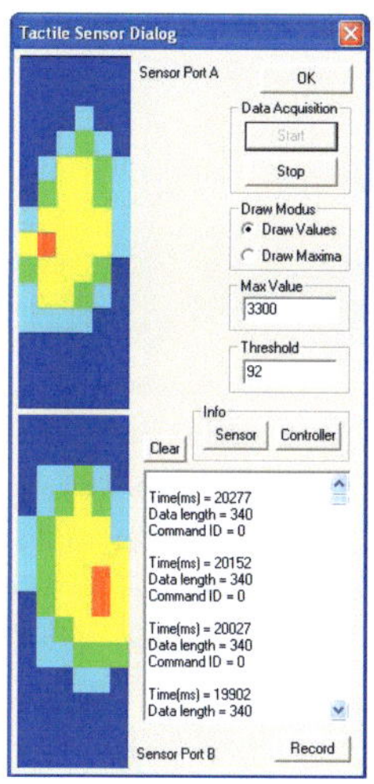

Abbildung 4.14: Screenshot der grafischen Benutzerschnittstelle der taktilen Array

interessierenden Messbereich wurde während eines Greifvorganges untersucht und das Ergebnis ist in Abbildung 4.15 zu sehen. Von einem linearen Zusammenhang zwischen der Greiferöffnung und dem Messwertmaximum kann demnach in einem begrenzten Intervall ausgegangen werden.

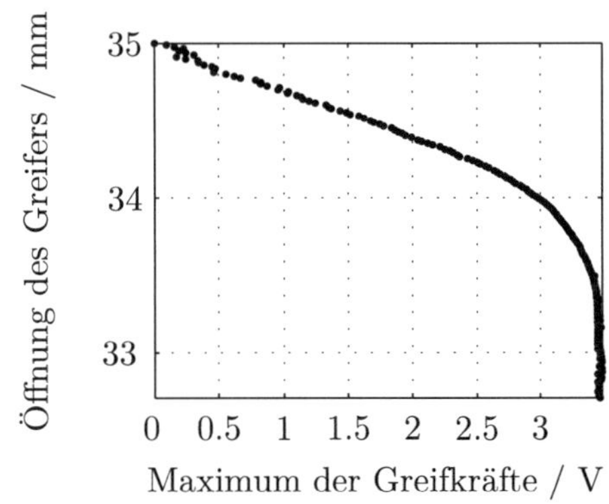

Abbildung 4.15: Gemessener Zusammenhang zwischen Greiferöffnung und maximaler Greifkraft

4.1.2.6 Schlupfsensor

Für ein kraftschlüssiges Greifen von Gegenständen mit unbekannter Geometrie und Oberflächenzustand ist es fundamental zu wissen, ob die gemessene Greifkraft genügt, um das Objekt stabil zu halten. Einerseits würde eine zu niedrige Greifkraft das Objekt rutschen lassen, andererseits könnte eine zu hohe Kraft das Objekt beschädigen. Deshalb wurde am IOSB im Rahmen dieser Arbeit ein Schlupfsensor entwickelt und patentiert [Bächlin u. a., 2005], der den Roboter befähigt, relative Bewegungen zwischen seinem Endeffektor und der Oberfläche des gegriffenen Objekt zu messen.

Als Schlupfsensor dient ein Sensor, der nach dem Prinzip einer optischen Computermaus arbeitet. Die relevanten Teile der Sensoreinheit sind eine Lichtquelle (LED), ein Sensorchip und eine Linse. Der Chip wiederum besteht aus einem CMOS-Sensor und einem digitalen Signalprozessor für die Bildverarbeitung. Die Leuchtdiode dient zur Beleuchtung der abzutastenden Oberfläche. Das reflektierte und gestreute Licht wird von einer Kunststofflinse gebündelt und bildet einen Oberflächenbereich auf den Aufnehmer ab, wie in

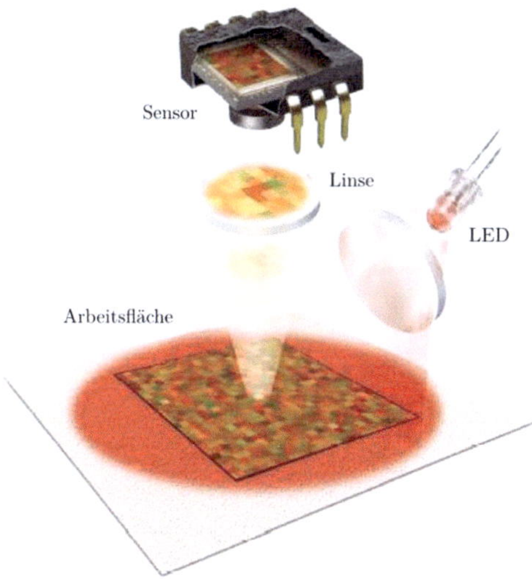

Abbildung 4.16: Funktionsweise des Schlupfsensors. Quelle: [Agilent, 2005]

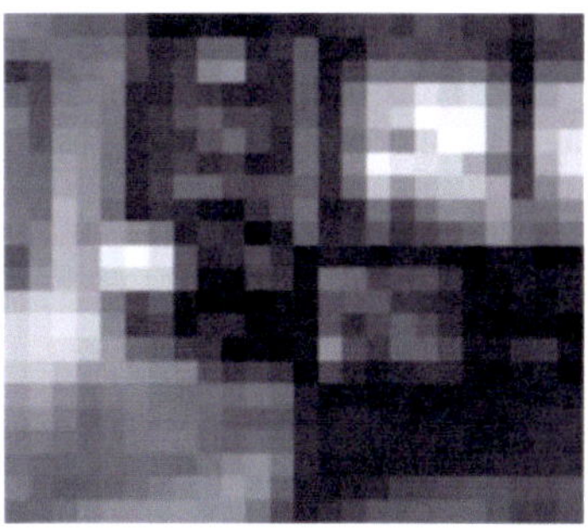

(a) Aufnahme t=0ms

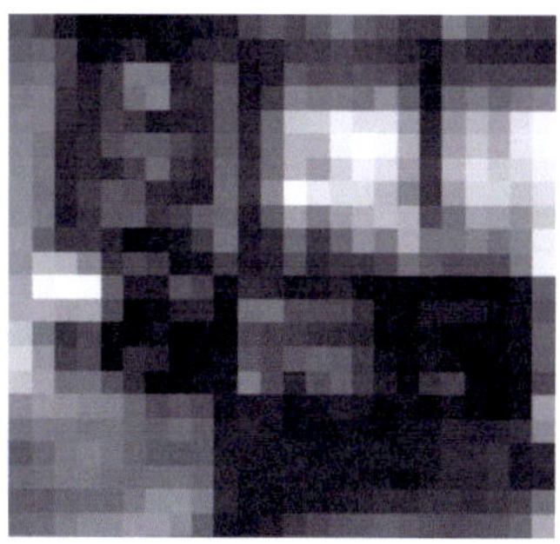

(b) Aufnahme t=0.67ms

Abbildung 4.17: Aufnahmen einer Oberfläche in zwei aufeinander folgenden Zeitpunkten. Quelle: [Agilent, 2001]

Abbildung 4.16 verdeutlicht. Texturen oder andere Details werden in den Bildern identifiziert und deren Lage wird in aufeinander folgenden Bildern verglichen (in Abbildung 4.17 ist z. B. die zweite Aufnahme nach links und nach unten verschoben). Somit kann ein Abstand zwischen den Merkmalen bestimmt werden. Der Abstand wird in x-y-Koordinaten umgerechnet und als Information ausgegeben. Das Prinzip funktioniert auf allen Oberflächen, auf denen der Sensor bestimmte Merkmale in den Bildern erkennen kann, was nicht der Fall bei sehr regelmäßigen, zum Beispiel polierten Oberflächen oder auf Glas ist.

Die Auflösung des Schlupfsensors wird in cpi (counts per inch, $1'' = 2.54$ cm) angegeben. Ein Sensor mit Auflösung 800 cpi kann theoretisch eine Bewegung von $3.175 \cdot 10^{-2}$ mm messen. Die Auflösung ist aber nicht konstant und hängt ab von der Beschaffenheit der abzutastenden Oberfläche, von der Geschwindigkeit der Bewegung sowie vom Abstand zwischen Linse und Oberfläche [Agilent, 2000, 2004].

Für Anwendungen in deren der Sensor nur qualitativ feststellen muss, ob Schlupf stattgefunden hat oder nicht, sind diese Schwankungen in der Auflösung nicht problematisch. Wenn aber die relative Bewegung mit hoher Genauigkeit bestimmt werden muss (z. B. [Milighetti und Kuntze, 2007c]), ist eine sehr präzise Kenntnis der Auflösung des Sensors gefordert und die angegebene nominale Auflösung reicht nicht mehr aus. In den betrachteten Anwendungen wird angenommen, dass der Abstand des Sensors zur Oberfläche mit Hilfe einer Kraftregelung (siehe Abschnitt 2.1.2.1) konstant gehalten wird. Deshalb wurde nur die Geschwindigkeits- und Materialabhängigkeit eingehend untersucht [Bürger, 2006]. Die Ergebnisse für einen Sensor mit nominaler Auflösung von 400 cpi sind beispielhaft in Abbildung 4.18 zusammengefasst. Für bekannte Oberflächen kann die Abhängigkeit der Auflösung aus solchen Kennlinien gewonnen werden. Für unbekannte Oberflächen wurde stattdessen ein Kalibriervorgang entwickelt, bei dem der Sensor mehrmals mit einer bekannten Geschwindigkeit über die Oberfläche bewegt wird, um die fehlenden Kennlinie zu erstellen.

Der Sensor ist über eine USB-Schnittstelle mit einem Windows-Rechner verbunden, der dann über UDP/IP-Protokoll mit dem Roboterrechner kommuniziert. Dieser Sensorprinzip ist äußerst kostengünstig und fast beliebig miniaturisierbar. Der entwickelte Schlupfsensor wurde in einem der Greiferfinger integriert (siehe Abbildung 4.5d) sowie in einem speziell angefertigten Gehäuse eingebaut (siehe Abbildung 4.19). Mit diesen beiden Konfigurationen ist es möglich, Aufgaben sowohl im Bereich der Feinmanipulation als auch im Bereich der zweiarmigen Handhabung großer und schwerer Objekte zu lösen [Milighetti u. a., 2008; Milighetti und Kuntze, 2007d, 2008c].

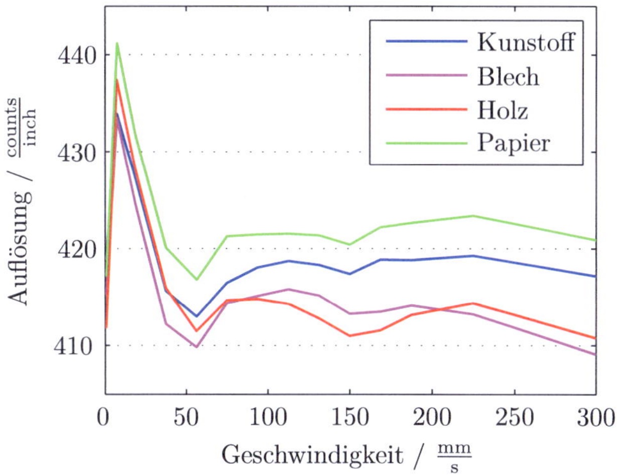

Abbildung 4.18: Auflösung des Schlupfsensors in Abhängigkeit von der Geschwindigkeit auf verschiedenen Materialien

(a)

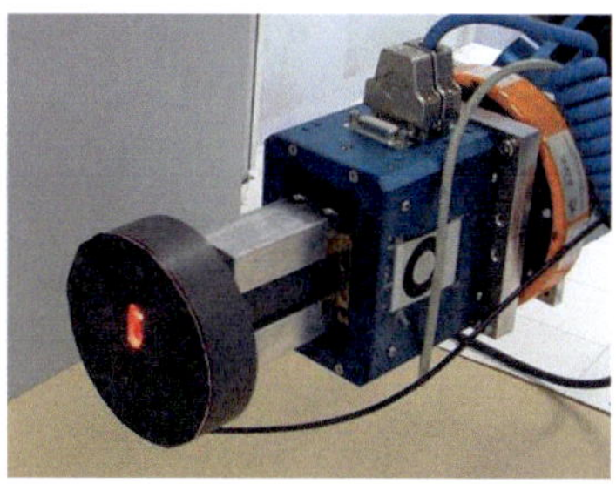

(b)

Abbildung 4.19: Schlupfsensor für kraftschlüssiges Greifen schwerer Objekte

4.2 Software-Umgebung

Zur Erprobung der entwickelten Konzepte wurden alle notwendigen Algorithmen mittels eines Visual-C++-Programmes in eine dialogfensterbasierte Anwendung unter Windows umgesetzt. Da es bei dieser Umsetzung vorrangig um die Validierung neuartiger theoretischen Grundlagen ging, wurde in erste Linie auf eine Einbindung der entwickelten Algorithmen in existierenden Open Source-Bibliotheken (z. B. [Orocos]) verzichtet. Ohne die Details des Codes zu analysieren, werden im Folgenden seine Funktionalitäten und Hauptkomponenten kurz dargestellt. Die damit verbundenen grafischen Benutzerschnittstellen und die eingesetzten externen Bibliotheken sind in den Anhängen B.1 bzw. B.2 beschrieben.

4.2.1 Software-Architektur

Das Hauptprogramm zur Steuerung und Regelung des Roboters wurde `RoMoCo` (Robot Motion Control) benannt und wurde auf Basis einer objektorientierten Architektur implementiert. Es beinhaltet alle Funktionalitäten für die Bewegung, Planung und Überwachung sowie die Schnittstellen für die Kommunikation mit den Hardware-Komponenten und mit den peripherischen Rechnern, die einige externe Sensoren bedienen.

Die Kommunikation zwischen Robotermodulen und Kontrollrechner erfolgt über CAN-Bus mit Hilfe eines Client-Server-Systems. Das Serverprogramm `SRobot` kommuniziert mit der Clientsoftware `CRobot`, die als statische Bibliothek von der Firma AMTEC mitgeliefert wurde. Durch Einbindung dieser spezifischen Bibliothek ins `RoMoCo`-Programm stehen dann die Basisbefehle zur Steuerung der Module zur Verfügung, wie z. B.

- `Home` $\rightarrow$ Bewegung zu Referenzpunkt (notwendig weil die Module nur mit inkrementellen Encoder ausgestattet sind);
- `MoveRamp` $\rightarrow$ rampenförmiger Geschwindigkeitsprofil für Punkt-zu-Punkt Bewegung;
- `MoveVel` $\rightarrow$ Bewegung mit vorgegebener Geschwindigkeit.

Der gesamte Regelungsprozess, vom Auslesen der Sensordaten bis zur Vorgabe der Stellgröße, ist mittels mehrerer voneinander unabhängiger Threads realisiert, die quasi gleichzeitig ablaufen. Ein Taktgeber ruft periodisch die Funktion `TimerCallback` auf, welche ein Ereignissignal für jeden aktiven Thread setzt, sodass ein neuer Schleifendurchlauf erlaubt wird. Dadurch laufen

Thread	Beschreibung
`Ctrl`	Regelung der Roboterarme
`Ctrl2DofHead`	Regelung des Sensorkopfs
`CalcResidual`	online Berechnung der Residuen (siehe Abschnitt 3.3)
`MoveHomeNullPos`	Ausführung der Referenzfahrt der Roboterarme
`RecordData`	Aufnahme der Roboterdaten in einer Datei
`SensCtrl`	Koordinierung der Sensorthreads
`ComSensHdIITB`	Client zum Empfang der Stereokamera-Daten
`ComAudioArray`	Client zum Empfang der Mikrofon-Array-Daten
`ComHandMouse`	Client zum Empfang der Schlupfsensor-Daten
`ComHandCamera`	Client zum Empfang der Handkamera-Daten
`ComTactileSensors`	Client zum Empfang der Daten des taktilen Sensors

Tabelle 4.2: Threads des Programms `RoMoCo`

alle Threads synchronisiert ab. Probleme können auftreten, wenn zwei Threads gleichzeitig Änderungen an der selben Variablen vornehmen. Dafür müssen die Zugriffe der Threads auf einzelne Variablen untereinander abgestimmt werden, was durch die Verwendung von `CRITICAL-SECTIONS` realisiert werden kann. Eine `CRITICAL-SECTION` kann zu einem Zeitpunkt nur einem einzelnen Thread zugeteilt werden. Dadurch lässt sich ausschließen, dass zwei oder mehrere Threads gleichzeitig an den gleichen Variablen arbeiten oder sich anderweitig behindern, indem kritische Programmabschnitte nur exklusiv ausgeführt werden. Außerdem können den einzelnen Threads Prioritäten zugewiesen werden, sodass der Scheduler des Betriebssystems Threads öfter den Vorrang gibt, die eine höhere Priorität bekommen haben. Tabelle 4.2 gibt einen Überblick über einige in `RoMoCo` verwendeten Threads.

Jedem physikalischen Gerät ist ein C++-Objekt zugeordnet, in dem die Zustandsgrößen und Messwerten abgespeichert und verwaltet werden. Die Aktualisierung der Objekte erfolgt entweder periodisch bei jedem Durchlauf der Funktion `TimerCallback` oder asynchron innerhalb des eigenen Threads. Bei jedem Aufruf der Funktion `TimerCallback` werden sowohl für die Roboterarme als auch für den Sensorkopf die aktuellen Positions-, Geschwindigkeits- und Beschleunigungsdaten der Gelenke abgefragt und im Roboterobjekt

Klassenname	Hardwarekomponent
`CAmFTS`	linker Kraft-Momenten-Sensor
`CSchunkFTS`	rechter Kraft-Momenten-Sensor
`CAudioArrayData`	Mikrofon-Array
`CHandCamera`	Kamera in der Hand
`CHandSensor`	Schlupfsensor
`CStereoCameraData`	Stereokamera
`CTactileSensor`	taktiles Array
`CRobtrafo`	Roboterarme und Kopf

Tabelle 4.3: Klassen zur Verwaltung der Hardwarekomponenten

gesetzt. Hier werden durch die Berechnung der Vorwärtskinematik die aktuellen Positionen in Weltkoordinaten ermittelt. Gleichzeitig werden die Werte der Kraft-Momenten-Sensoren neu ausgelesen und ins TCP-Koordinatensystem und in das Weltkoordinatensystem transformiert. Die asynchron laufenden Sensoren werden dagegen bei jedem Durchlauf ihres eigenen Threads angesprochen und ihre Objekte aktualisiert. In Tabelle 4.3 sind die Klassen aufgelistet, die zur Verwaltung der Hardwarekomponenten erstellt wurden.

Den Kern der Regelung bildet der Thread `Ctrl`, der ungefähr alle 25 ms durchlaufen wird. Hier werden alle Daten aus den verschiedenen Objekten geholt und an die entsprechenden Funktionen weitergegeben. Dieser Thread regelt sowohl die diskrete Planung der Aktionssequenz durch Verwaltung der Aktionsprimitive als auch die kontinuierliche Generierung der Roboterstellgrößen. Die vorgegebenen Geschwindigkeits- bzw. Positionsstellgrößen werden intern von den einzelnen Gelenken in höherem Takt verarbeitet. Die Grundstruktur der beschriebenen Software ist noch einmal in Abbildung 4.20 zusammengefasst.

4.2.2 Implementierung von Aktionsprimitiven

Die entwickelte Software zur Planung einer Roboteraufgabe spiegelt die Modularität des auf Aktionsprimitiven basierenden Konzepts, das im Abschnitt 3.4 präsentiert wurde. Der Roboter verfügt über eine Menge von ausführbaren elementaren Aktionsprimitiven, die jeweils als eine Klasse implementiert sind. Diese AP können aneinander gekettet werden, um einfache intuitive Grundgeschicklichkeiten zu realisieren, auch *Pläne* im Code genannt (z. B. Knopf drücken, Objekt greifen). Diese elementaren Pläne sind als Funktionen der

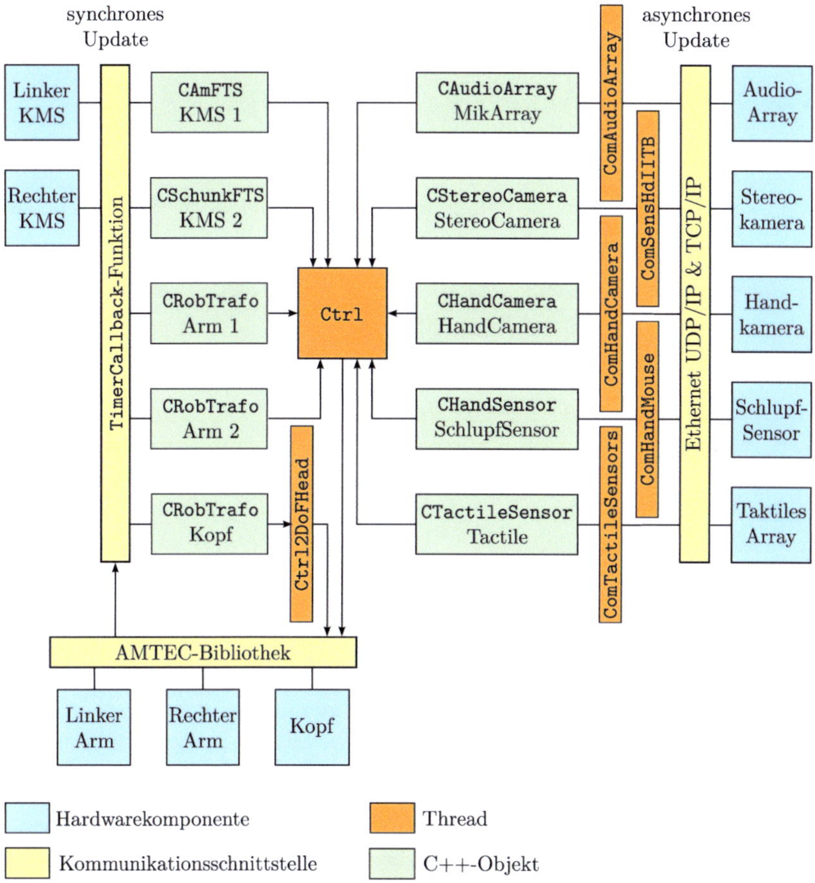

Abbildung 4.20: Grundstruktur der Software zur Kommunikation zwischen Hardwarekomponenten

Klasse `CMotionPlan` realisiert und können wiederum miteinander verbunden werden, um komplexe Aufgabe zu modellieren. Auf diese Weise wird eine benutzerfreundliche Schnittstelle beschafft, die Hardware-unabhängig ist und die eine hohe Wiederverwendbarkeit des Codes trotz der Vielfältigkeit der Roboteraufgaben garantiert. Im Folgenden sind einige der bisher implementierten AP mit der dazugehörigen Klassen aufgelistet:

CWaitTime: Der Roboter wartet eine bestimmte Zeit lang.

CModuleCurrentMotion: Ein Modul wird in Strommodus bewegt.

CModuleMotionTilPos: Ein Modul wird mit dem Befehl `MoveRamp` bis zu einer bestimmten Position bewegt.

CMoveTrajTilTimeAndFrame: Der Roboter wird bis zu einer bestimmten Position im kartesischen Raum bewegt.

CMoveTrajTilTimeOrFT: Der Roboter wird bis zum Auftritt einer bestimmten Kraft in Richtung der Zielposition bewegt.

CMoveTrajTilVelocity: Der Roboter wird bis zum Erreichen einer bestimmten Geschwindigkeit in Richtung der Zielposition bewegt.

CFindObjectByStereoCameraIITB: Die Stereokamera wird aktiviert, um nach einem bestimmten Objekt zu suchen.

Alle beschriebene AP-Klassen sind ähnlich strukturiert und sie sind auf den folgenden drei Funktionen basiert:

- die Funktion `enter`, die bei der Aktivierung des AP aufgerufen wird und die Befehle für die Initialisierung des AP beinhaltet (z. B. Generierung der Trajektorie und Aktivierung der Sensoren);
- die Funktion `execute`, die jeden Takt der Regelungsschleife aufgerufen wird und die Befehle für die Durchführung des AP beinhaltet;
- die Funktion `leave`, die jeden Takt überprüft, ob die Abbruchbedingungen λ (siehe Abschnitt 3.4.1.3) erfüllt sind.

Der komplette Ablauf der Ausführung eines beispielhaften Aktionsprimitives ist vom Diagramm in Abbildung 4.21 dargestellt.

Unter Verwendung mehrerer Objekte der oben dargestellten AP-Klassen und durch ihre unterschiedliche Parametrisierung wurden einfache Grundgeschicklichkeiten in die entsprechende Pläne umgesetzt, u. a.:

PlanLinearMotion: Eine Punkt-zu-Punkt-Bewegung wird unter Verwendung der Klasse `CMoveTrajTilTimeAndFrame` realisiert.

PlanLinearMotionAndWait: nach Vollendung einer Punkt-zu-Punkt-Bewegung wartet der Roboter eine bestimmte Zeit lang (`CMoveTrajTilTimeAndFrame` und `CWaitTime`).

PlanPickItem: Ein Zielobjekt in einer bekannten Position wird gegriffen. Nach einer Annäherung (`CMoveTrajTilTimeAndFrame`) wird der Greifer geöffnet (`CModuleMotionTilPos`) und der Roboter fährt zum Objekt herunter (`CMoveTrajTilTimeAndFrame`). Der Greifer wird dann geschlossen (`CModuleCurrentMotion`) und anschließend fährt der Roboter in seine Anfangsposition wieder (`CMoveTrajTilTimeAndFrame`).

PlanPlaceItem: Ein Objekt wird in eine Zielposition abgesetzt. Ähnlich wie der vorherige Plan, nährt sich der Roboter dem Ziel an und fährt dann herunter (zwei Objekte `CMoveTrajTilTimeAndFrame` in Folge). Nach der Öffnung des Greifers (`CModuleMotionTilPos`) kann er wieder in seine Ruheposition fahren (`CMoveTrajTilTimeAndFrame`).

PlanMoveObject: Durch die Verknüpfung der zwei Pläne `PlanPickItem` und `PlanPlaceItem` wird ein komplettes „Pick & Place“ realisiert.

PlanPushButton: Ein Knopf wird mit Hilfe der Klasse `CMoveTrajTilTimeOrFT` gedrückt.

PlanPegInHole: Ein Bolzen wird in eine Bohrung gefügt. Der Roboter fährt erst in eine Position, die das Sichtfeld der Stereokamera nicht behindert (`CMoveTrajTilTimeAndFrame`), sodass die Bohrung visuell lokalisiert werden kann (`CFindObjectByStereoCameraIITB`). Nach einer Annäherung (`CMoveTrajTilTimeAndFrame`) wird der Kontakt mit der Oberfläche erstellt (`CMoveTrajTilTimeOrFT`). Die Oberfläche wird anschließend gescannt, um eine genauere Position der Bohrung zu ermitteln, bevor der Bolzen gefügt werden kann (`CMoveTrajTilTimeAndFrame`).

PlanWipeSurface: Der Roboter fährt eine Trajektorie auf einer Oberfläche. Der Annäherung (`CMoveTrajTilTimeAndFrame`) folgt die Erstellung des Kontakts (`CMoveTrajTilTimeOrFT`). Mit Hilfe eines Kraftreglers können dann beliebige lineare Strecken auf der Oberfläche gefahren werden (`CMoveTrajTilTimeAndFrame`).

Wie die Berechnung der Nutzenfunktion und der gemeinsame Entscheidungsprozess in die beschriebene Software-Struktur integriert wurden, wird in Abschnitt 5.2.2.1 beschrieben.

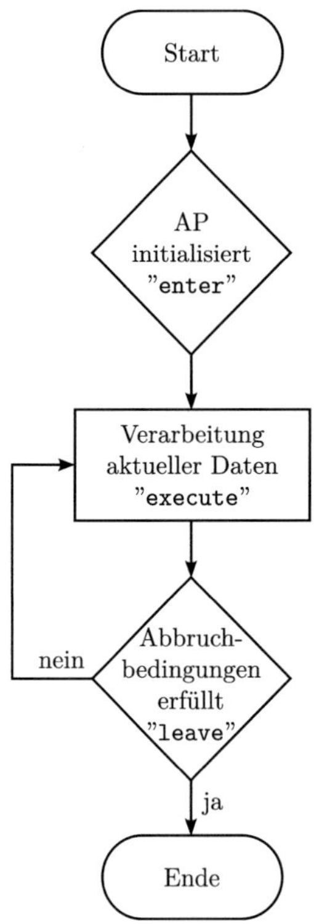

Abbildung 4.21: Ablaufdiagramm der Ausführung eines Aktionsprimitives

Kapitel 5

Anwendung des diskret-kontinuerlichen Regelungskonzepts

Auf Basis des entwickelten Überwachungs- und Regelungskonzepts wurden unterschiedliche Grundgeschicklichkeiten auf der Roboterplattform am IOSB implementiert. Unter Zuhilfenahme geeigneter Szenarien wurden zuerst wichtige Teilaspekte des gesamten Konzepts, insbesondere der AP-Formalismus, erprobt. Einige Teilergebnisse dieser Voruntersuchungen werden kurz in Abschnitt 5.1 diskutiert. Die vorgeschlagene diskrete Regelung wurde dann anhand des Fallbeispieles „Finden und Greifen zufällig positionierter Gegenstände" durch umfangreiche Simulationen analysiert. Die dadurch gewonnenen Erkenntnisse wurden schließlich dazu verwendet, das Konzept experimentell zu implementieren und abschließend zu validieren. Die Ergebnisse, die sowohl durch Simulationen als auch durch Experimente gewonnen wurden, werden in Abschnitt 5.2 dargestellt.

5.1 Erprobung anhand unterschiedlicher Grundgeschicklichkeiten

Die erste Erprobung der Teilkomponenten, die der vorgeschlagenen diskret-kontinuierlichen Regelungsstruktur zugrunde liegen, wurde anhand alltäglicher menschlicher Grundgeschicklichkeiten durchgeführt [Milighetti und Kuntze, 2006a,d].

Im Folgenden werden nur einige der implementierten Szenarien diskutiert, die aber das komplette Spektrum der betrachteten Fragestellungen abdecken. Zuerst wird die im Abschnitt 3.3 vorgestellte Methode zur Fehlerdiagnose validiert, indem ein Gelenkausfall während der Ausführung einer kreisförmigen Trajektorie detektiert wird (Abschnitt 5.1.1). Dann wird die Flexibilität und die Modularität eines auf Aktionsprimitiven basierenden Plans anhand der Grundgeschicklichkeiten „kraft- und bildgestützter Fügevorgang" sowie „kraftschlüssiges Greifen und Tragen glatter Gegenstände" beschrieben (Abschnitte 5.1.2 und 5.1.3). Schließlich werden die Vorteile einer Adaption der Reglerparameter auf kontinuierlicher Ebene beim „sichtgeregelten Balancieren instabiler Objekte" und beim „schlupf- und kraftgeregelten Greifen fragiler Gegenstände" gezeigt (Abschnitte 5.1.4 und 5.1.5).

5.1.1 Kreisförmige Trajektorie mit Gelenkausfall

Mit der Zielsetzung einen plötzlichen Ausfall des Roboters zu vermeiden, werden die Zustände der Motoren als Maß für die Qualität der Ausführung der Aufgabe ständig überwacht. Unter Verwendung der auf verallgemeinerten Momenten basierenden Methode bieten die berechneten Residuen ein Diagnosesignal an, welches unabhängig von der Aufgabe und der Trajektorie ist.

Das im Abschnitt 3.3 dargestellte Schema kann jedoch nicht ohne Weiteres für die vorhandene Plattform implementiert werden, weil die Unsicherheiten im Robotermodell zu groß sind. Diese Ungenauigkeiten können aber kompensiert werden, indem einige Modellparameter adaptiert werden. Experimentelle Untersuchungen haben gezeigt, dass die Adaption der Parameter des Gravitationsvektors ausreichend ist, um zufriedenstellende Ergebnisse zu erreichen. Der Gravitationsvektor $\underline{g}(\underline{q})$ kann als Funktion seiner Parameter $\underline{a}_g$ geschrieben werden:

$$\underline{g}(q) = \mathbf{Y}(\underline{q}) \cdot \underline{a}_g \tag{5.1}$$

Hierbei ist $\mathbf{Y}(\underline{q})$ eine Matrix, die Sinus und Kosinus der Gelenkkoordinaten $\underline{q}$ beinhaltet. Unter Verwendung des Adaptionsgesetzes

$$\dot{\underline{a}}_g = \mathbf{\Gamma}(\underline{r}) \cdot \mathbf{Y}^T(\underline{q}) \cdot \mathbf{K} \cdot \underline{r} \tag{5.2}$$

mit der Diagonalmatrix $\mathbf{\Gamma}$, konvergieren die Parameter $\underline{a}_g$ zu Werten, die nicht mit der Realität übereinstimmen, jedoch die Konvergenz der Residuen $\underline{r}$ in einem fehlerfreien Zustand zu Null sicherstellen.

Wenn die Residuen unter Verwendung von Gleichung (5.1) berechnet werden (siehe auch Gleichungen (3.1) und (3.2)), ergibt sich eine Kopplung zwischen Residuen und Gravitationsparametern, die in Gleichung (5.3) zum Teil ausgedrückt wird. Eine Änderung im zweiten Residuum r_2 aufgrund eines Fehlers im zweiten Gelenk führt zu einer gleichzeitigen Änderung der Parameter a_{g1} und a_{g2} (Gleichungen (5.3a) und (5.3b)), die wiederum in den Werten der Residuen r_1 und r_2 reflektiert wird (Gleichungen (5.3c) und (5.3d)). Auf diese Art und Weise hat ein Fehler in Gelenk 1 sowohl eine Erhöhung von Residuum 1 als auch von Residuum 2 zur Folge, d. h. seine Ursache ist nicht mehr identifizierbar.

$$a_{g1} = f(r_1, r_2, \ldots) \tag{5.3a}$$
$$a_{g2} = f(r_2, \ldots) \tag{5.3b}$$
$$\vdots$$
$$r_1 = f(a_{g1}, a_{g2}, a_{g5}, \ldots) \tag{5.3c}$$
$$r_2 = f(a_{g2}, a_{g3}, a_{g5}, \ldots) \tag{5.3d}$$
$$\vdots$$

Um die Entkopplung der dargestellten Methode weiterhin zu garantieren, muss das Parameterset dahin gehend erweitert werden, dass jedem Residuum sein eigener Parametersatz zugeordnet wird [De Luca und Mattone, 2004]. Für den 7-DoF-Roboterarm hat dies einen Vektor $\underline{a}_g$ zur Folge, der 54 Parameter beinhaltet statt den 13, die im dynamischen Modell enthalten sind. Die erhöhte Komplexität der Berechnungen ist jedoch durch die damit erreichte Entkopplung der Diagnose gerechtfertigt. Die so hergestellte Matrix $\mathbf{Y}$ kann im Anhang C entnommen werden.

Um die Zuverlässigkeit des entwickelten Konzepts zu testen, werden ein Fehler im ersten Gelenk (durch Ersetzung der generierten Stellgröße mit einem konstanten Strom) und eine Kollision des TCP mit der Umwelt verursacht, während der Roboter eine kreisförmige Trajektorie fährt (siehe Abbildung 5.1) [Milighetti u. a., 2004c]. Die Ergebnisse sind in Abbildung 5.2 bzw. 5.3 dargestellt. Durch die Anwendung eines Schwellwertoperators und durch die Auswertung der Residuen mit den unten aufgelisteten Regeln, können sowohl der Fehler des Aktors (bei ca. 42 Sek.) als auch die aufgetretene Kollision (bei ca. 8 Sek.) korrekt diagnostiziert werden.

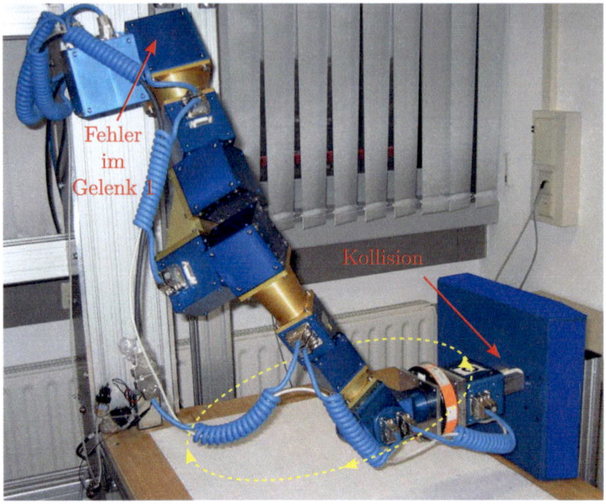

Abbildung 5.1: Fehler während einer kreisförmigen Trajektorie

```
wenn Residuum 1 größer als Schwellwert 1 und
     Residuum 2 größer als Schwellwert 2 und
                ⋮
     Residuum 7 größer als Schwellwert 7
dann Kollision.

wenn Residuum 1 kleiner als Schwellwert 1 und
                ⋮
     Residuum i größer als Schwellwert i  und
                ⋮
     Residuum 7 kleiner als Schwellwert 7
dann Fehler im Gelenk i.
```

In Abbildung 5.2 ist infolge der abrupten Änderung der Trajektorie beim Auftreten des Fehlers in Gelenk 1 ein Peak in den Residuen aller sieben Gelenke zu erkennen. Jedoch verbleibt nur das erste Residuum auch über ein längeres Zeitintervall des Diagnosezeitraums hinweg jenseits des statischen Schwellwertes, sodass der Fehler isoliert werden kann. Für den zweiten Fall ist weiterhin zu beachten, dass die Kollision ohne Einbeziehung des Kraftsensors indirekt detektiert wird.

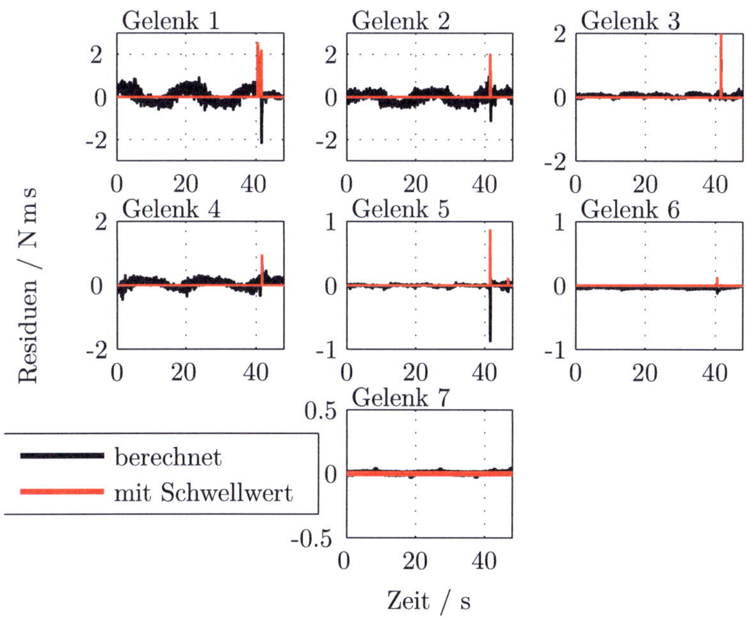

Abbildung 5.2: Residuen mit Fehler im ersten Gelenk

Zusätzlich fließen die so berechneten Residuen in die Berechnung der Effizienz der Roboterarme ein (siehe Tabelle 5.4).

5.1.2 Kraft- und bildgestützter Fügevorgang

Eines der am häufigsten zu lösenden Probleme für humanoide Roboter ist das sogenannte „Bolzen in Bohrung"-Problem (engl. „*peg in hole*"). Hierbei ist ein Körper in eine komplementäre Bohrung zu fügen, ohne hohe Kontaktkräfte während des Vorganges zu erzeugen. Auf Basis des entwickelten Konzepts wurde eine mehrphasige multisensorielle Regelungsstrategie erarbeitet, die das Fügen von Formteilen auch ohne Vorkenntnisse über die Lage der Bohrung ermöglicht (siehe Abbildung 5.4) [Milighetti u. a., 2005]. Dieses leicht vereinfachte Problem ist repräsentativ für eine ganze Klasse von alltäglichen Aufga-

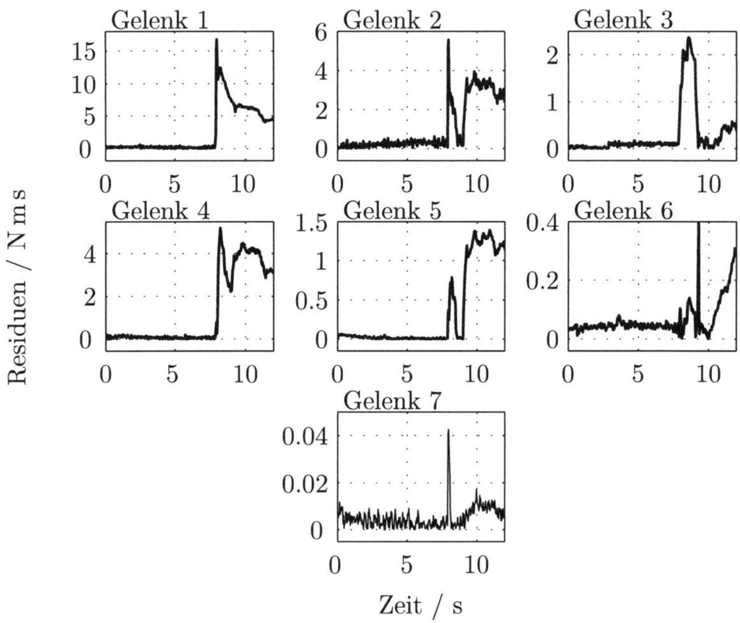

Abbildung 5.3: Residuen bei Kollision zur Zeit $t \approx 8$ s

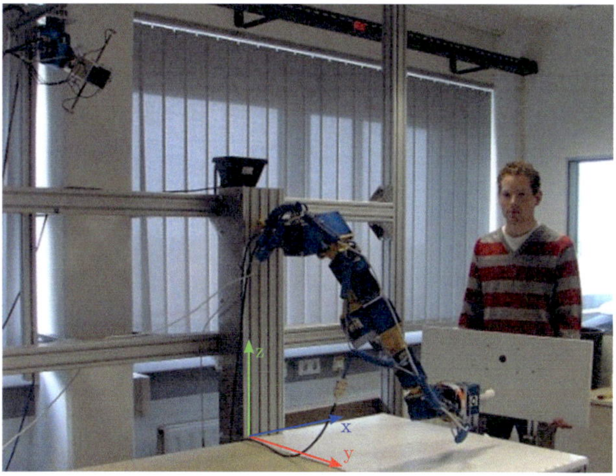

Abbildung 5.4: Beispiel des „Bolzen in Bohrung"-Problems

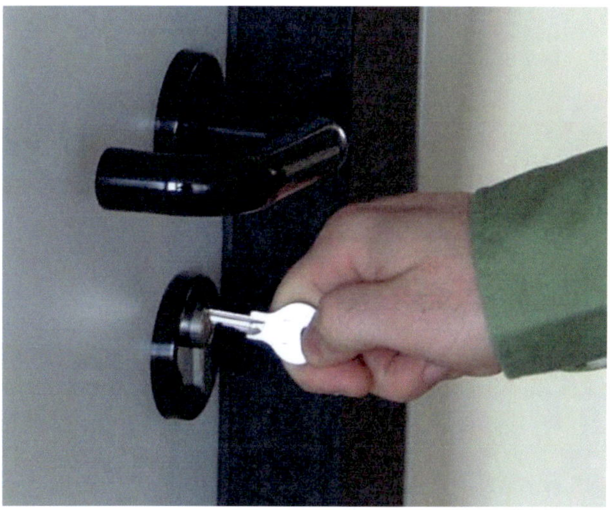

Abbildung 5.5: Ein Mensch steckt einen Schlüssel ins Schlüsselloch.

ben im häuslichen Umfeld, wie z. B. Schlüssel in Schlüsselloch oder Stecker in Steckdose (siehe Abbildung 5.5).

Die vorgeschlagene Aufgabenstruktur orientiert sich am Verhalten des Menschen und löst das „Bolzen in Bohrung"-Problem in fünf sukzessiven Bewegungsphasen [Diestel-Feddersen, 2004]. Jede Phase kann aus mehreren AP bestehen, für deren Durchführung sowohl visuelle als auch taktile Informationen verwendet werden.

Zuerst werden die Koordinaten des Bohrungsmittelpunktes mit Hilfe der Stereokamera grob geschätzt (Abbildung 5.6a). Ein Impedanz- oder Positionsregler wird in der ersten Bewegungsphase (Phase I) aktiviert, um eine schnelle Annäherung an die Bohrung im freien Raum zu erzielen (Abbildung 5.6b). Die zweite Phase (Phase II) beginnt mit der Detektion des Kontakts mit der die Bohrung umgehenden Fläche. In diesem Fall wird ein hybrider Kraft-/Positionsregler verwendet, um die Oberfläche zu scannen und die genaue Position der Bohrung zu lokalisieren (Abbildung 5.6c). Sobald der Bolzen während des Scannens teilweise in die Bohrung eindringt, führt ein Höchstwert in der Kraftmessung zu einer genauen Lokalisierung des Mittelpunktes und zur Generierung einer neuen Trajektorie. Die noch hybrid geregelte Phase III besteht aus einer angewinkelten Einfügung in die Bohrung bis zu einer charakteristischen 3-Punkt-Kontakt-Konfiguration (Abbildung 5.6d). Nach dieser Phase findet die Ausführung einer modellbasierten Bewegung mit vordefinierten Geschwindigkeitsprofilen statt (Abbildung 5.6e). Die Stabilität des Kontakts zwischen Bolzen und Bohrung wird so sichergestellt und eine gute Vorausrichtung des Bolzens wird erreicht (Phase IV). Schließlich wird der Bolzen in Phase V ohne Verkanten und Verklemmen leicht eingefügt (Abbildung 5.6f). In Abbildung 5.7 sind die AP, die die fünf verschiedenen Bewegungsphasen bilden, mit ihren Abbruchbedingungen in Form eines Ablaufdiagramms dargestellt. Die zeitlichen Abläufe der relevanten Kraft- und Momentensignale während einer exemplarischen Ausführung der Aufgabe sind in Abbildung 5.8 abgebildet.

Das vorgestellte „Bolzen in Bohrung"-Szenario belegt die Flexibilität und Transparenz einer Aufgabenstruktur auf Basis von AP. Jede Bewegungsphase kann auf einer relativ abstrakten Ebene ganz intuitiv geplant und optimiert werden. Einerseits kann die Ausführung der einzelnen Roboterbewegungen durch Parametrisierung der entsprechenden AP beeinflusst werden (z. B. durch Auswahl des zu aktivierenden Reglers oder durch Einstellen der erlaubten Geschwindigkeit). Andererseits können die Transitionen zwischen zwei folgenden AP durch die Anpassung der damit verbundenen Abbruchbedingungen optimiert werden (z. B. Bestimmung der minimalen notwendigen Kraft für die Herstellung des Kontakts). Des Weiteren bietet das vorgeschlagene Konzept

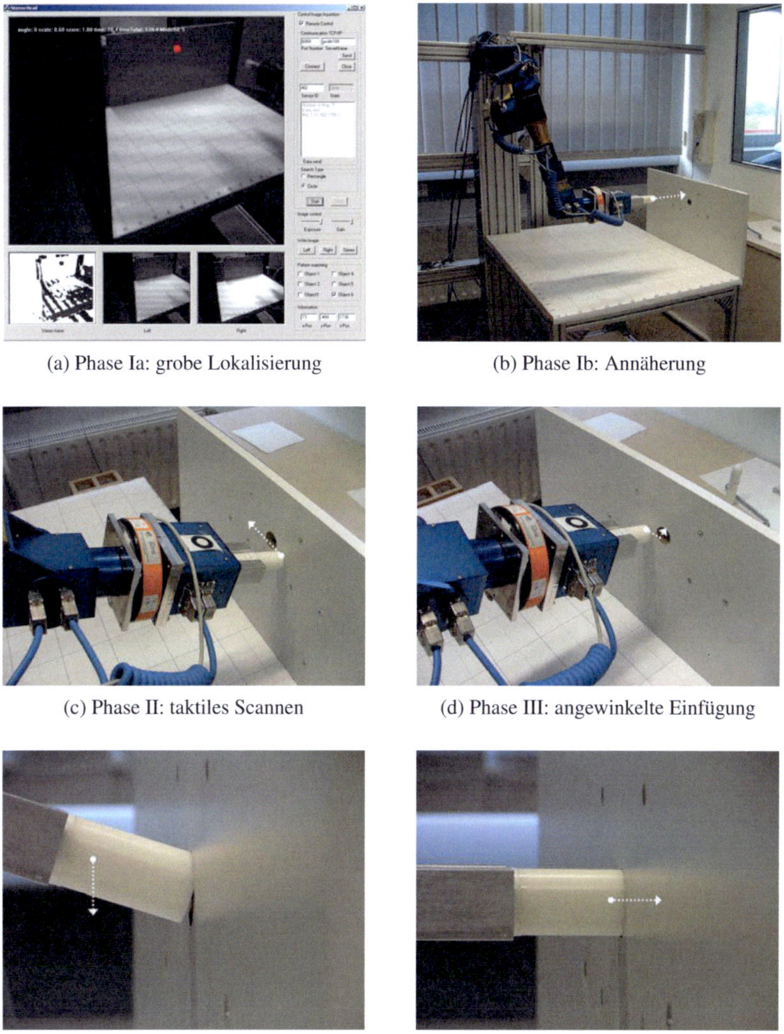

(a) Phase Ia: grobe Lokalisierung

(b) Phase Ib: Annäherung

(c) Phase II: taktiles Scannen

(d) Phase III: angewinkelte Einfügung

(e) Phase IV: Ausrichtung

(f) Phase V: Fügevorgang

Abbildung 5.6: Fünfphasige „Bolzen in Bohrung"-Aufgabenstruktur

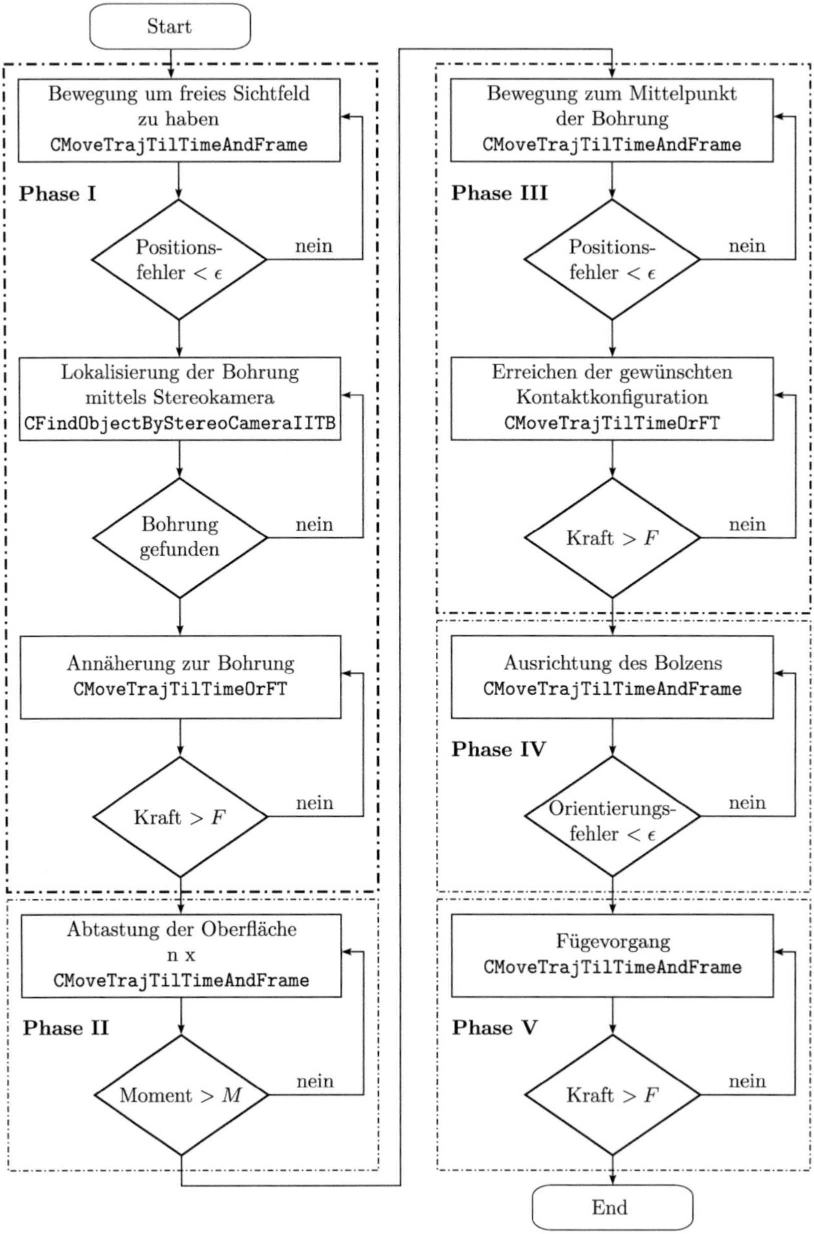

Abbildung 5.7: Ablaufdiagramm der „Bolzen in Bohrung“-Aufgabe

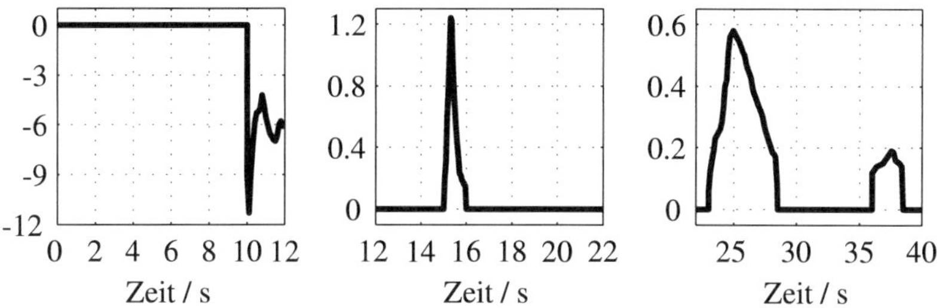

(a) Kraft_y (b) Moment_z (c) Moment_x

Abbildung 5.8: Relevante Kraft- und Momentensignale bei einer beispielhaften Ausführung der „Bolzen in Bohrung"-Aufgabe

die Möglichkeit, die AP-Sequenz während der Ausführung der Aufgabe dynamisch zu modifizieren (z. B. zur Anpassung der Anzahl der Scan-Bewegungen, die zur taktilen Lokalisierung der Bohrung notwendig sind).

5.1.3 Kraftschlüssiges Greifen und Tragen glatter Gegenstände

Das nun betrachtete Skill löst das Problem des kooperativen kraftschlüssigen Greifens und Tragens eines großen und schweren Objekts mit Hilfe von zwei Armen (siehe Abbildungen 5.9 und 5.10). Ziel dieser Aufgabe ist es, ein Objekt mit unbekannten Maßen zu greifen und zu einer gewünschten Position zu tragen. Die Aufgabe wird in vier Phasen unterteilt, die aus der Kombination mehrerer AP des Typs `CMoveTrajTilTimeAndFrame` und `CMoveTrajTilTimeOrFT` (siehe Abschnitt 4.2.2) entstehen [Milighetti und Kuntze, 2006b]. In Phase I erfolgt wie im oben beschriebenen „Bolzen in Bohrung"-Problem die visuelle Lokalisierung des Objekts und die Annäherung der Arme. In Phase II wird das Objekt gegriffen bevor es in Phase III angehoben und getragen wird. In Phase IV wird es schließlich bei der Zielposition abgesetzt.

Die Tragephase (Phase III) ist aus regelungstechnischer Sicht die interessanteste Phase. Das grundlegende Problem des kraftschlüssigen Tragens von Objekten ist die geeignete Regelung der Anpresskraft. Diese muss so bestimmt werden, dass das Objekt (in den dargestellten Experimenten ein Eimer) einerseits nicht abrutscht und andererseits nicht beschädigt wird. Deshalb muss die Bewegung der zwei Roboterarme entsprechend geregelt werden, damit

Abbildung 5.9: Ein Mensch beim kraftschlüssigen Tragen eines Eimers

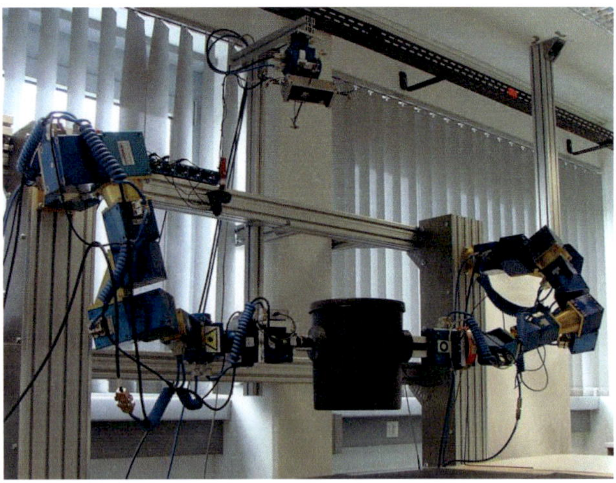

Abbildung 5.10: Schlupf- und kraftgeregeltes Hantieren mit glatten Objekten

die Kontaktkräfte weder den oberen Grenzwert überschreiten (Beschädigung), noch den unteren Grenzwert unterschreiten (Entgleiten).

Um dieser Anforderung gerecht zu werden, wird der Schlupf während der gesamten Tragephase mit Hilfe des in Abbildung 4.19 dargestellten Sensors überwacht. Der Sensor verfügt über eine nominale Auflösung von 400 cpi und eine Aufnahmefrequenz von 2.300 fps. Auf Basis der Schlupfmessungen werden dann die Sollwerte eines hybriden Position-Kraft-Regelungsalgorithmus bestimmt, sodass immer eine optimale Kontaktkraft gewährleistet ist [Bächlin, 2005]. Es wird zwischen einem langsamen ($= 1$ count ≈ 0.06 mm) und einem schnellen Rutschen (> 1 count) des Objekts unterschieden und die Sollkraft entsprechend leicht (+0.5 N) bzw. stärker erhöht (+1 N). Die Schlupfmessungen werden zusammen mit den Drehmomenten am TCP auch in die Abbruchbedingung des AP „Absetzen“ eingebunden: Rutscht das Objekt nach oben oder wird der Moment-Schwellwert überschritten, so wird das Absetzen beendet.

In Abbildung 5.11 sind die Verläufe der Anpresskraft für zwei exemplarische Ausführungen dargestellt. Im Fall eines leeren Eimers (Abbildung 5.11a) reicht die vorgegebene Sollkraft von 10 N aus, um die Aufgabe korrekt durchzuführen. Im zweiten Fall (Abbildung 5.11b) wird das Gewicht des Eimers um 1 kg erhöht, sodass die 10 N jetzt beim Anheben nicht mehr ausreichen, um diesen sicher zu tragen. Da der Schlupfsensor ein Rutschen detektiert, wird die Sollkraft kontinuierlich erhöht bis ein Wert von 19 N erreicht wird, mit dem das Objekt ohne Schlupf stabil gehalten werden kann. Die Abweichung der Kraft vom neu bestimmten Sollwert am Ende des Abstellvorgangs resultiert daraus, dass der Tisch früher als erwartet erreicht wird, da das Objekt etwas nach unten gerutscht ist. Die anfänglich vorgegebene Sollkraft von 10 N kann in beiden Fällen beliebig klein gewählt werden, da sie auf Basis des entwickelten Regelungskonzeptes immer automatisch angepasst wird.

Auch in diesem Fall erlaubt die vorgestellte modulare AP-Struktur eine sehr transparente Implementierung der entwickelten Grundgeschicklichkeit. Unterschiedliche Sensoren können sowohl für die Regelung als auch für die Überwachung der verschiedenen AP problemlos miteinbezogen werden. Außerdem können die Sollwerte auch während der Ausführung eines AP in Abhängigkeit vom aktuellen Zustand der Umgebung dynamisch geändert werden.

5.1.4 Sichtgeregeltes Balancieren instabiler Objekte

Im Alltag muss der Mensch häufig instabile Objekte (z. B. eine mit Flüssigkeit gefüllte Tasse) auf einer glatten Oberfläche (z. B. auf einem Tablett) mit

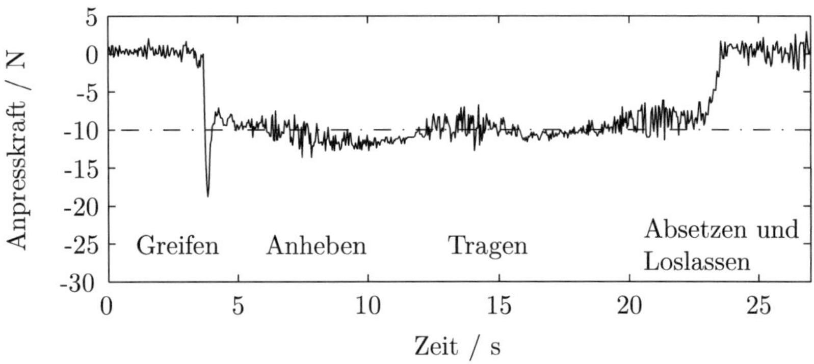

(a) Leerer Eimer

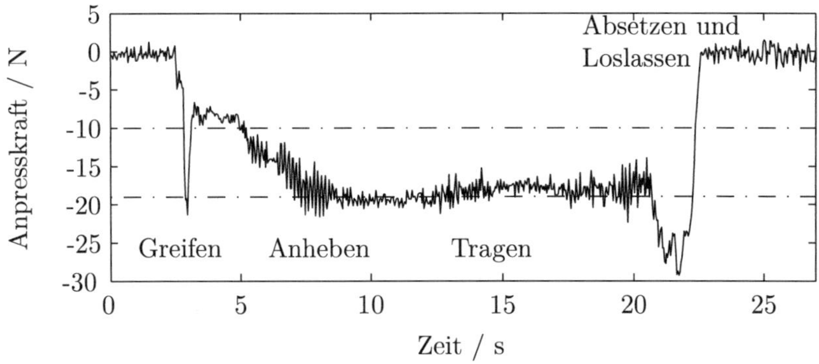

(b) Eimer mit 1.0 kg Zusatzgewicht

Abbildung 5.11: Exemplarische Verläufe der Anpresskraft beim Greifen und Tragen eines Eimers

Abbildung 5.12: Ein Mensch trägt ein Tablett mit einer gefüllten Tasse

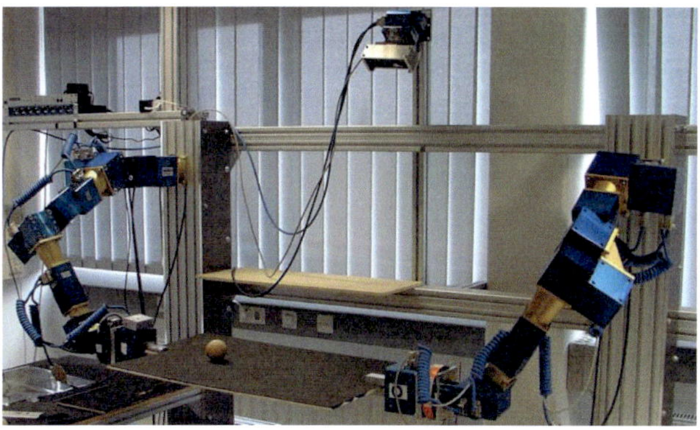

Abbildung 5.13: Sichtgeregeltes Balancieren einer Kugel auf einem Tablett

Hilfe visueller Perzeption transportieren (siehe Abbildung 5.12). Für die Entwicklung einer geeigneten Regelungsstrategie, die den Roboter befähigt, ein solches Skill auszuführen, wurde als Benchmark-Szenario eine Kugel auf einem Tablett (engl. *„ball on plate“*) mit Hilfe von zwei Roboterarmen und einer Stereokamera balanciert (siehe Abbildung 5.13).

Die Bewegung der Kugel in die zwei Richtungen auf der Tablettebene wird von den zwei Tablettwinkeln gesteuert, die durch entsprechende Roboter-TCP-Positionen realisiert werden. Für die Generierung der Winkel, die das „Ball on Plate“-System stabilisieren, ist ein überlagerter Regelkreis zuständig. Bei dem Entwurf einer solchen Regelung muss berücksichtigt werden, dass das System bei abweichenden Eigenschaften beider Objekte robust sein sollte. Das heißt, es muss mit Änderungen der Reibung zwischen Kugel und Tablett sowie mit einer Änderung von Kugelradius und -masse zurechtkommen können. Außerdem muss die Regelung fähig sein, die von den Stereokamera-Messungen verursachte Zeitverzögerung und die langsame Roboterdynamik zu kompensieren [Milighetti und Kuntze, 2006b].

Die gesamte Regelung, die für die Lösung der Balancierenaufgabe implementiert wird, ist in Abbildung 5.15 dargestellt. Zuerst wird das grenzstabile „Ball on Plate“-System mit zwei PD-Reglern (ein Regler für jeden Freiheitsgrad) stabilisiert. Danach werden die dynamischen Eigenschaften dieser Regelung mit einer vom Kugelzustand abhängigen Fuzzy-Adaption (sowohl vom P- als auch vom D-Anteil) verbessert. Eine solche adaptive Regelung ist jedoch nicht ausreichend, um die nichtlinearen Effekte der Reibung zwischen Kugel und Tablett zu bewältigen. Da das exakte Reibungsmodell aufgrund der a priori unbekannten Kontaktflächen nicht berechnet werden kann, ist es sinnvoll, dieses so einfach wie möglich auszudrücken, d. h. die Reibung als stückweise konstant zu modellieren. Als Alternative könnten Methoden eingesetzt werden, die kein Reibungsmodell benötigen (siehe z. B. [Le Tien u. a., 2008]). In dieser Arbeit wird ein klassischer Zustandsbeobachter in Form eines Kalman-Filters auf Basis des Modells in Abbildung 5.14 implementiert, um den „Ball on Plate“ Modellfehler zu schätzen. Der so berechnete Fehler, der hauptsächlich Reibungsfehler beinhaltet, wird dann zur Kompensation der Reibung des Systems zur PD-Stellgröße addiert. Weiterhin kann der prädiktive Charakter des Kalman-Filters effektiv dazu eingesetzt werden, nicht nur stochastische Störungen zu unterdrücken, sondern auch die Totzeit zwischen Bildaufnahme und Bereitstellung der Messdaten auszugleichen. Die so prädizierte Position und Geschwindigkeit können als Eingänge für den PD-Regler verwendet werden [Schütz, 2005]. In Abbildung 5.16 ist ein beispielhafter Verlauf der Kugelposition in einer der zwei Richtungen zu sehen.

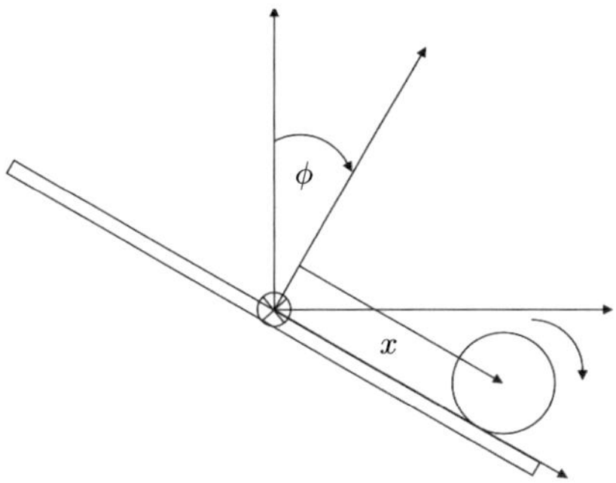

$$
\begin{aligned}
0 &= \ddot{x}_1 + r \cdot \ddot{\phi}_1 - k \cdot g \cdot \phi_1 \\
0 &= \ddot{x}_2 + r \cdot \ddot{\phi}_2 - k \cdot g \cdot \phi_2 \\
k &= m \cdot r^2 / J + m \cdot r^2
\end{aligned}
$$

m = Masse der Kugel
r = Radius der Kugel
J = Trägheit der Kugel

Abbildung 5.14: Modell des „Ball on Plate“-Systems

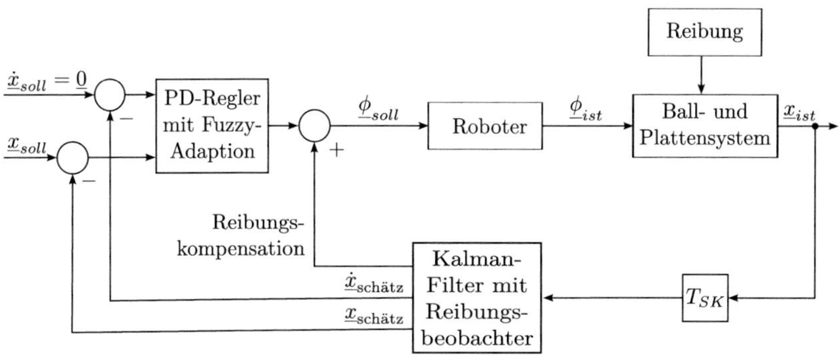

Abbildung 5.15: Entwickelte Reglerstruktur für das „Ball on Plate“-System

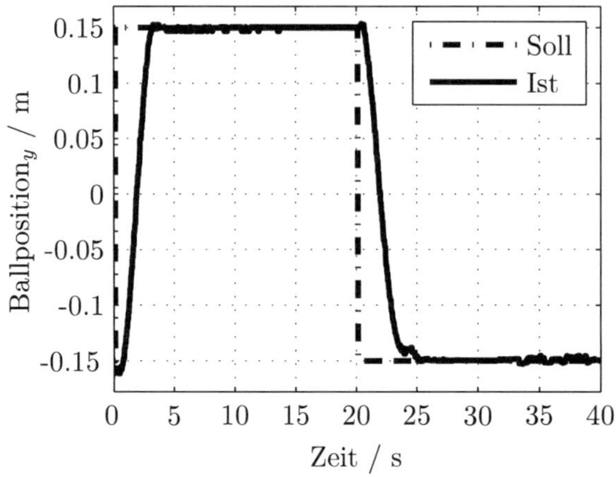

Abbildung 5.16: Positionsverlauf für eine Kugel mit ∅60mm

Die Implementierung der „Ball on Plate“-Aufgabe als ein einziges AP, verdeutlicht die Flexibilität der entwickelten AP-Struktur auch hinsichtlich der Integration von komplexeren kontinuierlichen Regelungsalgorithmen. Die Online-Adaption der Reglerparameter ermöglicht zusätzlich eine zustandsabhängige Optimierung des Reglerverhaltens.

5.1.5 Schlupf- und kraftgeregeltes Greifen fragiler Objekte

Dem kraftschlüssigen Greifen glatter und fragiler Objekte sowie ihrer Feinmanipulation liegt eine Fragestellung zugrunde, die schon beim kraftschlüssigen Greifen und Tragen schwerer Gegenstände (siehe Abschnitt 5.1.3) angedeutet wurde. Vom Endeffektor muss eine Anpresskraft ausgeübt werden, die einerseits groß genug ist, ein sicheres rutschfreies Greifen zu gewährleisten und andererseits nicht so hoch ist, dass das gegriffene Objekt beschädigt wird (siehe Abbildung 5.17). Ein rutschfreies und subtiles kraftschlüssiges Greifen von Gegenständen mit unbekanntem Reibkoeffizienten lässt sich durch eine Roboterhand nur dann sicher realisieren, wenn sowohl der Schlupf als auch die Anpresskraft geeignet geregelt werden.

Die hier dargestellten Ergebnisse im Bereich der Feinmanipulation wurden mit Hilfe des Zweibacken-Greifers durchgeführt (siehe Abbildung 5.18). In

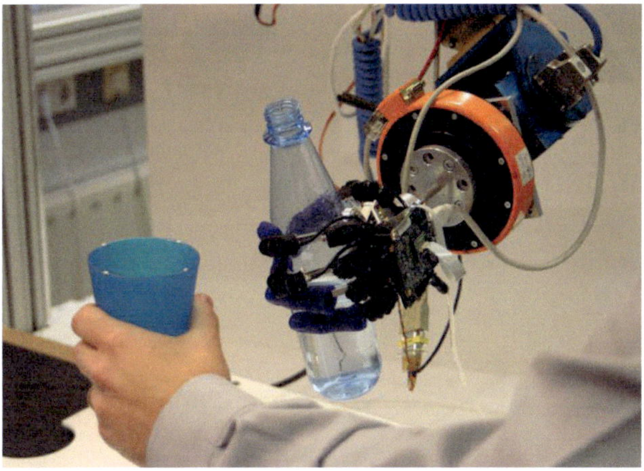

Abbildung 5.17: Subtiles Greifen fragiler Gegenstände

einer Backe ist ein taktiles Array integriert (siehe Abschnitt 4.1.2.5), in der anderen ein Schlupfsensor mit einer Aufnahmefrequenz von 1.500 fps und einer nominalen Auflösung von 300 cpi (siehe Abschnitt 4.1.2.6).

Das Arbeitsprinzip der Schlupf-Kraft-Regelung besteht darin, dass sie auf ein minimales Rutschen des Objekts (1 gemessene Schlupfeinheit ≈ 0.085 mm) mit einem schnellen Schließen des Greifers reagiert. Tritt für eine bestimmte Zeit kein Schlupf auf, so wird der Greifer sehr langsam wieder geöffnet. Dieses menschenähnliche Verhalten bewirkt ein schnelles Reagieren bei Auftreten einer Störgröße und eine allmähliche Rückkehr in den Normalzustand, sobald der Störeinfluss verschwindet [Milighetti und Kuntze, 2008b, 2010]. Durch Adaption der Zeitkonstanten, die die Reaktion des Greifers beeinflussen, kann die Priorität der Regelung eher auf die Minimierung der Greifkraft oder die des Schlupfes gelegt werden. Außerdem können die Regelungsparameter in Abhängigkeit vom Reibungskoeffizient zwischen Finger und Objekt optimiert werden. Eine Schätzung des Reibungskoeffizienten μ kann gewonnen werden, indem die Greifkraft durch langsames Öffnen des Greifers solange verringert wird, bis das Objekt zu rutschen beginnt. Wenn das Objekt senkrecht gehalten wird, gilt in diesem Moment

$$\mu = \frac{F_{\text{Gewicht}}}{2 \cdot F_{\text{Greif}}} \tag{5.4}$$

Abbildung 5.18: Zweibacken-Greifer mit integriertem Schlupfsensor (rechts) und taktilem Array (links)

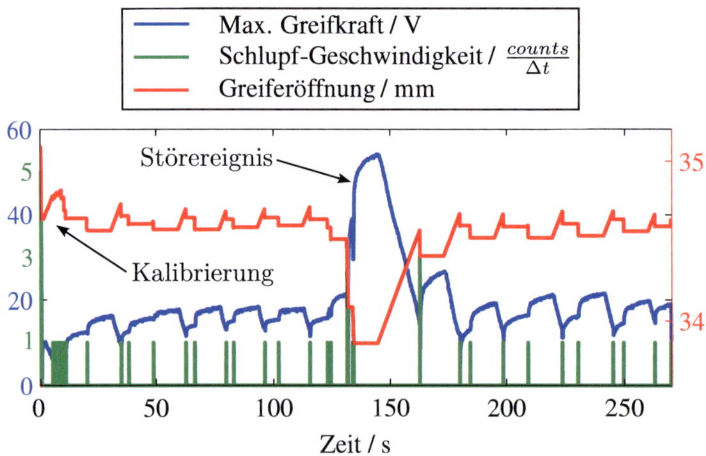

Abbildung 5.19: Experimentelle Ergebnisse für das subtile Greifen eines Objekts

Hierbei ist F_{Gewicht} die Gewichtskraft des Objekts und F_{Greif} die Greifkraft. Erstere wird mit Hilfe des Kraftsensors im Handgelenk des Roboters gemessen und letztere mit Hilfe des taktilen Arrays. Experimente haben gezeigt, dass eine Zuordnung des Reibungskoeffizienten zu einer von drei Klassen (klein, mittel, groß) ausreichend ist, um eine optimale Auswahl der Regelungsparameter vorzunehmen [Ebbinghaus, 2008].

In Abbildung 5.19 sind die Verläufe der Schlupfgeschwindigkeit, der Greiferöffnung und des Maximums der Greifkraft während des Greifens eines Holzbrettes dargestellt. Zuerst wird das System kalibriert, indem der Reibungskoeffizient geschätzt wird. Nach einer ersten stationären Phase reagiert dann der Greifer auf ein externes Störereignis (bei $t \approx 135$ Sekunden wird versucht, das Objekt wegzuziehen), um anschließend langsam wieder in den Normalzustand zu gelangen. Während der zwei stationären Phasen ist bei jedem gemessenen Schlupf deutlich das Schließen und das langsamere Öffnen des Greifers zu erkennen. Dank einer geeigneten Parameteradaption in Abhängigkeit von der Reibung und vom aktuellen Zustand des Greifvorganges, bleibt der Schlupf auf dem minimalen Wert (eine Einheit) beschränkt und eine schnelle Reaktion ist gewährleistet.

Der entwickelte adaptive kontinuierliche Regler ist Teil eines AP, das ein stabiles Greifen garantiert. Dank der Modularität, welche der Aufgabenstruktur zugrunde liegt, kann das so implementierte AP in einer komplexeren Sequenz problemlos integriert und ausgeführt werden.

5.2 Exemplarischer Regelungsentwurf für das Fallbeispiel „Finden und Greifen zufällig positionierter Gegenstände“

Im Abschnitt 5.1 wurden einige Grundgeschicklichkeiten vorgestellt, die mit Hilfe des AP-Formalismus implementiert wurden und damit die Allgemeingültigkeit der vorgeschlagenen Modellierungsmethode nachgewiesen haben. In diesem Abschnitt wird das gesamte Überwachungs- und Regelungskonzept anhand eines komplexeren Fallbeispieles validiert [Milighetti und Kuntze, 2007d, 2009]. Die entwickelten Entscheidungsfindungsalgorithmen werden zuerst mit Hilfe der MATLAB/Simulink®-Simulationsumgebung untersucht und ins betrachtete Szenario integriert. Danach wird das Konzept auf der Versuchsplattform des IOSB implementiert und experimentell erprobt.

Als Benchmark wurde eine sehr oft benötigte Grundgeschicklichkeit betrachtet: das Greifen heruntergefallener Objekten. Um dieses Problem zu bewältigen, verhält sich der Roboter ähnlich wie ein Mensch: Zu Beginn detektiert er eine grobe Richtung des Fallgeräusches durch seine „Ohren“ (das Audio-Array). Obwohl diese erste Schätzung eine sehr geringe Genauigkeit haben kann, wird sie verwendet, um die „Augen“ (die Stereokamera im Kopf) in Richtung der Geräuschquelle auszurichten. Nach der visuellen Erkennung und Lokalisierung des zufällig positionierten Objekts mit einem Bildverarbeitungsalgorithmus wird die Trajektorie für die Annäherungsbewegung generiert und ausgeführt. Schließlich kann das Objekt gegriffen werden. Auf Änderungen der Randbedingungen, unerwartete Ereignisse und Konflikte in der Ressourcenbelegung muss der Roboter reagieren, indem er Modifikationen in der geplanten Aktionssequenz vornimmt oder weitere zusätzliche Sensoren miteinbezieht. Das komplette Szenario ist durch das Petri-Netz in Abbildung 5.20 modelliert. Um die graphische Darstellung des Netzes zu vereinfachen, wurden lineare Sequenzen von mehreren AP in einer Stelle zusammengefasst.

Sobald das Audio-Array ein fremdes Geräusch detektiert, unterbricht der Roboter seine aktuelle Hauptaufgabe, um die neue unerwartete Situation zu analysieren. In Abhängigkeit vom Typ des Geräusches werden drei Möglichkeiten betrachtet, wobei jede mit einer entsprechenden Transition im PN assoziiert ist:

t_A. Das Geräusch ist unbekannt oder uninteressant $\rightarrow$ der Roboter kann seine Hauptaufgabe fortsetzen.

t_B. Ein Objekt ist heruntergefallen $\rightarrow$ der Roboter muss das Objekt lokalisieren und eventuell greifen.

t_C. Ein Alarm klingelt (z. B. Mikrowelle oder Backofen) $\rightarrow$ der Roboter muss entsprechend reagieren, bevor er die Hauptaufgabe beenden kann.

Um die Komplexität des Problems zu reduzieren, werden Ergebnisse vorgestellt, welche nur die zweite beschriebene Situation (d. h. heruntergefallenes Objekt) umfassen. Der entsprechende Teil des PN ist in Abbildung 5.20 markiert und noch einmal zur Verdeutlichung in Abbildung 5.21 zusammengefasst.

Das akustische Ereignis tritt während einer „Pick & Place“-Aufgabe ein. Auf Basis der Schätzung des Audio-Arrays richtet der Roboter seinen Kopf in Richtung des Geräusches aus (p_1). Wie beim Menschen ist diese erste akustische Lokalisierung ziemlich grob, sie ist jedoch trotzdem ausreichend, um das Objekt ins Sichtfeld der Kamera zu bekommen. Durch Vergleich der visuellen und akustischen Messungen ist der Roboter in der Lage, die vorliegende Situation zu identifizieren (z. B. welches Objekt ist heruntergefallen) und in

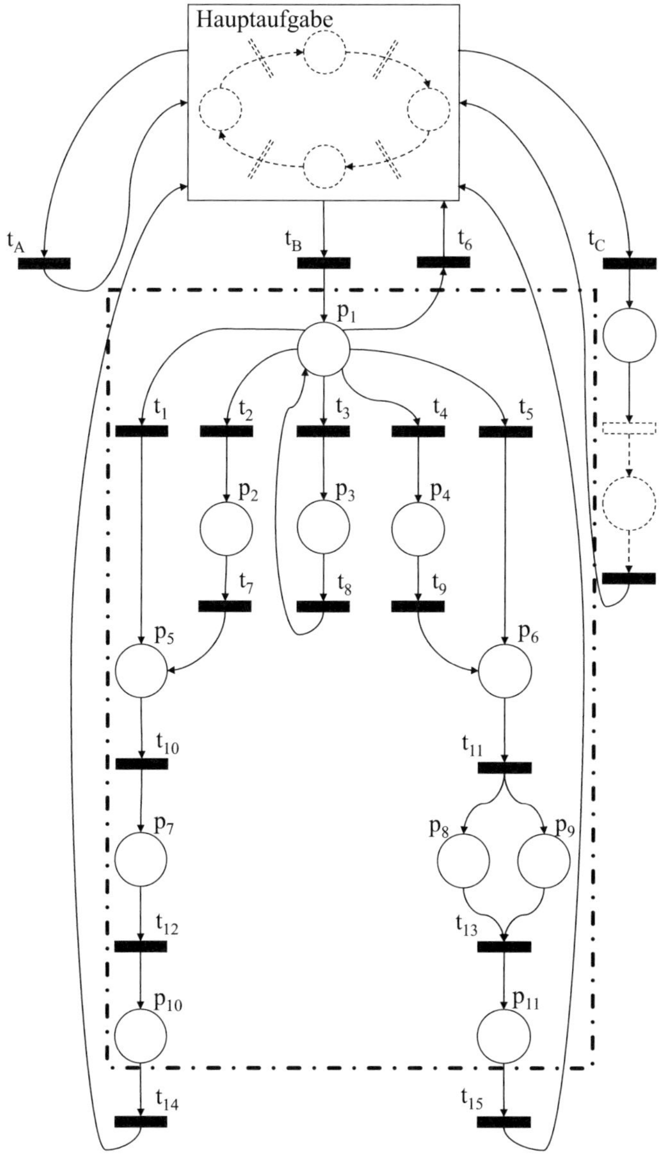

Abbildung 5.20: Petri-Netz zur Modellierung des betrachteten Fallbeispiels

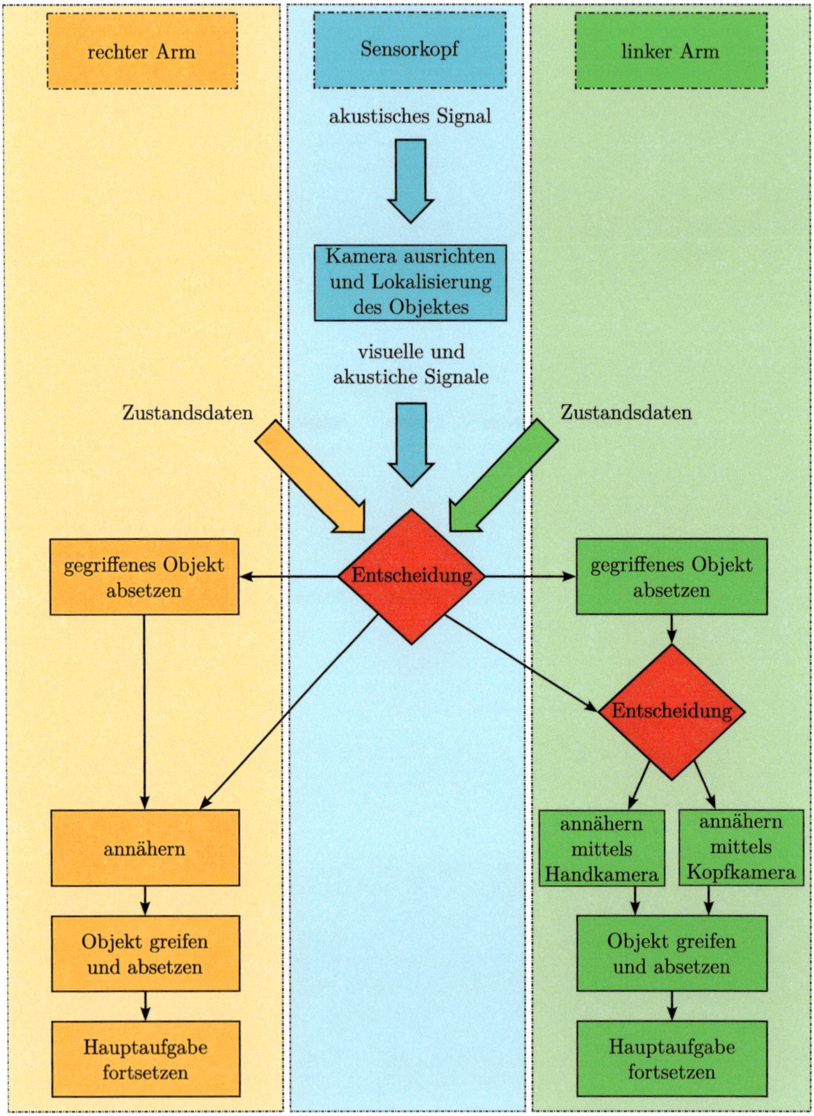

Abbildung 5.21: Ablaufdiagramm zur Veranschaulichung des betrachteten Fallbeispiels

Abhängigkeit vom aktuellen Zustand des Systems die optimale Strategie auszuwählen. Hierfür stehen fünf verschiedene Alternativen zur Verfügung, die durch Schalten der entsprechenden Transitionen aktivierbar sind:

t_1. Das heruntergefallene Objekt kann direkt mit dem rechten Arm gegriffen werden.

t_2. Das heruntergefallene Objekt kann mit dem rechten Arm gegriffen werden, der Roboter muss aber vorher das Objekt absetzen, welches er bereits im Greifer hat (p_2).

t_3. Das Objekt kann nicht lokalisiert werden. Eine neue Suchstrategie muss durchgeführt werden (p_3).

t_4. Das heruntergefallene Objekt kann mit dem linken Arm gegriffen werden, der Roboter muss aber vorher das Objekt absetzen, welches er bereits in der Hand hat (p_4).

t_5. Das heruntergefallene Objekt kann direkt mit dem linken Arm gegriffen werden.

t_6. Das heruntergefallene Objekt liegt nicht im Arbeitsraum des Roboters oder muss nicht angehoben werden. Der Roboter kann deshalb mit seiner Hauptaufgabe fortfahren.

Falls das Objekt gegriffen werden muss, ist die Sequenz des Greifvorganges nach einer ersten Positionierung (p_5 bzw. p_6) für beide Arme ähnlich. Sie besteht aus einer visuell geregelten Annäherungsphase (p_7 bzw. p_8 und p_9) und aus einer „Pick & Place“-Phase, mit der das Objekt eventuell auch an einer vorgegebenen Position abgesetzt werden kann (hier mit einer einzigen Stelle modelliert: p_{10} bzw. p_{11}).

Die Annäherungsbewegung wird visuell geregelt, um die Ungenauigkeiten in der Positionsschätzung zu minimieren, und eine kollisionsfreie Trajektorie zu gewährleisten - auch im Fall von Unsicherheiten sowohl im Robotermodell (z. B. wegen Elastizität in der Kinematik) als auch im Modell der zeitvarianten Umgebung (z. B. aufgrund dynamischer Hindernisse). Diese optische Überwachung kann für einen Greifvorgang mit dem linken Arm nicht nur mit Hilfe der Stereokamera (p_8) sondern auch anhand der miniaturisierten Handkamera (siehe Abschnitt 4.1.2.4) realisiert werden (p_9). Eine solche Lösung bietet eine höhere Genauigkeit je mehr der Roboter sich dem Objekt nähert und ermöglicht gleichzeitig eine größere Robustheit gegenüber Beleuchtungsänderungen

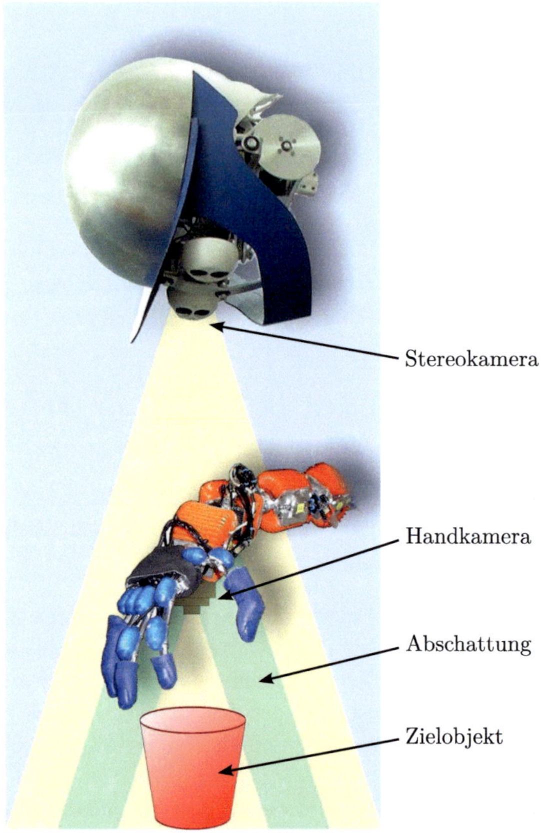

Abbildung 5.22: Einsatz einer Stereokamera im Kopf und einer Kamera in der Hand für die intelligente Lösung von Greifvorgängen

und Verdeckungen (siehe Abbildung 5.22) [Milighetti und Kuntze, 2008d; Milighetti u. a., 2009b].

In einer solchen Aufgabenstruktur sind also die Stellen p_1 und p_6 diejenigen, die für die diskrete Regelung relevant sind, weil an diesen Stellen die wichtigsten Schritte des Entscheidungsprozesses stattfinden. Ziel der Entscheidung an der Stelle p_1 ist es, die beste Vorgehensweise zu finden, die zur Aufhebung der unerwarteten Situation geeignet ist (linker oder rechter Arm? erst gegriffenes Objekt absetzen oder sofort greifen?). An der Stelle p_6 stehen dem Roboter zwei Annäherungsstrategien zur Auswahl, welche auf unterschiedlichen optischen Sensoren (Stereokamera bzw. Handkamera) basieren. Auf diese Art und Weise wird diejenige Sensorkonfiguration ausgewählt, welche eine optimale Informationserfassung verspricht. Aufgrund ihrer Bedeutung wurden diese Stellen in der Simulation sorgfältig untersucht, um den Entscheidungsfindungsalgorithmus optimieren zu können.

5.2.1 Simulationserprobung

Ziel der Simulation ist es, die Algorithmen zu untersuchen, auf deren Basis das hybride Regelungskonzept entwickelt wurde und ihre Parameter so einzustellen, dass die Stabilität der Regelstrecke gewährleistet ist. Da der Schwerpunkt dieser Analyse auf den diskreten Teil des Systems und auf die Entscheidungsfindung gesetzt wird, ist es nicht notwendig, die Roboterdynamik so genau wie möglich zu modellieren, sondern es ist ausreichend, ein qualitatives Verhalten abzusichern, welches ähnlich zur Realität ist. Trotzdem werden verschiedene kontinuierliche Teilregler implementiert, um ein vollständiges Modell des Robotersystems zu erhalten. Die Regleralgorithmen werden aber nicht Teil der Optimierung sein, weil die Ergebnisse nur im Fall eines Robotermodells mit höher Genauigkeit zuverlässig und übertragbar wären. Als Simulationsumgebung wurde MATLAB/Simulink® ausgewählt, weil es eine transparente blockorientierte Darstellung mit einer flexiblen und mächtigen Programmieroberfläche vereint. Zur Simulation von Szenarien, die für die Entwicklung komplexer kontinuierlicher Regleralgorithmen (siehe z. B. Abschnitt 5.1.4) oder für die Realisierung einer direkten Interaktion mit der Umwelt (siehe z. B. Abschnitt 5.1.2) ein genaueres Robotermodell benötigen, wurden andere Simulationsumgebungen eingesetzt wie z. B. ADAMS/Control® (siehe Abbildung 5.23) oder zusätzliche Module wie z. B. die MATLAB-Robotic Toolbox [Corke, 1996]. Die damit verbundene höhere Komplexität ist aber im hier betrachteten Szenario nicht gerechtfertigt, weil die Algorithmen auf einer Abstraktionsebene entwickelt werden, auf der ein approximatives kontinuierliches Modell der Roboterdynamik ausreichend ist.

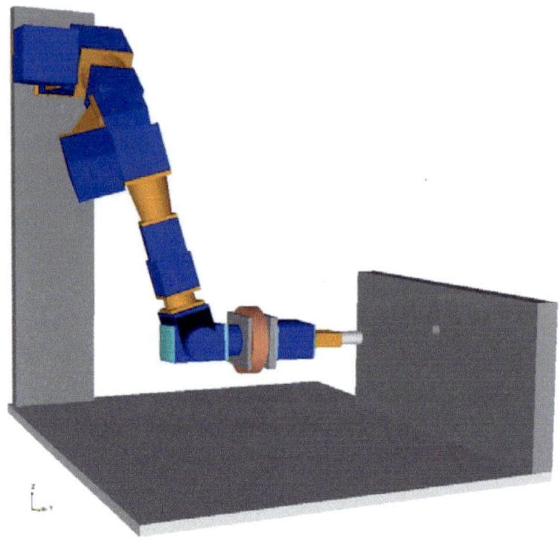

Abbildung 5.23: ADAMS-Modell des Roboterames bei der Lösung des „Bolzen in Bohrung"-Szenarios

5.2.1.1 Modellierung

Die Hauptblöcke des Simulink-Modells, das das gesamte System simuliert, implementieren folgende Funktionalitäten:

Head Camera: Hier wird die Position eines bekannten Objekts mit Hilfe der Stereokamera im Kopf ermittelt; außerdem wird die Effizienz des Sensors berechnet.

Hand Camera: Parallel zur Stereokamera wird die Position des Objekts auch mittels der Kamera in der Hand geschätzt; auch hier wird die Effizienz des Sensors ermittelt.

Decision Unit: In dieser zentralen Komponente findet der Entscheidungsfindungsprozess statt; hier werden alle Daten ausgewertet und die optimale Aktionssequenz ausgewählt.

Graph Plotter: Dieser Block kann aktiviert werden, um das Netz mit seinen aktuellen Gewichten zu visualisieren.

Desired Value Generation: hier werden die Sollwerte für die verschiedenen AP generiert.

Right/Left Arm: Hier wird die Trajektorie für den Roboterarm generiert und mittels eines geeigneten kontinuierlichen Reglers ausgeführt; außerdem wird der Zustand des Armes und seines Endeffektors (Hand bzw. Greifer) überwacht.

Head Camera. In der Simulation wird kein Bildverarbeitungslagorithmus implementiert und die Daten der Stereokamera werden aus einer bekannten Position durch Addition von zufällig generiertem Rauschen erzeugt. Auf Basis des aktuellen Arbeitsbereichs (berechnet als Abstand zwischen der festen Position der Kamera und der des Objekts), der Helligkeit des Raums (in der Simulation vorgegeben) und des Messrauschens wird die Qualität ϑ_{SK} der Kamera geschätzt und mit ihrer Verfügbarkeit av_{SK} multipliziert, um die Effizienz E_{SK} zu berechnen.

Eingänge:

- Objektposition;
- Verfügbarkeit der Kamera;
- Helligkeit des Raums.

Ausgänge:

- gemessene Objektposition;
- geschätzte Effizienz E_{SK}.

Hand Camera. Basierend auf der vorgegebenen Objektposition werden auch in diesem Fall die Messwerte der Handkamera durch Addition von zufälligem Rauschen generiert. Die Schätzung der Qualität ϑ_{HK} des Sensors wird wie im oben beschriebenen Block berechnet. Zur Bestimmung des Arbeitsbereiches wird aber zusätzlich die Lage des Roboterendeffektors benötigt, da die Kamera in der Hand integriert und nicht fest im Raum positioniert ist.

Eingänge:

- Objektposition;
- Verfügbarkeit der Kamera;

- Helligkeit des Raums;
- Position der Kamera.

Ausgänge:

- gemessene Objektposition;
- geschätzte Effizienz E_{HK}.

Decision Unit. In diesem Block befindet sich der Kern der diskreten Regelung, implementiert als C-Funktion. Hierin wird der Entscheidungsfindungsprozess durchgeführt, indem die Kantengewichte des Zustandsgraphen aktualisiert werden (siehe Abschnitt 3.6.4.1) und der optimale Pfad mit Hilfe des Dijkstra-Algorithmus bestimmt wird (siehe Abschnitt 3.6.4.2). Die Funktion wird durch das Eintreten eines externen Ereignisses gestartet, welches mit einer virtuellen akustischen Detektion verbunden ist.

Eingänge:

- akustisches Ereignis;
- Effizienz der Stereokamera;
- Effizienz der Handkamera;
- Überwachungsdaten des linken Armes (Effizienz und erfolgreiche Zielerreichung);
- Überwachungsdaten des rechten Armes (Effizienz und erfolgreiche Zielerreichung).

Ausgänge:

- Kamera-Modus (die Kamera lokalisiert entweder ein bewegtes oder ein fest positioniertes Objekt);
- auszuführender diskreter Zustand;
- Kantengewichte des Zustandsgraphen;
- berechneter optimaler Pfad.

Graph Plotter. Dieser Block ist für die Visualisierung des aktuellen Zustandsgraphen zuständig. Die dazu gehörige Funktion wird bei jeder Zustandsänderung aufgerufen und stellt das gesamte Netz, den auszuführenden Zustand (rot), die aktuellen Kantengewichte (magentarot) und den damit verbundenen optimalen Pfad (grün) dar.

Eingänge:

- auszuführender diskreter Zustand;
- Kantengewichte des Zustandsgraphen;
- berechneter optimaler Pfad;
- Taktgeber.

Desired Value Generation. Die Sollwerte für die Roboterarme werden in Abhängigkeit vom aktuellen diskreten Zustand und anhand der aktuellen Sensormessungen generiert und an die kontinuierliche Roboterregelung weitergegeben. Sie bestehen aus den drei kartesischen Positionen x, y und z sowie den drei Orientierungen („roll-pitch-yaw"-Konvention). Zusätzlich werden die Sollwerte für die Öffnung des Greifers und der Hand festgelegt.

Eingänge:

- aktueller diskreter Zustand;
- Messung der Stereokamera;
- Messung der Handkamera;
- aktuelle Position der Arme;
- aktuelle Öffnung der Endeffektoren (Hand und Greifer).

Ausgänge:

- Sollwerte für die Arme;
- Sollwerte für die Endeffektoren.

Right/Left Arm. Das Modell eines Roboterarmes besteht aus drei wesentlichen Komponenten: einem Trajektorienplaner, einem Block zur Simulation des geregelten Roboters und einem Block zur Ermittlung der Effizienz E_{arm}. Der Trajektorienplaner berechnet jeden Takt in Abhängigkeit von den maximal erlaubten Geschwindigkeiten und Beschleunigungen aus den aktuellen und den Zielpositionen die Sollpositionen für den nächsten Takt. Diese Werte dienen als Eingang für den Block, der den geregelten Arm modelliert. Hier sind ein Positions-, ein Kraft- und ein Impedanzregler implementiert (siehe Abschnitt 2.1), zwischen denen mit Hilfe einer Selektionsmatrix umgeschaltet wird. Die Verzögerung in der Verfolgung der Sollwerte aufgrund der Roboterdynamik ist mit PT1-Gliedern modelliert. Die Erreichung der Zielposition löst ein Signal aus, das als Abbruchbedingung einiger AP verwendet wird. Die Qualität ϑ_{arm} des Armes wird anhand des Abstandes von der Objektposition und des überwachten Zustandes der Motoren (siehe Abschnitt 3.3) geschätzt und mit der Verfügbarkeit av_{arm} multipliziert.

Eingänge:

- Zielpositionen;
- Verfügbarkeit des Armes;
- gemessene Objektposition.

Ausgänge:

- aktuelle Position des Armes;
- aktuelle Öffnung des Endeffektors;
- erfolgreiche Erreichung des Zieles (sowohl für den Arm als auch für den Endeffektor);
- ermittelte Effizienz E_{arm}.

5.2.1.2 Ergebnisse zur Evaluierung der Effizienz

Vor der Einbindung in die Simulation des Gesamtsystemmodells wurden zuerst die im Abschnitt 3.6.3 vorgestellten Methoden zur Berechnung der Effizienz eines AP sowohl auf Basis von Fuzzy- als auch von Bayes-Ansätzen und auf den zwei verschiedenen Entscheidungshierarchieebenen (AP-Ebene und PN-Ebene) getestet und ausgewertet. Im Folgenden werden Teilergebnisse präsentiert, welche einen aussagekräftigen Vergleich der Methoden zulassen.

Sensor	Einflussfaktoren
Stereokamera	Rauschen, Arbeitsbereich, Helligkeit
Handkamera	Rauschen, Arbeitsbereich, Helligkeit
Taktiler Sensor	Rauschen

Tabelle 5.1: Überblick über die Einflussfaktoren für die betrachteten Sensoren

Betrachtet wird die Bewertung der Qualität der zwei Kameras, die zur Regelung des Greifvorganges des linken Armes eingesetzt werden können. Um die Menge der verfügbaren Aktionen zu vergrößern, wurde dazu auch die Möglichkeit simuliert, ein blindes Greifen zu realisieren. In diesem Fall wird keine Kamera eingesetzt, sondern es kommen nur taktile Sensoren zum Einsatz, die die Umgebung auf der Suche nach dem Objekt abtasten. Diese dritte Lösung wurde aber nicht experimentell umgesetzt und deshalb nicht im gesamten Simulationsmodell implementiert.

Die Faktoren, welche die Qualität jedes Sensors beeinflussen, sind in Tabelle 5.1 zusammengefasst. Die Qualitäten der anderen Ressourcen, die in den drei betrachteten AP eingesetzt werden (d. h. Roboterarm, Hand und Objekt), werden zu 1 gesetzt, um die Ergebnisse übersichtlicher darzustellen. Auf diese Art und Weise ist die Effizienz der AP und folglich die Entscheidung nur von der Effizienz des entsprechenden Sensors abhängig.

Im *Fuzzy-Ansatz* erhält jeder Faktor die linguistischen Variablen und die damit verknüpften Zugehörigkeitsfunktionen. Diese sind in Abbildung 5.24 dargestellt. In der Evaluierung auf Petri-Netz-Ebene wird eine einzige Fuzzy-Klassifizierung für die komplette Entscheidung verwendet, die alle sieben Faktoren als Eingänge und die Effizienzen der drei zur Wahl stehenden AP/Sensoren als Ausgänge besitzt (siehe Abbildung 5.25a). In der Evaluierung auf Aktionsprimitiv-Ebene kommt hingegen eine eigene Fuzzy-Klassifizierung für jedes AP zum Einsatz, die die betreffenden Faktoren als Eingänge und die Effizienz des Sensors als Ausgang besitzt (siehe Abbildung 5.25b).

Auch bei der Effizienzevaluierung mit einem *Bayes-Ansatz* wird auf PN-Ebene nur ein einziges Bayes'sches Netz eingesetzt, während auf AP-Ebene jedem AP ein Netz zugeordnet wird. Die Eingangsvariablen entsprechen in beiden Fällen den Faktoren, die die Zuverlässigkeit des zugehörigen AP beeinflussen. Die einzige Ausgangsvariable kann im Fall einer Entscheidung auf AP-Ebene die Zustände „`hoch`“ und „`niedrig`“ annehmen und drückt also aus, wie wahrscheinlich es bei den gegebene Eingängen ist, dass das entsprechende AP effizient ist oder nicht (siehe Abbildung 5.26b). Auf PN-Ebene sind statt-

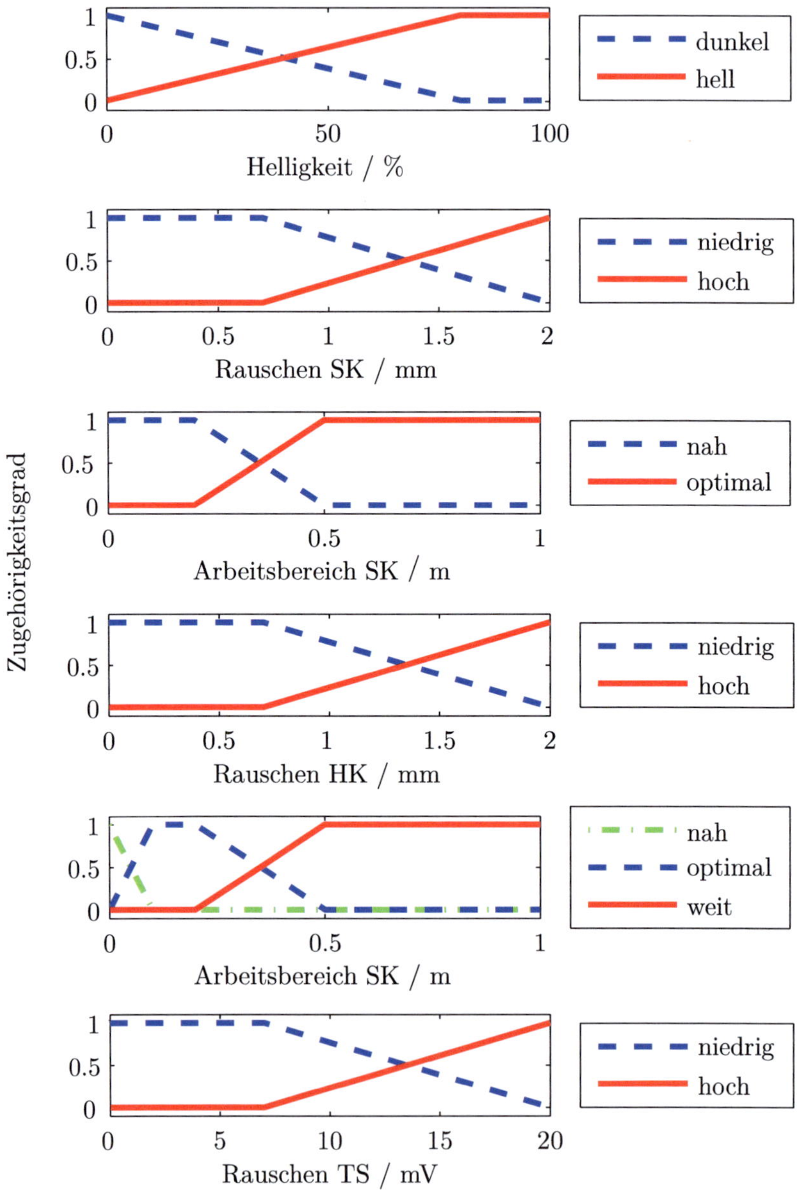

Abbildung 5.24: Zugehörigkeitsfunktionen zur Evaluierung der Effizienz mit Fuzzy-Ansatz

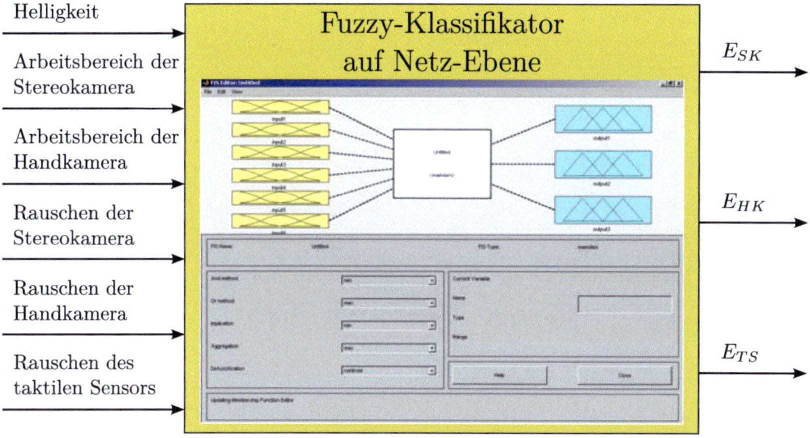

(a) Evaluierung auf PN-Ebene

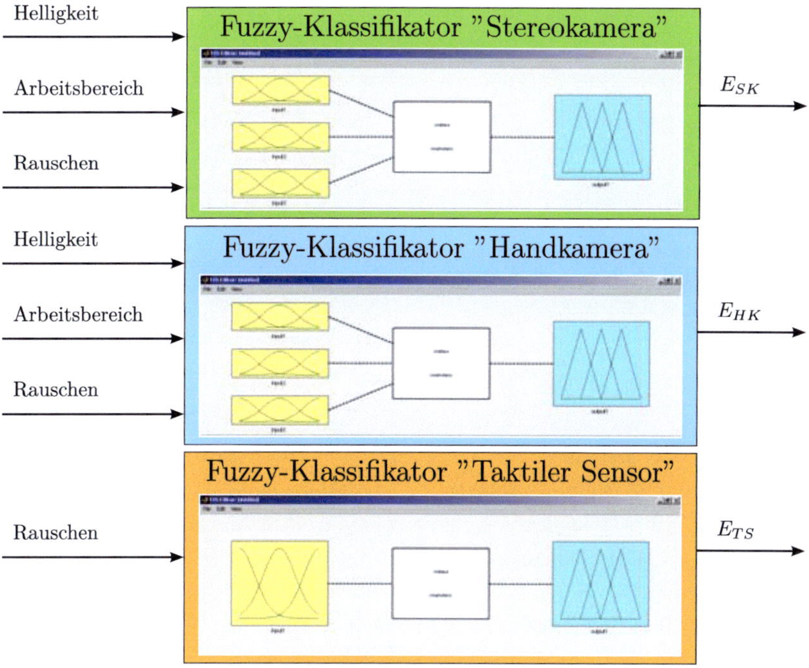

(b) Enzevaluierung auf AP-Ebene

Abbildung 5.25: Effizienzevaluierung durch Fuzzy-Ansatz

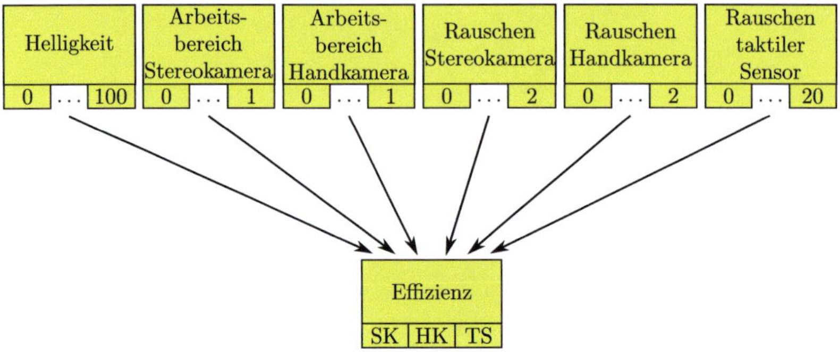

(a) Evaluierung auf PN-Ebene

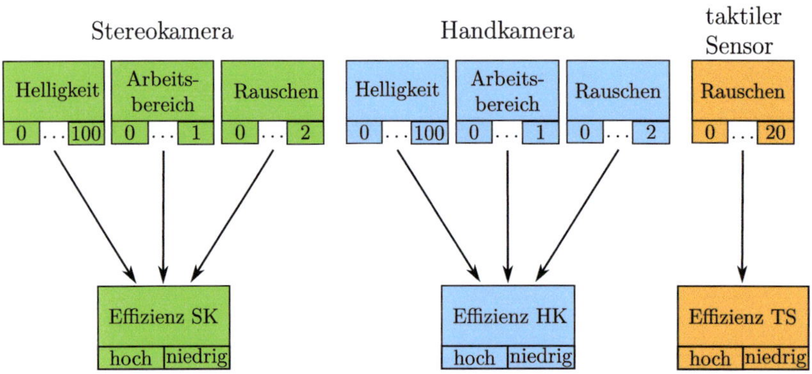

(b) Evaluierung auf AP-Ebene

Abbildung 5.26: Effizienzevaluierung durch Bayes-Ansatz

dessen die Zustände „`Stereokamera`“, „`Handkamera`“ und „`Taktiler Sensor`“ definiert und es kann damit die Wahrscheinlichkeit geschätzt werden, dass das entsprechende AP die beste Wahl ist (siehe Abbildung 5.26a).

Um die A-posteriori-Wahrscheinlichkeitstabelle zur Verfügung zu haben, wird eine Statistik erstellt, die für jedes $P(Ein)$ eine Binomialverteilung zu Grunde legt. Für die $P(Aus, Ein_i)$ werden hierbei ebenfalls Binomialverteilungen angenommen, allerdings wird der Schwerpunkt nicht mittig bezüglich des möglichen Wertebereichs gelegt, sondern aufgrund von Schätzungen verschoben. Diese Werte werden auf Basis des Expertenwissens geschätzt, das in den Regelsätzen der Fuzzy-Klassifikatoren hintergelegt ist.

Aktionsprimitiv	Affinität
Bewegung mit Handkamera	1.0
Bewegung mit Stereokamera	0.8
Bewegung mit taktilem Sensor	0.6

Tabelle 5.2: Affinitäten der verschiedenen Aktionsprimitive

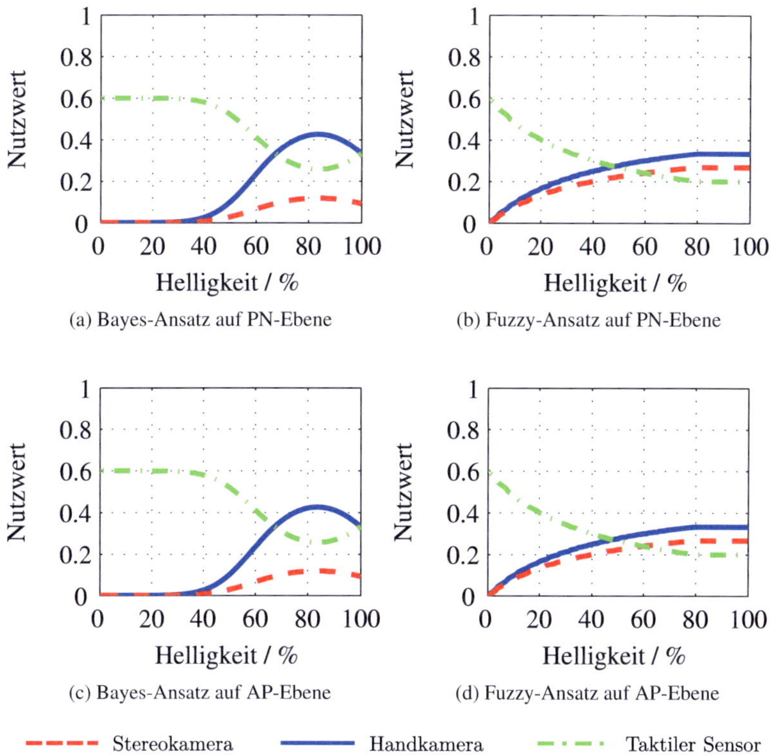

Abbildung 5.27: Vergleich von verschieden Ansätzen zur Evaluierung der Effizienz

Die vier möglichen Ansätzen werden untersucht, indem der Ausgang beim Variieren eines bzw. zweier Faktoren beobachtet wird. Die nicht geänderten Faktoren werden auf einem konstanten Wert festgehalten, der einen möglichst neutralen Einfluss auf die gesamte Bewertung hat. Aus Abbildung 5.27 lässt sich z. B. den evaluierten Nutzwert $E \cdot a$ in Abhängigkeit der Helligkeit des Raums ablesen. Die Arbeitsbereiche der Stereo- und Handkamera sind auf 0.6 m bzw. 0.15 m gesetzt und die Standardabweichung ihres Rauschens auf 0.4 mm. Das Rauschen des taktilen Sensors (siehe Abschnitt 4.1.2.5) ist auf 40 mV festgelegt. Die für dieses Szenario a priori festgelegten Affinitäten sind in Tabelle 5.2 zusammengefasst. Die Ergebnisse wurden auf $E_{SK} + E_{HK} + E_{TS} = 1$ normalisiert.

Die dargestellten Ergebnisse zeigen, dass die Effizienzevaluierung auf PN-Ebene, im Gegensatz zu dem, was aufgrund des entscheidungsspezifischen Aufbaus zu vermuten wäre, nur minimale Unterschiede im Vergleich zu einer Evaluierung auf AP-Ebene ergibt. Zusammen mit den grundsätzlichen Vorteilen, die schon im Abschnitt 3.6.3.3 angedeutet wurden (u. a. die von der Netzstruktur unabhängige Berechnung und angemessene Komplexität aufgrund der reduzierten Anzahl der Eingagsfaktoren), führt das zur Schlussfolgerung, dass die Effizienzevaluierung auf AP-Ebene eindeutig die zu bevorzugende ist. Diese Aussage wird auch durch Abbildung 5.28 gestützt. Hier ist dargestellt, welches AP den höchsten Nutzwert in Abhängigkeit von den Arbeitsbereichen der optischen Sensoren besitzt (bei einer festgelegten Helligkeit von 85%). Es wird noch einmal deutlich, dass die Hierarchie der Effizienzevaluierung fast keinen Einfluss auf die getroffenen Entscheidungen besitzt. Die Ergebnisse der Evaluierung auf AP-Ebene sind im 3D-Diagramm von Abbildung 5.29 dargestellt.

Bei hundert unterschiedlichen Werten pro Eingangsfaktor und unter Auswertung aller sich daraus ergebenden Eingangskombinationen mit den verschiedenen Methoden kann festgestellt werden, dass die Entscheidungen anhand des Bayes-Ansatzes mit denen des Fuzzy-Ansatzes in 82% der Fälle übereinstimmen. Hinsichtlich der benötigten Rechenzeit unterscheiden sich die verwendeten Klassifikatoren nicht wesentlich.

Die ersten Simulationsergebnisse haben dann bestätigt, dass sowohl die Fuzzy- als auch die Bayes-Methode sich als gute Ansätze zur Effizienzermittlung erweisen. Ein aus nur einer Konjunktion bestehendes Bayes'sches Netz unterscheidet sich nicht wesentlich von einem Fuzzy-Klassifikator, und wenn die Statistik, die es verwendet, aus demselben Expertenwissen geschätzt wird, sind die Ergebnisse offensichtlich vergleichbar.

Die Ergebnisse in den Abbildungen 5.27 und 5.28 zeigen aber, dass die Verwendung von Binomialverteilungen Grenzen hat. Die Effizienz beider Kame-

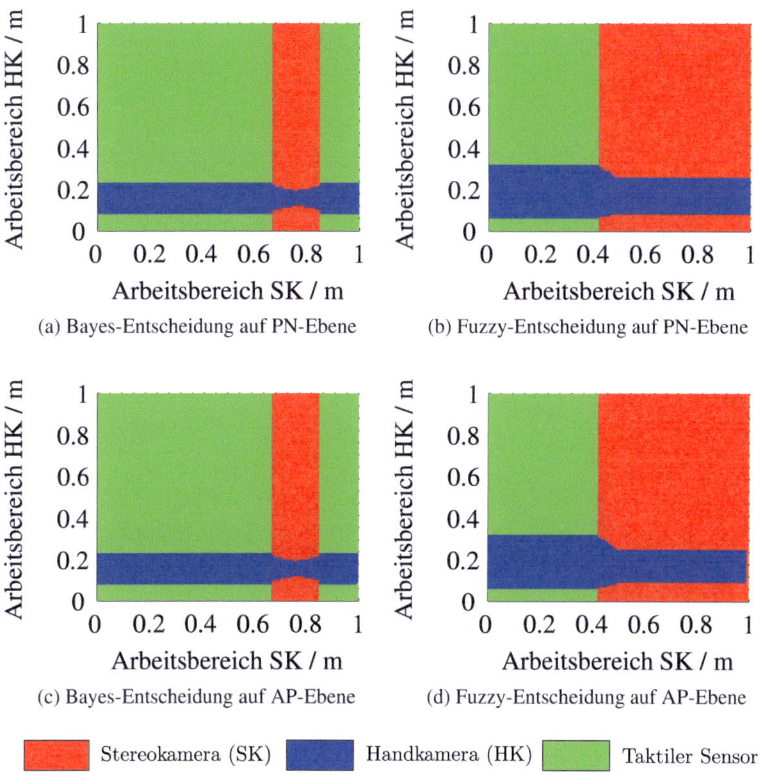

(a) Bayes-Entscheidung auf PN-Ebene

(b) Fuzzy-Entscheidung auf PN-Ebene

(c) Bayes-Entscheidung auf AP-Ebene

(d) Fuzzy-Entscheidung auf AP-Ebene

Abbildung 5.28: Vergleich von getroffenen Entscheidungen unter Verwendung verschiedener Evaluierungsansätze

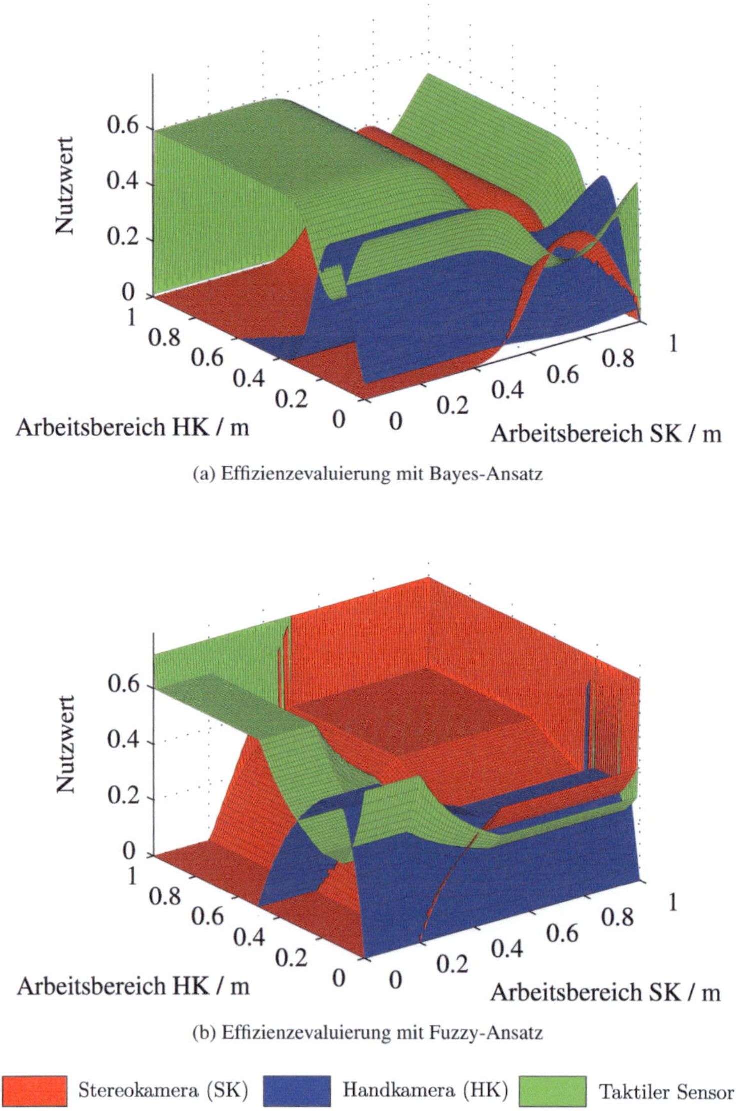

(a) Effizienzevaluierung mit Bayes-Ansatz

(b) Effizienzevaluierung mit Fuzzy-Ansatz

Abbildung 5.29: Vergleich von Fuzzy- and Bayes-Ansätzen zur Evaluierung der Effizienz auf AP-Ebene

ras nimmt in Abbildung 5.27 laut Bayes-Klassifikator bei heller Beleuchtung wieder ab, was nicht nachvollziehbar ist. Ebenso nimmt in Abbildung 5.28 laut Bayes-Klassifikator bei großen Entfernungen zwischen der Stereokamera und dem Objekt (Arbeitsbereich Stereokamera > 0.85) die Effizienz der Stereokamera sogar so weit wieder ab, dass der taktile Sensor verwendet wird (vorausgesetzt, die Handkamera liegt außerhalb ihres besten Arbeitsbereiches). Der Fuzzy-Klassifikator trifft in beiden Fällen eine besser nachvollziehbare Entscheidung. Am sinnvollsten wäre für den Bayes-Klassifikator die Verwendung einer aus realen Versuchen gewonnenen Statistik, die jedoch oft mit hohem Aufwand verbunden ist. Der Fuzzy-Klassifikator bietet somit eine transparentere Entscheidung, in die Expertenwissen leichter integrierbar ist. Deshalb wird für die weiteren Simulationen und für die experimentellen Ergebnisse eine Effizienzevaluierung auf Basis eines Fuzzy-Ansatzes auf AP-Ebene eingesetzt.

5.2.1.3 Simulation des gesamten Szenarios

Nach der Festlegung der optimalen Methode zur Effizienzevaluierung für die verschiedenen Ressourcen, wird das komplette Szenario untersucht, welches zur Validierung des Entscheidungsfindungsalgorithmus und der ausgewählten Nutzenfunktion eingesetzt wurde. Das für diesen Zweck verwendete Teilnetz ist in Abbildung 5.30 dargestellt.

Alle Transitionen werden durch die Abbruchbedingungen des entsprechenden AP (z. B. Zielposition erreicht) und durch besondere externe Ereignisse (z. B. akustisches Signal) aktiviert. Ihre Schaltung wird jedoch ausschließlich vom Entscheidungsprozess gesteuert.

Die Hauptaufgabe (gelb markiert) wird zyklisch durchgeführt, solange kein akustisches Ereignis identifiziert wird. Sie besteht aus einer „Pick & Place"-Handhabung und ist von den vier Stellen $1 \rightarrow 2 \rightarrow 9 \rightarrow 10$ modelliert. Die mit gestrichelter Linie gekennzeichnete Kante wird vom Entscheidungsprozess nicht berücksichtigt und stellt die Fortsetzung der Hauptaufgabe nach Erreichung des Zielzustandes 8 dar.

Solange das heruntergefallene Objekt nicht gegriffen wird, wird der Roboter befähigt, jede Zeit seine Strategie zu ändern. Hierfür erfolgt die Pfadsuche des Entscheidungsfindungsalgorithmus immer mit der Stelle 0 als Startstelle und mit der Stelle 8 als Endstelle, sodass es möglich ist, aus jedem Zustand wieder in den Zustand 0 zurückzukehren und eine neue Entscheidung zu treffen. Die für die unterschiedlichen AP eingesetzten Ressourcen und die Faktoren, die für die Evaluierung ihrer Effizienz berücksichtigt wurden, sind in Tabelle 5.3 bzw. 5.4 zusammengefasst.

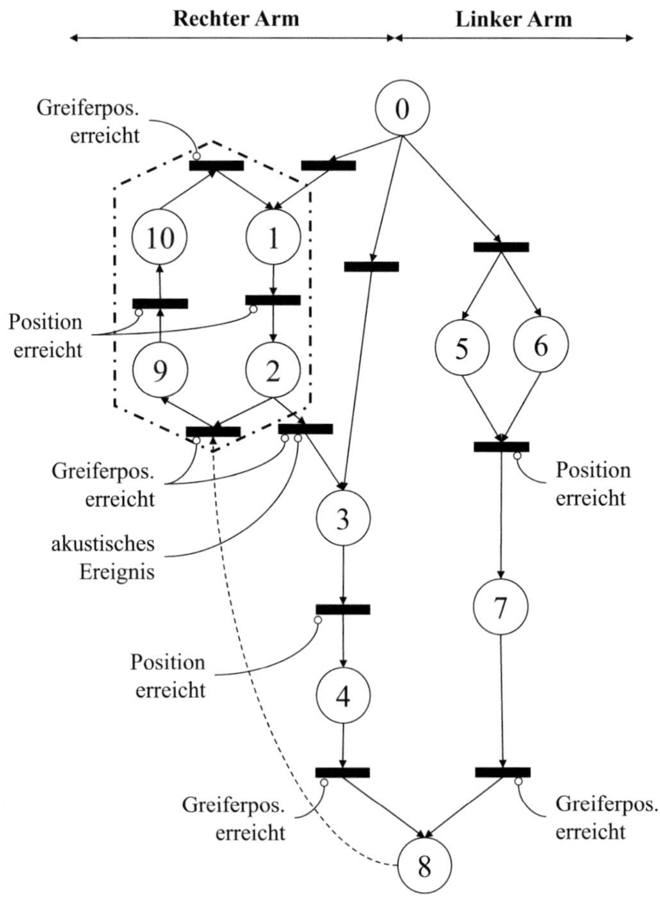

Abbildung 5.30: Teilnetz zur Modellierung des Simulationsszenarios

	Aktionsprimitiv	beteiligte Ressourcen
0	Startzustand	-
1	Bewegung zur Abstellposition	rechter Arm
2	Öffnen des Greifers	Greifer
3	Visuell geregelte Bewegung mit Stereokamera	rechter Arm, Stereokamera, Objekt
4	Schließen des Greifers	Greifer, Objekt
5	Visuell geregelte Bewegung mit Stereokamera	linker Arm, Stereokamera, Objekt
6	Visuell geregelte Bewegung mit Handkamera	linker Arm, Handkamera, Objekt
7	Schließen der Hand	Hand, Objekt
8	Zielzustand	-
9	Bewegung zur Abholposition	rechter Arm
10	Schließen des Greifers	Greifer, Objekt

Tabelle 5.3: Ressourcen, die für die Ausführung der verschiedenen AP eingesetzt werden

Ressource	Einflussfaktoren
Rechter Arm	Abstand zum Objekt, Zustand der Motoren, Verfügbarkeit
Linker Arm	Abstand zum Objekt, Zustand der Motoren, Verfügbarkeit
Stereokamera	Helligkeit, Rauschen, Arbeitsbereich, Verfügbarkeit
Handkamera	Helligkeit, Rauschen, Arbeitsbereich, Verfügbarkeit
Greifer	Verfügbarkeit
Hand	Verfügbarkeit
Objekt	Verfügbarkeit

Tabelle 5.4: Faktoren für die Effizienzevaluierung der verschiedenen Ressourcen

Die Methode zur Schätzung der Qualität der zwei *optischen Sensoren* wurde bereits in Abschnitt 5.2.1.2 dargestellt. Ihre Verfügbarkeit wird aufgrund der modularen Kommunikationsstruktur (siehe Kapitel 4) in zwei Komponenten aufgeteilt:

- Verfügbarkeit des Sensors (der Sensor ist ansprechbar und für keine andere Aufgabe eingesetzt);
- Verfügbarkeit der Kommunikation zwischen Sensor und Roboter.

Die Qualität eines *Roboterarmes* wird stattdessen anhand des Abstandes seines Endeffektors zum Objekt und der Funktionsfähigkeit der einzelnen Achsengetriebe berechnet. Der Zustand jedes Motors wird durch sein Residuum (siehe Abschnitt 3.3) ausgewertet. Die entsprechenden Zugehörigskeitsfunktionen sind in Abbildung 5.31 abgebildet. Der Schwellwert $R_{\mathrm{thr},i}$ und das Maximum $R_{\max,i}$ werden in Abhängigkeit der betrachteten Achse ($i = 1 \ldots 7$) bestimmt. Der Regelsatz wird so aufgebaut, dass ein hohes Residuum oder ein großer Abstand zwischen Endeffektor und Objekt für eine schlechte Qualität des Armes sorgt.

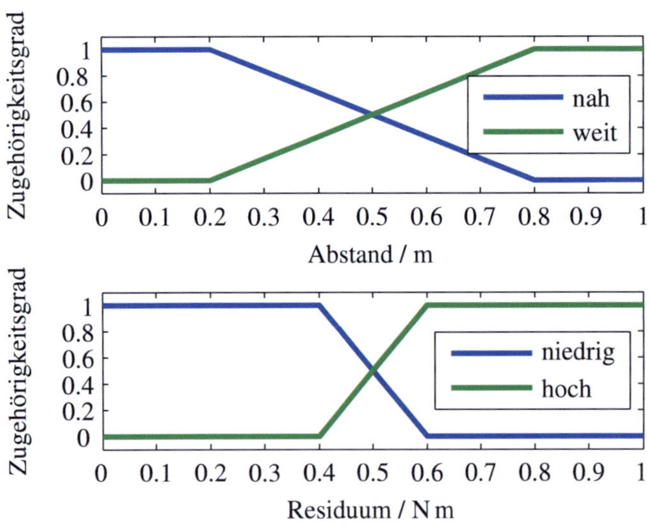

Abbildung 5.31: Zugehörigskeitsfunktionen zur Evaluierung der Qualität der Roboterarme

Für eine Feineinstellung des Entscheidungsprozesses könnten Zugehörigkeitsfunktionen und Regelsätze mit Hilfe der bei vorherigen Ausführungen gesammelten Erfahrungen adaptiert werden. Der Roboter könnte in Abhängigkeit vom Erfolg der schon ausgeführten Aufgaben bzw, AP die Parametrisierung der einzelnen Zugehörigkeitsfunktionen sowie die Gewichtungen der eingesetzten Regeln modifizieren. Ein solcher Lernprozess wurde bereits teilweise untersucht, wird aber in den folgenden Simulationen nicht berücksichtigt.

Die Verfügbarkeit der *Endeffektoren* ist von ihrem aktuellen Greifzustand abhängig. Hat der Endeffektor bereits ein Objekt gegriffen, ist er nicht für andere Aufgaben verfügbar. Die Verfügbarkeit der Hand kann nur anhand ihrer Position (geschlossen oder geöffnet) ermittelt werden. Für die Bestimmung der Verfügbarkeit des Greifers könnte zusätzlich auch die Messung des taktilen Arrays miteinbezogen werden (eine gemessene Kraft deutet auf ein gegriffenes Objekt). Da aber die Generierung von Kontaktkräften in der implementierten Simulation auf Basis der Greiferöffnung erfolgen würde, wird auch für den Greifer die Verfügbarkeit nur anhand seiner Öffnung berechnet.

Letztlich wird die Verfügbarkeit des zu greifenden *Objekts* aus der Kameramessungen berechnet. Ist das Objekt innerhalb eines bestimmten Zeitfensters von mindestens einer der zwei Kameras erfasst, wird seine Verfügbarkeit zu 1 gesetzt. Falls keine Lokalisierung erfolgreich abgeschlossen wird, bleibt sie stattdessen 0.

Der Affinität von AP_5 („visuell geregelte Bewegung mit Stereokamera“) wird in Vergleich mit AP_6 („visuell geregelte Bewegung mit Handkamera“) der Wert 0.8 zugewiesen. Alle andere Affinitäten werden zu 1 gesetzt. Für die Berechnung aller Nutzwerte wird der Faktor z auf 1 gesetzt (siehe Gleichung (3.23)), d. h. es wird der Effizienz und der Affinität die gleiche Gewichtung im Entscheidungsprozess gegeben.

Die Ergebnisse verschiedener Simulationsvorgänge werden im Folgenden gezeigt. Die Position des zu greifenden Objekts wird variiert und die entsprechenden Reaktionen des Roboter analysiert.

Greifvorgang eines stehenden Objekts mit rechtem Arm. In diesem ersten Simulationsszenario fällt das Objekt im Arbeitsbereich des rechten Endeffektors herunter. Die laufende „Pick & Place“-Aufgabe wird durch das akustische Ereignis in zwei unterschiedlichen Zeitpunkten unterbrochen:

- Das Objekt fällt während der „Pick“-Phase herunter: In dieser Bewegungsphase ist der Greifer schon frei und der Roboter kann die Bewegung zum Greifen des Objekts direkt beim Antreten des akustischen Signals starten.

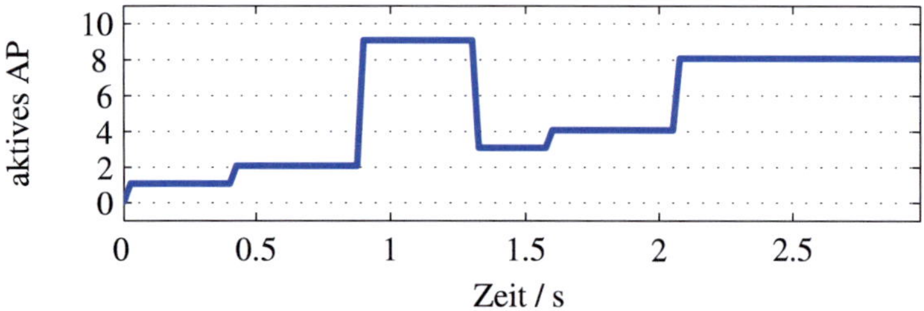

(a) Ausgeführte diskrete Zustände

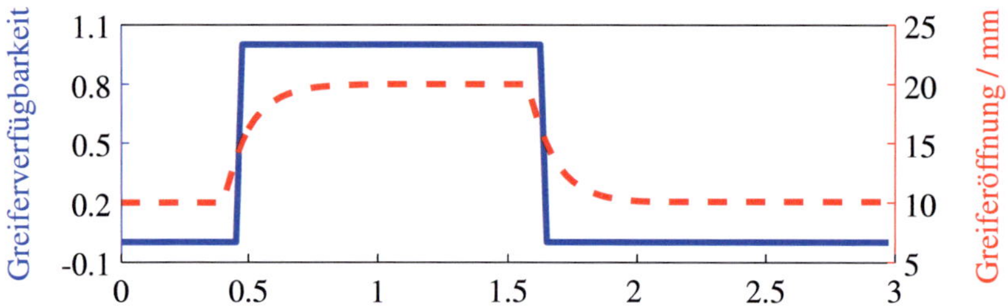

(b) Greiferöffnung und -verfügbarkeit

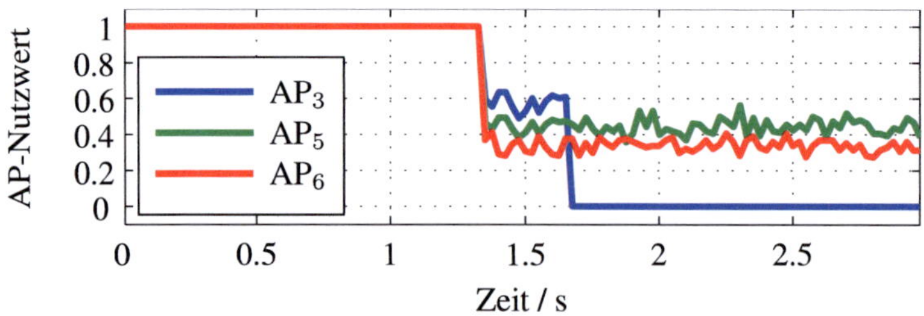

(c) Nutzwerte der zur Auswahl stehenden AP

Abbildung 5.32: Greifvorgang mit akustischem Ereignis während der „Pick"-Phase

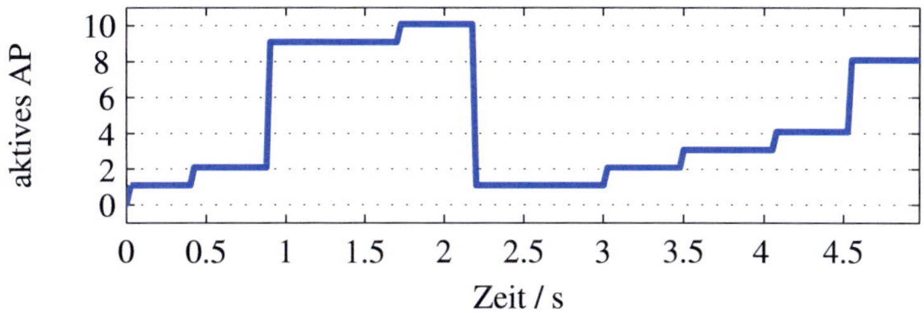

(a) Ausgeführte diskrete Zustände

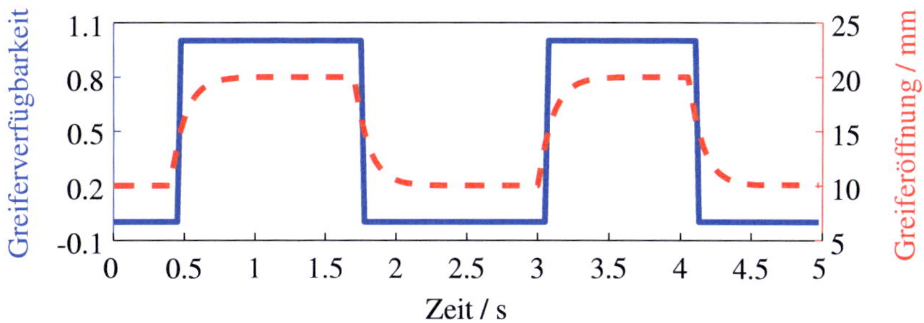

(b) Greiferöffnung und -verfügbarkeit

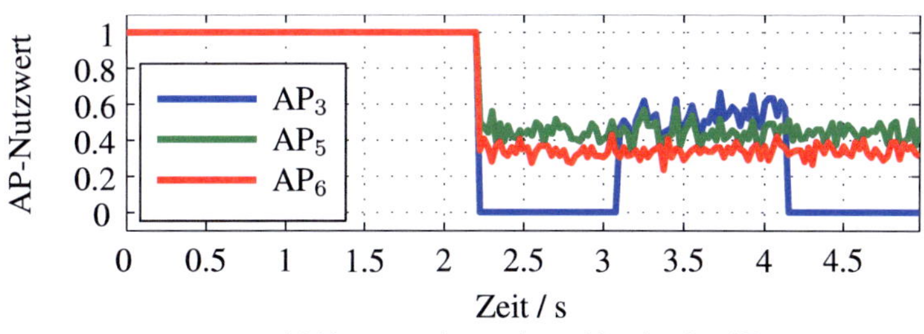

(c) Nutzwerte der zur Auswahl stehenden AP

Abbildung 5.33: Greifvorgang mit akustischem Ereignis während der „Place“-Phase

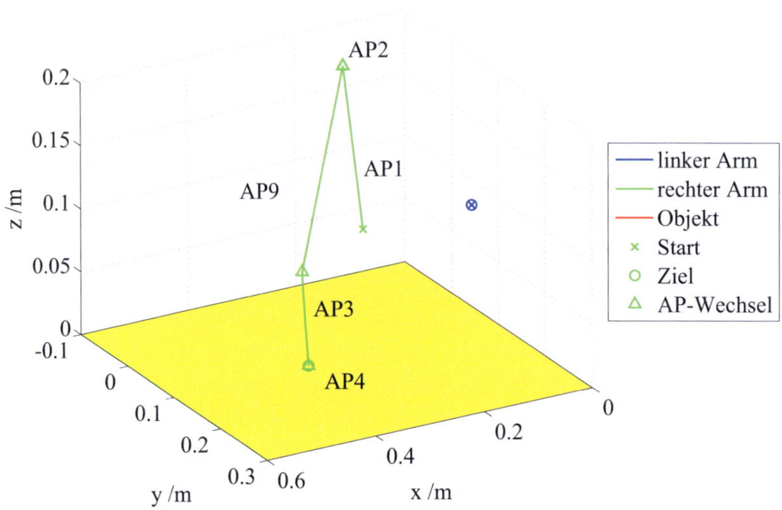

Abbildung 5.34: Trajektorie der Endeffektoren für einen Greifvorgang mit akustischem Ereignis während der „Pick"-Phase

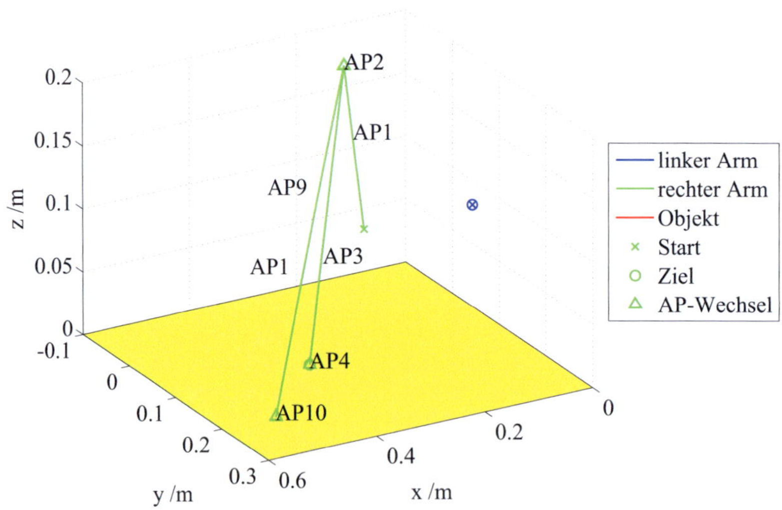

Abbildung 5.35: Trajektorie der Endeffektoren für einen Greifvorgang mit akustischem Ereignis während der „Place"-Phase

- Das Objekt fällt während der „Place"-Phase herunter: Das getragene Objekt muss erst abgesetzt werden, bevor der Greifvorgang durchgeführt werden kann.

In den Abbildungen 5.32 und 5.33 sind die Zeitverläufe der repräsentativsten Variablen dargestellt. Die diskreten Zustände in Abbildung 5.32a und 5.33a weisen auf die Zustände des Netzes in Abbildung 5.30 hin. Wie schon angedeutet tritt das akustische Ereignis im ersten simulierten Durchlauf auf, wenn der Zustand 9 noch aktiv ist (bei 1.3 Sek.), im zweiten dagegen während der Durchführung des Zustandes 10 (bei 2 Sek.). Aufgrund der gemessenen Öffnung des Greifers wird seine Verfügbarkeit ermittelt (siehe Abbildungen 5.32b und 5.33b), die dann in die Berechnung der Effizienz des entsprechenden AP einfließt. In den Abbildungen 5.32c und 5.33c sind einige Nutzwerte dargestellt, die die Entscheidung des Roboters beeinflussen. Die dynamische Aktualisierung dieser Gewichte wird gestartet sobald das Objekt heruntergefallen ist. Beim Auftritt des Geräusches mit freiem Greifer ist der Nutzwert des AP_3 der höchste Nutzwert aufgrund des niedrigeren Abstandes des Objekts zum rechten Endeffektor. In dem betrachteten Netz führt das zur direkten Auswahl des Pfades $3 \rightarrow 4 \rightarrow 8$. Im zweiten Fall steigt aber der Nutzwert des AP_3 nur nach dem Absetzen des Objekts (AP_2), weil die Verfügbarkeit des Greifers wieder zu 1 gesetzt wird (siehe Abbildung 5.33b). Auch wenn AP_3 keine optimale Wahl in direktem Vergleich mit 5 und 6 ist, wird der Pfad $1 \rightarrow 2 \rightarrow 3 \rightarrow 4 \rightarrow 8$ aufgrund des prädizierten Greiferzustandes nach der Ausführung von AP_2 ausgewählt (siehe Abbildung 5.32a). Die Trajektorien der Endeffektoren der Roboterarme in kartesischem Raum sind für beide Fälle in den Abbildungen 5.34 und 5.35 dargestellt.

Greifvorgang eines stehenden Objekts mit linkem Arm. In diesem zweiten analysierten Szenario wird das Fallen des Objekts im Bereich des Tisches simuliert, in dem das Greifen mit Hilfe des linken Armes stattfinden muss. Da in der Hand des linken Arms eine zusätzliche miniaturisierte Kamera integriert ist (siehe Abschnitt 4.1.2.4), hat der Roboter zwei optischen Sensoren, die für die Lokalisierung des Objekt eingesetzt werden können. Deshalb muss der Entscheidungsfindungsalgorithmus dafür sorgen, dass bei der Annäherung zum Objekt der bestgeeignete Sensoreinsatz gewährleistet wird.

In Abbildung 5.36a ist die Folge der angenommenen Zustände bei einem Greifvorgang ohne externe Störungen dargestellt. Nach der Identifikation des Fallgeräusches bewegt sich der Roboter in Richtung des Zieles unter abwechselnder Verwendung beider Kameras. Diese Umschaltung erfolgt auf Basis der Nutzwerten von AP_5 und AP_6 (siehe Abbildung 5.36b) und ist insbesondere

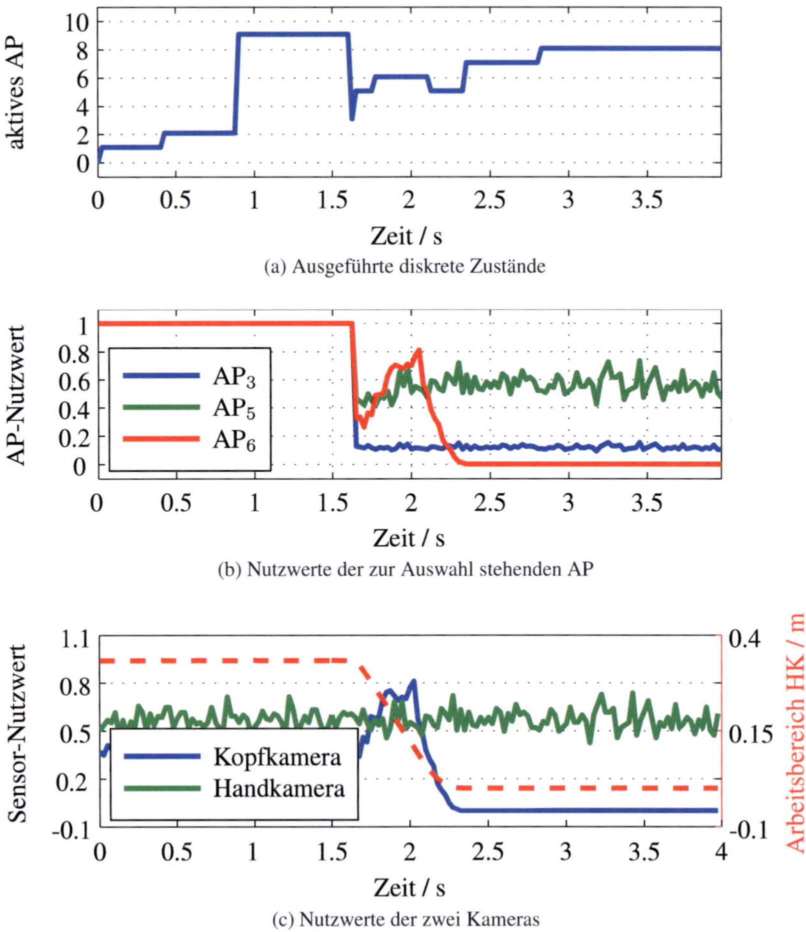

(a) Ausgeführte diskrete Zustände

(b) Nutzwerte der zur Auswahl stehenden AP

(c) Nutzwerte der zwei Kameras

Abbildung 5.36: Greifvorganges mit linkem Arm

aus den Nutzwerten der zwei Sensoren (siehe Abbildung 5.36c) nachzuvollziehen.

Die a priori optimale Wahl hinsichtlich Geschwindigkeit und Genauigkeit des Bildverarbeitungsalgorithmus für eine visuell geregelte Annäherung entspricht dem Einsatz der Handkamera. Das heißt, dass dem damit verbundenen AP ein Wert 1 für die Affinität zugeordnet wird. Das langsamere Lokalisierungsverfahren der Kopfkamera (siehe Abschnitt 4.1.2.1) wird durch eine Affinität 0.8 bestraft. Weil die Objektposition und die Beleuchtungsbedingungen während der Annäherungsphase konstant bleiben, ist die Effizienz der Kopfkamera (und daher ihr Nutzwert) nur vom Messrauschen dynamisch beeinflusst (siehe Tabelle 5.4). Die Effizienz der Handkamera ist dagegen vom verändernden Arbeitsbereich stark abhängig (siehe Abbildung 5.36c).

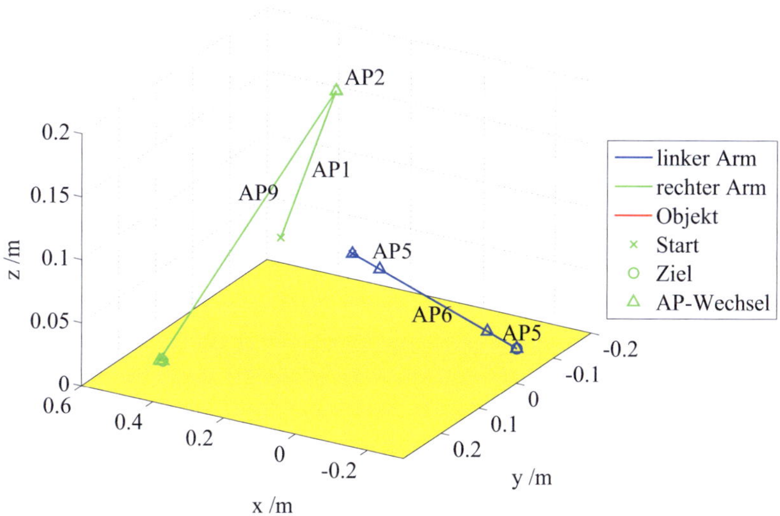

Abbildung 5.37: Trajektorie der Endeffektoren für einen Greifvorgang mit linkem Arm

Wenn die Handkamera noch weit weg vom Objekt ist, bleibt die Kopfkamera die beste Wahl (AP_5). Je näher die Hand kommt, desto genauer wird die Lokalisierung mit Hilfe der integrierten Kamera, die ihr optimaler Arbeitsbereich erreicht. Deshalb steigt der Nutzwert von AP_6 über den von AP_5 und der Roboter fährt die mittlere Strecke der Trajektorie (ca. von 1.77 bis 2.1 Sek.) anhand der Messungen der Handkamera. Am Ende wird die Bewegung noch

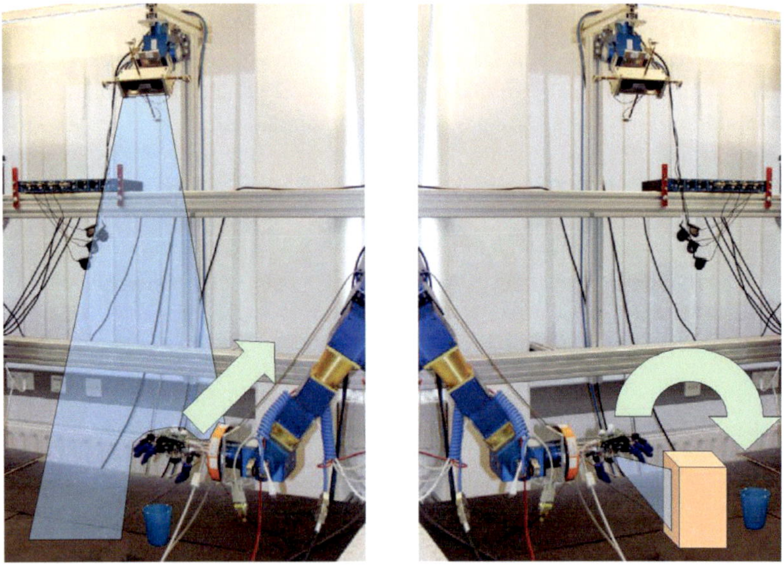

(a) Verdeckung der Kopfkamera (b) Verdeckung der Handkamera

Abbildung 5.38: Verdeckungen der optischen Sensoren

einmal mit Hilfe der Kopfkamera abgeschlossen (AP_5), weil die Handkamera so nah an das Objekt gekommen ist (Abstand ca. 7.5 cm), dass damit keine Lokalisierung mehr möglich ist (siehe Abbildung 5.37).

Greifvorgang eines stehenden Objekts mit linkem Arm trotz Verdeckungen. Die Informationen, die die Sensor-Nutzwerte mit sich bringen, werden besonders wichtig im Fall unerwarteter Ereignisse wie z. B. dynamische Verdeckungen oder unvorhergesehene Ausfälle der Sensoren. Anhand der berechneten Effizienzen ist der Roboter fähig die aktuelle Situation zu schätzen und eine passende Reaktion zu unternehmen.

Die Verdeckung einer Kamera wird zum Beispiel identifiziert, in dem keine neue Position gemessen wird (Effizienz = 0), obwohl der Sensor noch aktiv ist und seine Verbindung mit der Roboterregelung noch besteht (Verfügbarkeit = 1). Im Fall einer Verdeckung der Kopfkamera geht der Roboter davon aus, dass der Arm sich aufgrund der Annäherung zwischen Kopf und Objekt befindet (siehe Abbildung 5.38a). Um diese Annahme zu bestätigen und ein

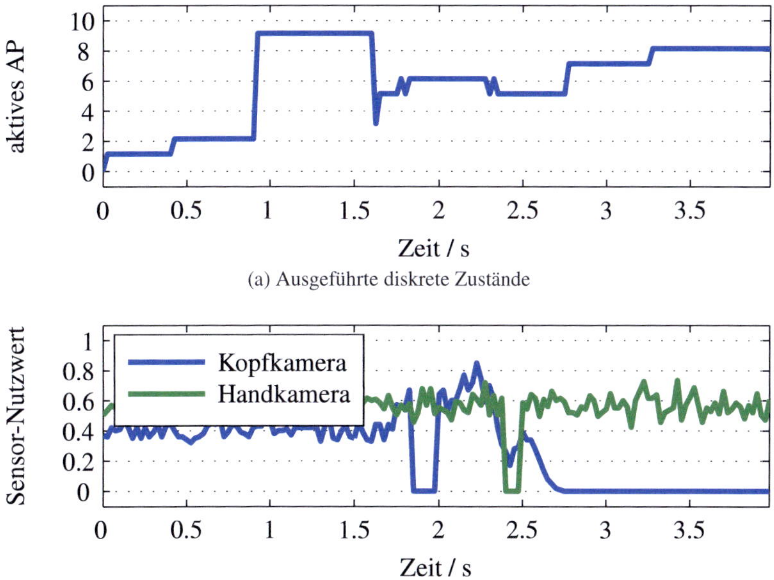

(a) Ausgeführte diskrete Zustände

(b) Nutzwerte der zwei Kameras

Abbildung 5.39: Greifvorgang mit linkem Arm trotz Verdeckungen

Defekt des Sensors auszuschließen, versucht er sich wieder freie Sicht durch eine seitliche Ausweichbewegung zu beschaffen. Für eine Verdeckung, die stattdessen die Handkamera betrifft, wird angenommen, dass ein Hindernis zwischen Hand und Objekt aufgetaucht ist. Deshalb wird versucht, diese Situation mit einer vertikalen Ausweichbewegung zu beheben, bis die Handkamera wieder freie Sicht hat (siehe Abbildung 5.38b). Falls trotz Ausweichbewegung kein Objekt von der eingesetzten Kamera wiedererkannt wird, kann auf einen Defekt des Sensors geschlossen werden. Wird das Objekt von keiner der beiden Kameras mehr erkannt, kann die Aufgabe nicht erfolgreich ausgeführt werden (entweder ist das Objekt verschwunden oder beide Sensoren sind defekt).

In Abbildung 5.39 sind die Zeitverläufe einer Simulation mit Verdeckungen dargestellt. Die Zeitintervalle der zwei Verdeckungen sind deutlich in Abbildung 5.39b in Übereinstimmung mit der Senkung der Nutzwerte auf 0 zu sehen. Die Trajektorie des Roboters wird entsprechend angepasst, sodass die Hindernisse umgegangen werden und das Objekt erfolgreich gegriffen wird (siehe Abbildung 5.40).

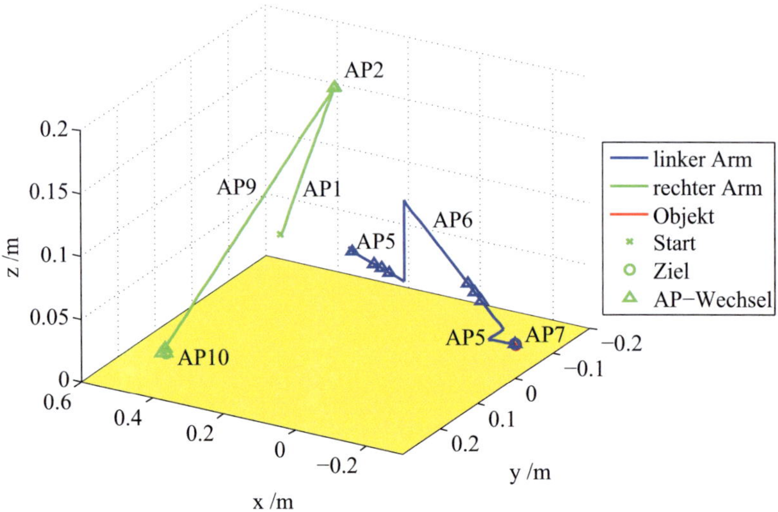

Abbildung 5.40: Trajektorie der Endeffektoren für einen Greifvorgang mit linkem Arm trotz Verdeckungen

Greifvorgang eines beweglichen Objekts. Als letztes analysiertes Szenario wird das Greifen eines Objekts betrachtet, welches eine sinusförmige Bewegung entlang einer Achse macht. Aufgrund der zyklischen Änderung des relativen Abstandes des Objekts zu den Endeffektoren (siehe Abbildungen 5.41d und 5.43d) werden auch die berechneten Nutzwerte für die zwei Arme annähernd periodisch (siehe Abbildungen 5.41c und 5.43c).

Ohne die Miteinbeziehung einer Zustandsprädiktion oder die Einführung eines Gedächtnisfaktors (siehe Gleichung (3.13)) in der Berechnung der Effizienzen führt das zu einer ständigen Änderung des aktiven Roboterzustandes (siehe Abbildung 5.41a). Das bedeutet in diesem Fall, dass der Einsatz zwischen linkem und rechtem Arm (AP_5 und AP_6 bzw. AP_3) immer wieder alterniert wird, ohne die Greifaufgabe erfolgreich abschließen zu können (siehe Abbildung 5.42). Durch den Gedächtnisfaktor γ wird aber der Roboter befähigt, aus vorherigen Entscheidungen zu lernen. Jedem AP, das ohne das Erreichen des Zieles abgebrochen wird, wird ein Wert für γ zugeordnet, der seine Effizienz vermindert. Auf diese Art und Weise wird eine schnelle Rückkehr in einen gerade verlassenen Zustand erschwert. Eine zu starke Verringerung der Werte kann aber dazu führen, dass die damit verbundenen Pfade im Entscheidungs-

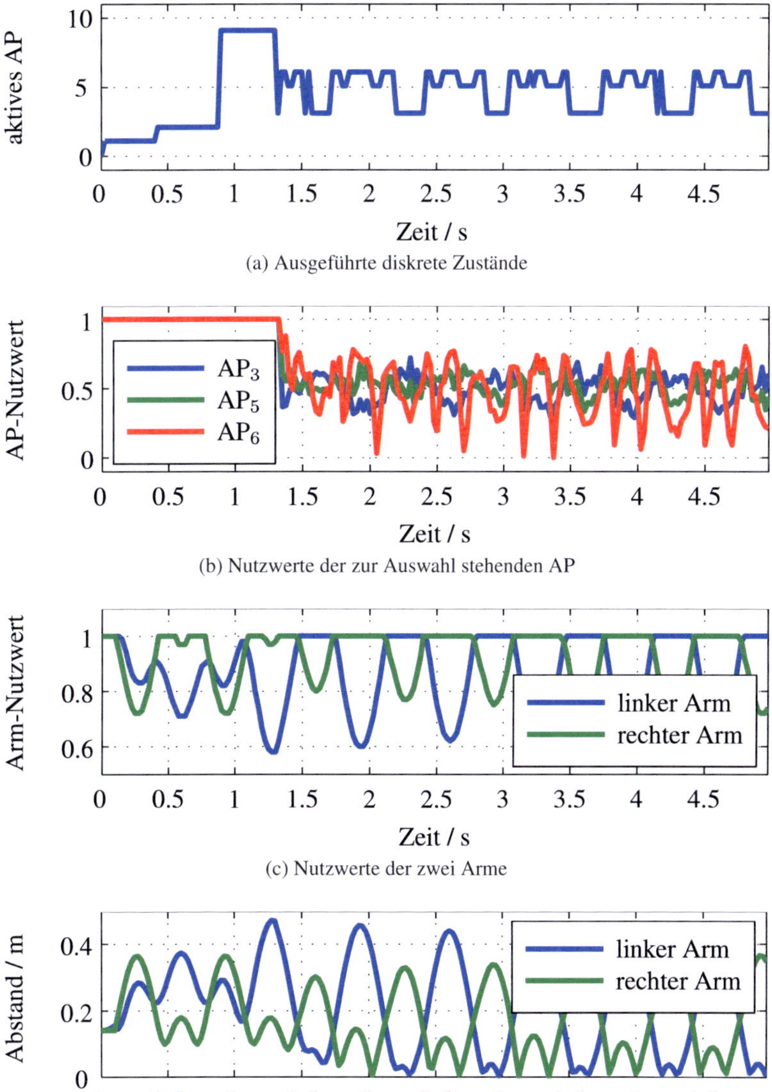

(a) Ausgeführte diskrete Zustände

(b) Nutzwerte der zur Auswahl stehenden AP

(c) Nutzwerte der zwei Arme

(d) Abstände zwischen Endeffektor und Objekt

Abbildung 5.41: Erfolgloser Greifvorgang eines beweglichen Objekts

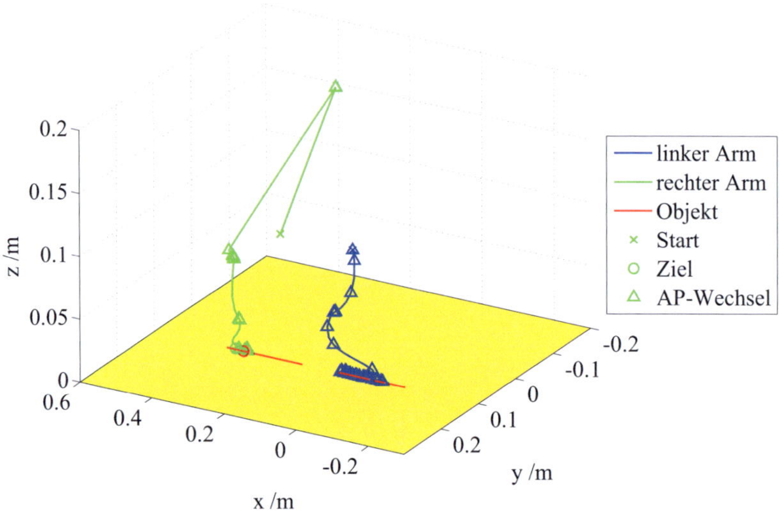

Abbildung 5.42: Trajektorie der Endeffektoren für einen erfolglosen Greifvorgang eines beweglichen Objekts

prozess nicht mehr berücksichtigt werden. Deshalb wird ein Vergessensfaktor eingeführt, der eine exponentielle Steigerung von γ realisiert, sodass nach einer bestimmten Zeit die Bestrafung vergessen und der Anfangswert wiederhergestellt wird. Die in Abbildung 5.43 dargestellten Ergebnisse wurden mit einem γ erzielt, das iterativ mit einem Wert 0.7 bestraft wird und das jeden Regelungstakt vergessen wird (siehe Gleichung (5.5)). Auf diese Weise wird jede Bestrafung nach ca. 300 Schritte ($\approx$ 7.5 Sek.) komplett abgebaut (siehe Abbildung 5.45).

$$\gamma_{t+1} := \begin{cases} 0.7 \cdot \gamma_t & \text{falls Bestrafung} \\ 1 - (1 - \gamma_t) \cdot 0.98 & \text{sonst} \end{cases} \tag{5.5}$$

Die Bewegung des Objekts hat trotz der Einführung des Gedächtnisfaktors immer eine unruhige Abwechselung der Zustände zur Folge. Ein Arm wird aber bevorzugt und die Konvergenz des Entscheidungsprozesses sichergestellt (siehe Abbildung 5.43a), sodass das Greifen erfolgreich abgeschlossen werden kann (siehe Abbildung 5.44).

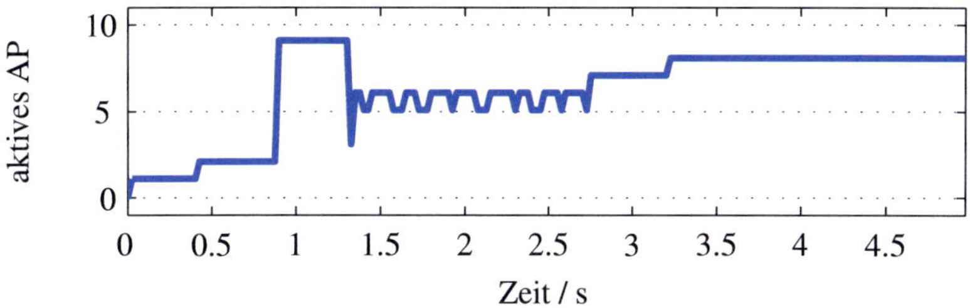

(a) Ausgeführte diskrete Zustände

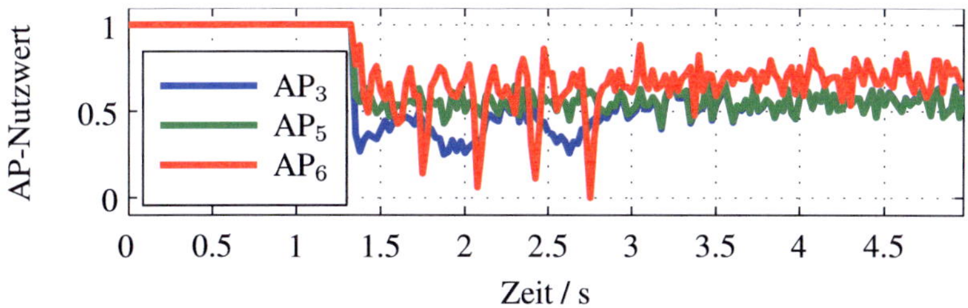

(b) Nutzwerte der zur Auswahl stehenden AP

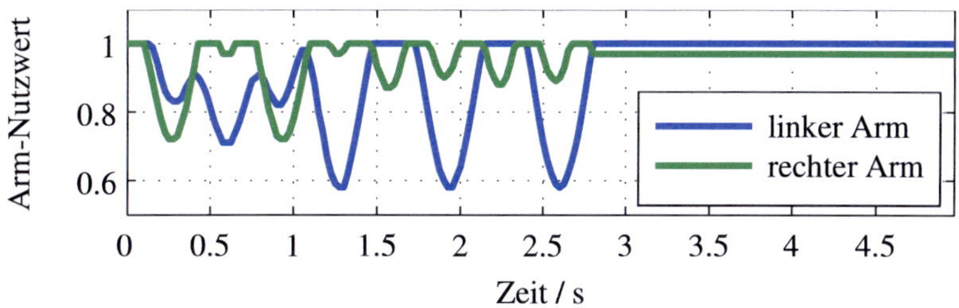

(c) Nutzwerte der zwei Arme

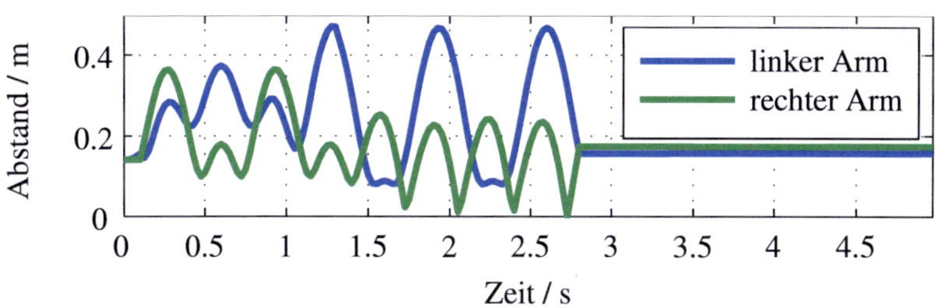

(d) Abstände zwischen Endeffektor und Objekt

Abbildung 5.43: Erfolgreicher Greifvorgang eines beweglichen Objekts

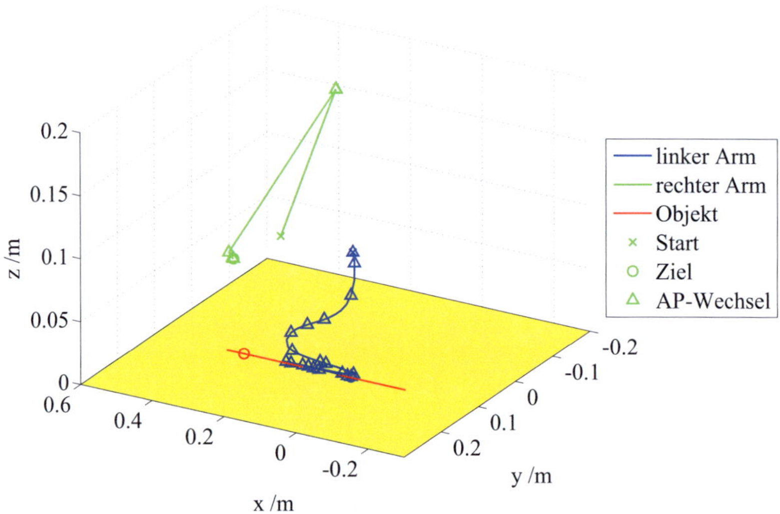

Abbildung 5.44: Trajektorie der Endeffektoren für einen erfolgreichen Greifvorgang eines beweglichen Objekts

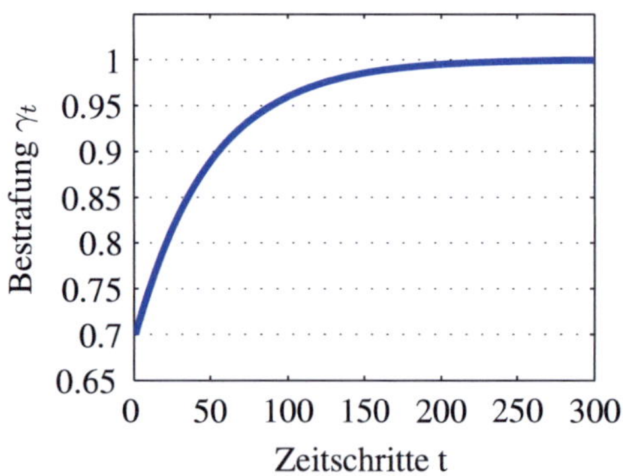

Abbildung 5.45: Beispielhafter Abbau der Bestrafung

5.2.1.4 Bewertung

Die zahlreichen durchgeführten Simulationen, von denen in dieser Arbeit nur einige aussagekräftige Ergebnisse präsentiert wurden, haben gezeigt, dass das entwickelte Konzept dafür geeignet ist, optimale Entscheidungen in einer dynamischen Umgebung zu treffen. Die Einführung einer Effizienz E und einer Affinität a zur Zusammenfassung der Informationen über die eingesetzten Ressourcen hat sich für die Berechnung einer Nutzenfunktion ν (siehe Gleichung (3.23)), die den Entscheidungsprozess unterstützt, als geeignet erwiesen. Dank einer Fuzzy-Bewertung wurde die Qualität ϑ auf eine transparente Art und Weise auf Basis von Expertenwissen berechnet. Das gesamte Konzept hat aber auch eine Flexibilität hinsichtlich der Bewertung der Effizienz bewiesen, die der Einsatz von anderen Algorithmen ermöglichen kann. Auch die theoretischen Überlegungen über die Auswertung der Effizienz auf AP-Ebene (siehe Abschnitt 3.6.3.3) wurden von den simulierten Ergebnissen bestätigt. Die vorgestellte Methode wurde mit unterschiedlichen Szenarien validiert und hat sich in allen analysierten Situationen sowohl für die dynamische Auswahl der als nächsten auszuführenden Aktion als auch für die der einzusetzenden Sensoren erfolgreich bewährt. Die durch Simulationen gewonnenen Erkenntnisse werden jetzt für die experimentelle Erprobung verwendet.

5.2.2 Experimentelle Untersuchungen

Die vorgestellten simulierten Szenarien wurden dann auf der Versuchsplattform am IOSB (siehe Kapitel 4) implementiert, um die entwickelten Konzepte auch experimentell erproben zu können. Dafür wurden die notwendigen Algorithmen in der grundlegenden Software-Architektur (siehe Abschnitt 4.2.1) integriert und validiert.

Um die geplante Aktionssequenz realisieren zu können, werden die erforderlichen AP aus der gesamten Menge der zur Verfügung stehenden AP ausgewählt (siehe Abschnitt 4.2.2) und so verkettet, dass das gesamte Szenario im `CDemo`-Objekt `DemoDecisionMaking` modelliert werden kann. Eine dynamische Visualisierung des so erstellten Graphen und seiner aktuellen Kantengewichte wird mit Hilfe der Software AiSee® erzielt und per Netzwerk (TCP/IP-Protokoll) vom Hauptprogramm gesteuert. Der gefundene optimale Pfad wird immer rot markiert, der aktuelle und der Startzustand werden grün dargestellt und eventuelle parallel aktivierte Zustände blaugrün hervorgehoben.

Der Graph in Abbildung 5.46 ist aus den PN in Abbildung 5.30 erzeugt. Im Vergleich mit der simulierten Aufgabe werden zwei zusätzlichen neuen Stellen (11 und 12) hinzugefügt, die sowohl eine Konsistenzprüfung der Objektposition als auch eine Vorpositionierung der Arme modellieren. Einerseits muss die anhand der Akustik grob geschätzte Position mit der visuell erzielten Position verglichen werden. Nur so kann sicher gestellt werden, dass das Objekt lokalisiert wird, welches das Geräusch ausgelöst hat. Anderseits ist eine Ausweichbewegung des Armes erforderlich, um der Stereokamera freie Sicht zu schaffen, falls die Geräuschquelle verdeckt ist. Zusätzlich muss der linke Arm so positioniert werden, dass auch die Handkamera das Objekt in ihrem Sichtfeld hat. Ein Überblick dieses Prozesses ist durch das Ablaufdiagramm in Abbildung 5.47 gegeben.

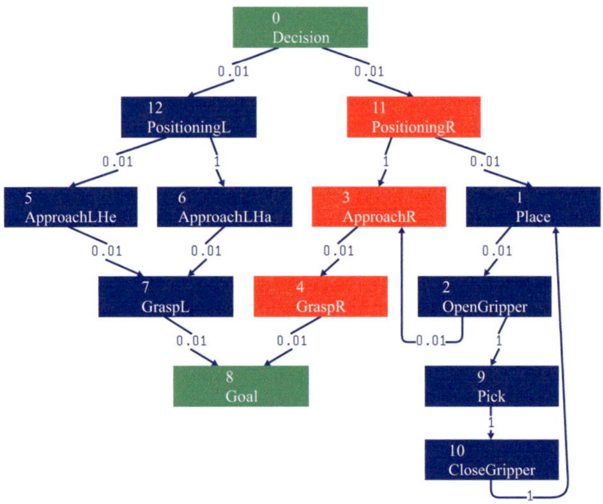

Abbildung 5.46: Beispiel eines mit AiSee visualisierten Graphen für einen Greifvorgang mit akustischem Ereignis während der „Pick“-Phase

Das Geräusch wird vom Absetzen eines blauen Bechers auf einem Tisch verursacht. Der Tisch ist 1.54 m lang und befindet sich zwischen den zwei Roboterarmen auf einer Höhe von 9 cm (relativ zum Weltkoordinatensystem). Die „Pick & Place“-Aufgabe wird durch kontinuierliches Abheben und Absetzen eines Holzklotzes realisiert. Der gesamte Versuchsaufbau mit dem entsprechenden Tisch-Koordinatensystem ist in Abbildung 5.48 zu sehen.

Die Hauptfunktionalitäten des Entscheidungsprozesses werden jeden Regelungstakt (ca. jede 25 ms) vom `Ctrl`-Thread gesteuert. Unter anderem wer-

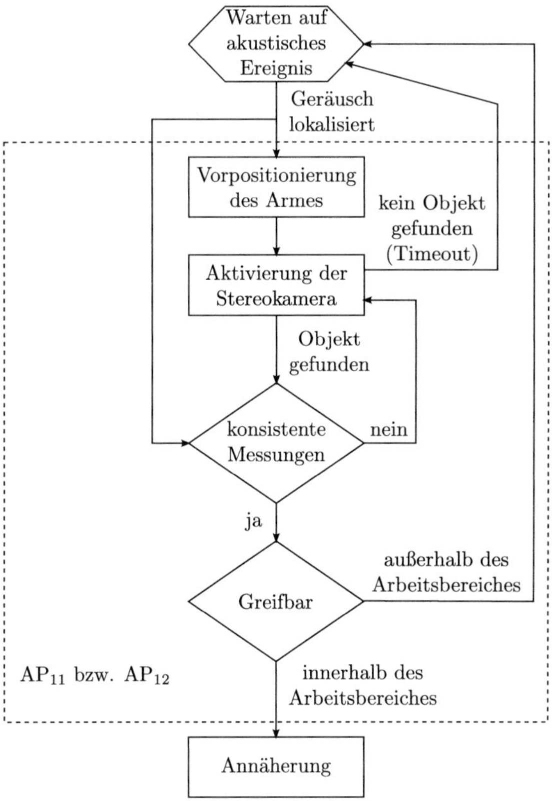

Abbildung 5.47: Grobes Ablaufdiagramm der Zustände 11 und 12

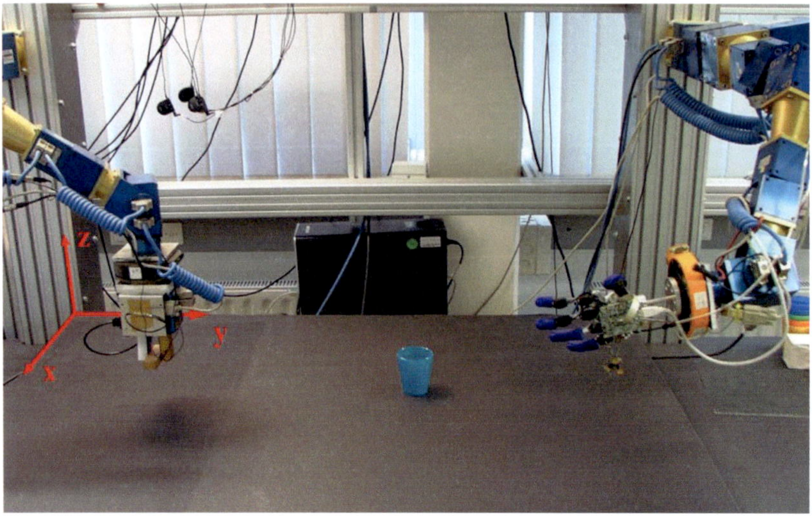

Abbildung 5.48: Versuchsaufbau für die Realisierung des vorgestellten Szenarios

den die Effizienzen der Ressourcen aktualisiert, die Kanten des Graphen entsprechend neu gewichtet und der optimale Pfad unter Verwendung des Dijkstra-Algorithmus berechnet. Die zu aktivierenden Aktionsprimitive werden dann verwaltet. Eine Visualisierung des aktuellen Graphen kann im Fall eine Änderung des diskreten Zustandes erfolgen und relevante Daten können gespeichert werden.

Für die Bewertung einer einzelnen Ressource wird in der Klasse, die das entsprechende Hardware-Objekt verwaltet (siehe Tabelle 4.3), eine Funktion hinzugefügt, die laut der Abhängigkeiten in Tabelle 5.4 und unter Verwendung der Flip++ Bibliothek (siehe Abschnitt B.2) ihre Effizienz anhand zugeschnittener Fuzzy-Klassifikatoren ermittelt. Die für dieses Szenario a priori festgelegten Affinitäten sind in Tabelle 5.5 zusammengefasst. Der linke Arm wird bevorzugt, weil er über eine mehrgliedrige Hand verfügt und ist daher für das Greifen beliebiger Objekte geeigneter. Eine Annäherung anhand der Handkamera wird dann aufgrund der höheren Messrate und -genauigkeit einer Bewegung mit Hilfe der Stereokamera vorgezogen.

Aktionsprimitiv	Affinität
Greifen mit linkem Arm	1.0
Greifen mit rechtem Arm	0.9
Bewegung mit Handkamera	1.0
Bewegung mit Stereokamera	0.9

Tabelle 5.5: Affinitäten der verschiedenen Aktionsprimitive

5.2.2.1 Experimentelle Ergebnisse

Alle simulierten Situationen, die schon im Abschnitt 5.2.1.3 vorgestellt wurden, unterlagen auch einer experimentellen Erprobung. Die Ergebnisse dieser Erprobung werden in diesem Abschnitt präsentiert.

Greifvorgang eines stehenden Objekts mit rechtem Arm. Als erster Versuch wird der Becher auf die rechte Seite des Tisches abgesetzt. In Abhängigkeit von der aktuellen Situation kann das Auftreten dieses Geräusches unterschiedliche Konsequenzen auf der Planung der Roboterstrategie haben. Wenn das akustische Ereignis während der „Pick“-Phase detektiert wird, ist der Greifer noch frei (Effizienz = 1) und der Roboter kann den Becher direkt greifen (Pfad in Abbildung 5.46). Wenn aber das Geräusch während der „Place“-Phase erfasst wird, ist der Greifer schon belegt (Effizienz = 0) und der Roboter muss erst das gegriffene Objekt absetzen, um die Ressource wieder frei zu geben. Der entsprechende Pfad ist in Abbildung 5.50 dargestellt.

Die Ergebnisse der ersten erwähnten Situation sind in Abbildung 5.49 angezeigt. Während der Ausführung des AP_2 „`OpenGripper`“ (siehe Abbildung 5.49a, bei ca. 18 Sek.) wird der Stoß des Bechers auf dem Tisch wahrgenommen. Die Entscheidung, die zur Auswahl des rechten Armes führt, ist von den Effizienzen der zwei Arme getrieben, die vom Abstand des Endeffektors zum Becher stark abhängig sind (siehe Abbildung 5.49c). Die Effizienz des Greifers, die aufgrund der Greiferöffnung und der Greifkraft berechnet wird, ist zu diesen Zeitpunkt gleich 1 (siehe Abbildung 5.49b). Deshalb bricht der Roboter seine Aufgabe sofort ab und kann sich an den Becher annähern, um ihn zu greifen. Die resultierende 3D-Trajektorie der beiden Endeffektoren ist in Abbildung 5.51 dargestellt. Die für das Greifen des Bechers erforderliche Zielposition liegt bei $z \approx 15$ cm, da der Becher höher als der Klotz ist.

In der zweiten Situation verändern sich die Effizienzen der zwei Arme kaum im Vergleich mit dem vorherigen Verlauf (siehe Abbildung 5.52c). Was

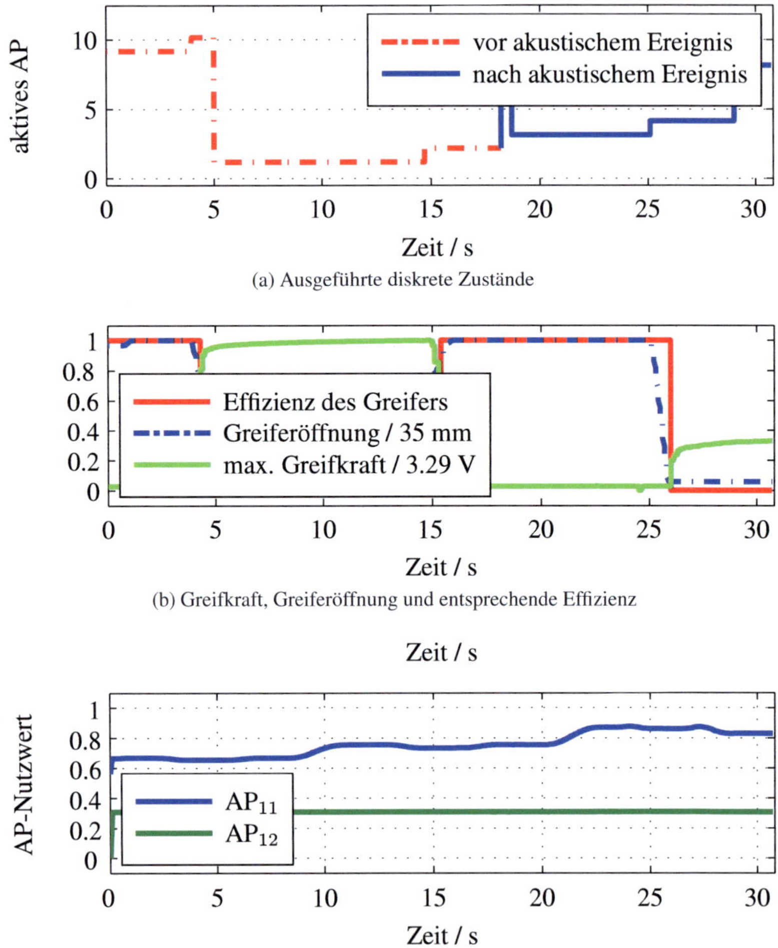

(a) Ausgeführte diskrete Zustände

(b) Greifkraft, Greiferöffnung und entsprechende Effizienz

(c) Nutzwerte der zur Auswahl stehenden AP

Abbildung 5.49: Greifvorgang mit akustischem Ereignis während der „Pick“-Phase

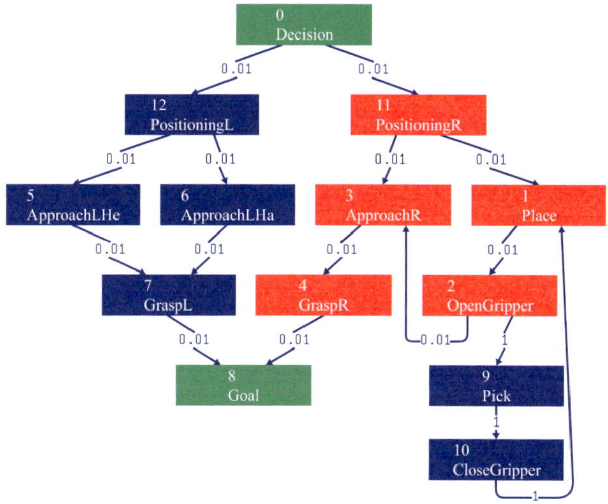

Abbildung 5.50: Graph für einen Greifvorgang mit akustischem Ereignis während der „Place"-Phase

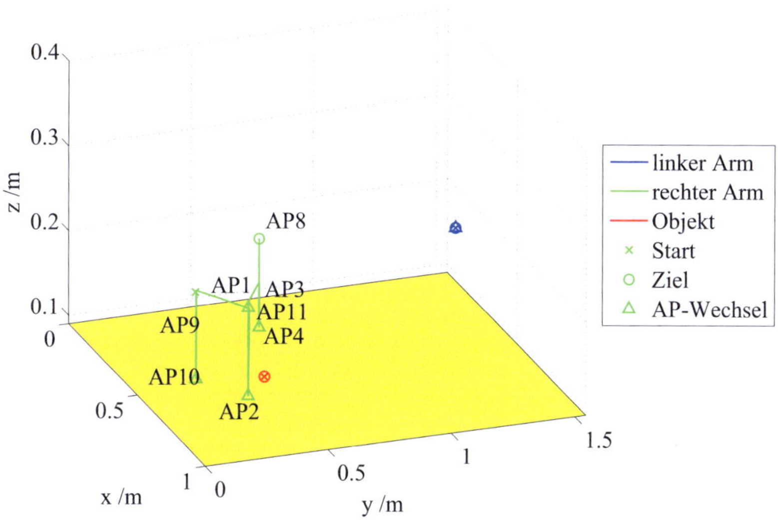

Abbildung 5.51: Trajektorie der Endeffektoren für einen Greifvorgang mit akustischem Ereignis während der „Pick"-Phase

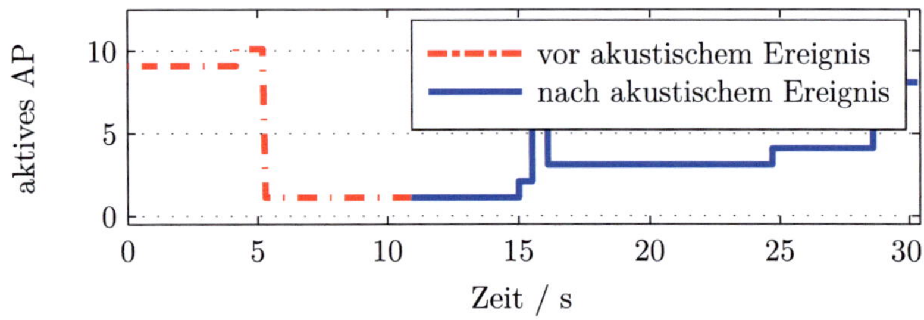

(a) Ausgeführte diskrete Zustände

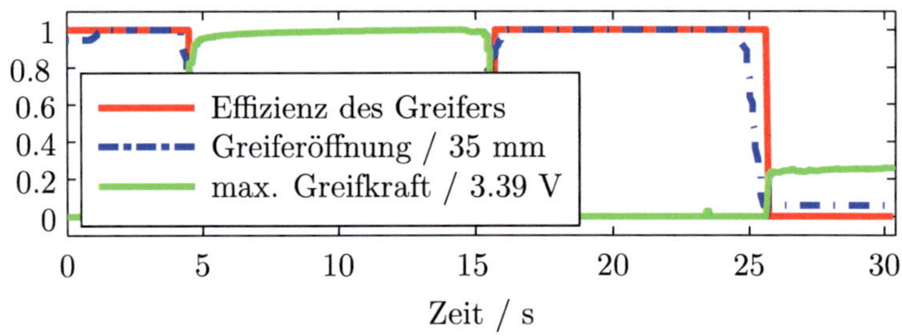

(b) Greifkraft, Greiferöffnung und entsprechende Effizienz

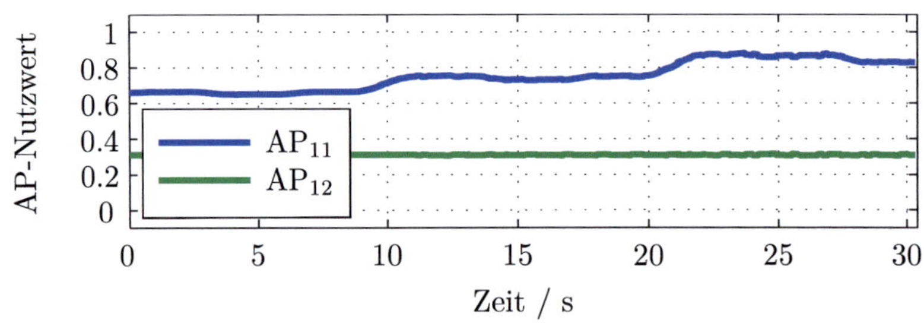

(c) Nutzwerte der zur Auswahl stehenden AP

Abbildung 5.52: Greifvorgang mit akustischem Ereignis während der „Place“-Phase

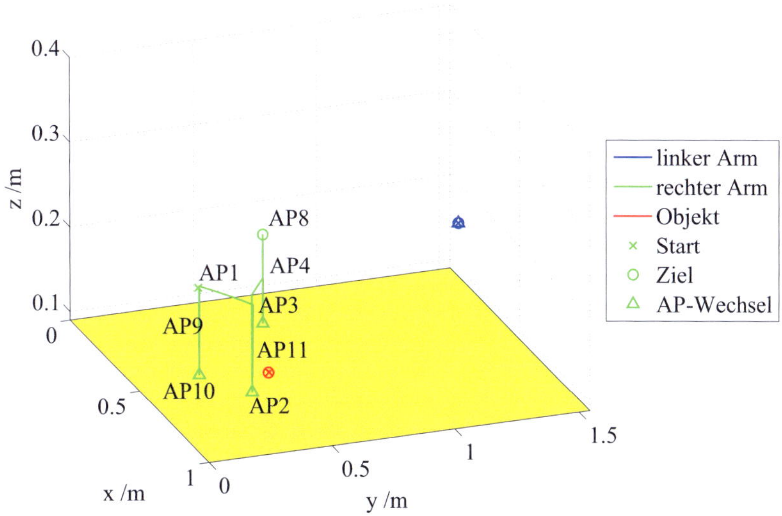

Abbildung 5.53: Trajektorie der Endeffektoren für einen Greifvorgang mit akustischem Ereignis während der „Place"-Phase

aber in diesem Fall für die Planung entscheidend ist, ist die Effizienz des Greifers. Sie hat beim Auftreten des akustischen Signals den Wert 0 (siehe Abbildung 5.52b), weil das AP_1 „`Place`" noch aktiv ist und der Roboter dabei ist, den Klotz zu tragen (siehe Abbildung 5.52a). Bevor er dann auf das neuen Ereignis reagieren kann, muss der „Place"-Prozess abgeschlossen werden. Nur wenn das Objekt abgesetzt wurde und der Greifer wieder frei ist (bei ca. 25 Sek.), kann der Roboter seine neue Greifaufgabe ausführen. Die entsprechende Trajektorie des rechten Endeffektors ist in Abbildung 5.53 dargestellt.

Greifvorgang eines stehenden Objekts mit linkem Arm. In diesem Experiment wird der Becher auf die linke Seite des Tisches abgesetzt, wie aus den Effizienzen der zwei Arme in Abbildung 5.54b deutlich zu sehen ist. Unter diesen Umständen kann der rechte Arm auch nach Auftreten des akustischen Ereignisses (bei ca. 9.5 Sek.) seine „Pick & Place"-Aufgabe ungestört fortsetzten, während der linke Arm für das Greifen des Bechers verantwortlich ist (z. B. Pfad in Abbildung 5.55 mit paralleler Aktivierung des AP_9). Für die dafür notwendige visuell überwachte Annäherung können dann sowohl die Kopf- als auch die Handkamera eingesetzt werden (AP_5 bzw. AP_6).

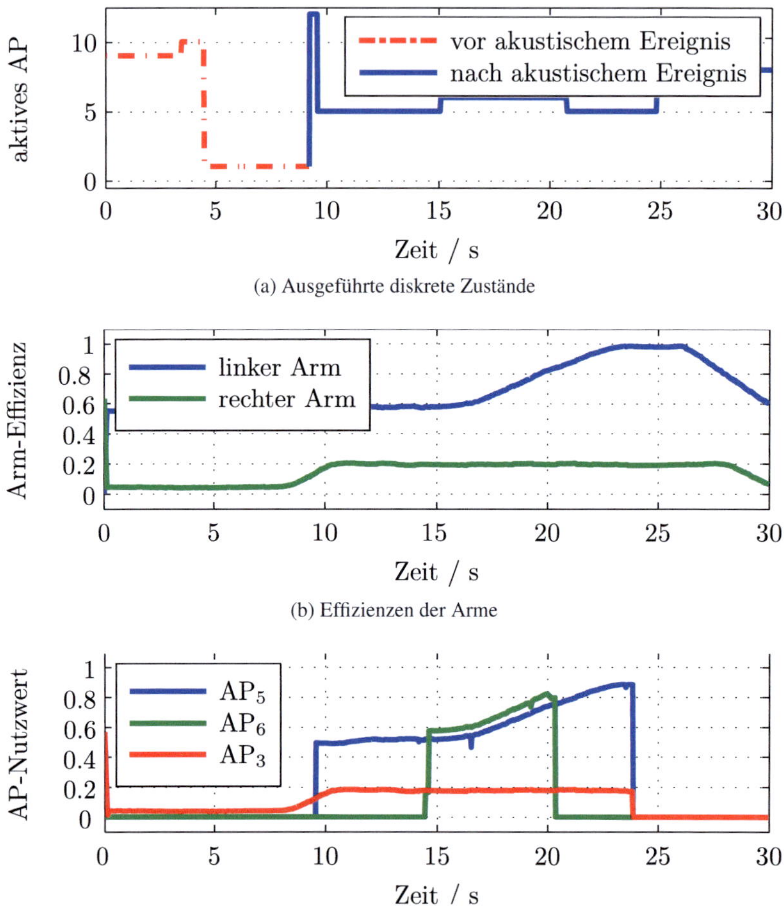

(a) Ausgeführte diskrete Zustände

(b) Effizienzen der Arme

(c) Nutzwerte der zur Auswahl stehenden AP

Abbildung 5.54: Greifvorgang mit linkem Arm

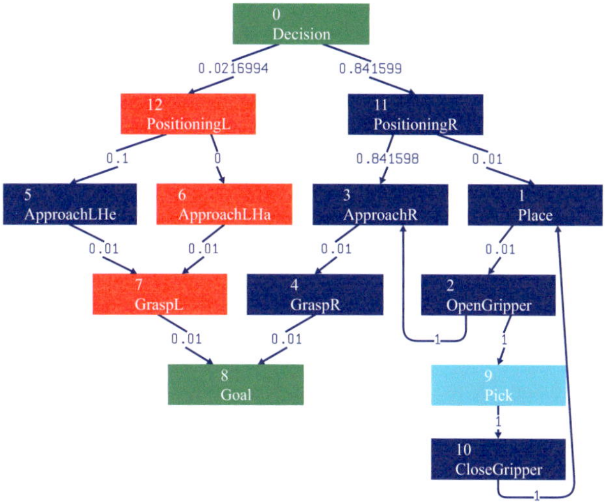

Abbildung 5.55: Graph für einen Greifvorgang mit linkem Arm

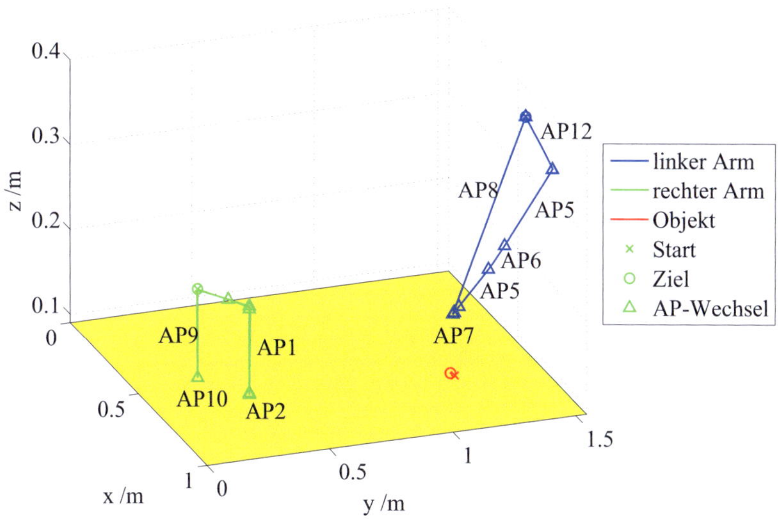

Abbildung 5.56: Trajektorie der Endeffektoren für einen Greifvorgang mit linkem Arm

Auf Basis der berechneten Nutzwerte der zwei entsprechenden AP (siehe Abbildung 5.54c), wird diese Annäherung während eines regulären Greifvorganges in drei Phasen unterteilt:

- eine Vorpositionierung des Armes;
- eine Bewegung anhand der von der Handkamera ermittelten Positionen;
- eine mit Hilfe der Kopfkamera geregelte Bewegung bis zum Greifen des Bechers.

Die Vorpositionierung erfolgt anhand der Messungen der Kopfkamera und sorgt dafür, dass der Becher im Sichtfeld der Handkamera zentriert wird. Nach Beendigung dieser Aktion befindet sich die Handkamera in ihrem optimalen Arbeitsbereich und wird dann unter normalen Randbedingungen (d. h. begrenztes Messrauschen) als geeignetster Sensor ausgewählt und das entsprechende AP wird aktiviert (siehe Abbildung 5.54a, bei ca. 15 Sek.). Je näher der Roboter kommt, desto größer wird das Objekt im Bild, bis ein Punkt erreicht wird (bei ca. 21 Sek.), in dem die Handkamera das Objekt nicht mehr lokalisieren kann. Deshalb sinkt der Nutzwert des AP_6 wieder auf 0 und der Roboter führt den letzten Teil seiner Bewegung wieder mit Hilfe der Kopfkamera (AP_5).

Der gesamte Verlauf der Trajektorien ist in Abbildung 5.56 dargestellt. Es ist zu beachten, dass die Hand eine Höhe $z \approx 16$ cm erreichen muss, um den Becher problemlos greifen zu können. Der linke Arm fährt dann wieder in die Anfangsposition zurück.

Eventuelle Unstimmigkeiten in der 3D-Position des Bechers, die anhand der zwei Kameras gemessenen wird ($\underline{m}_{\text{Hand}}$ bzw. $\underline{m}_{\text{Kopf}}$), können Diskontinuitäten in der Robotertrajektorie verursachen. Um dies zu vermeiden, wurde eine Fusionsmethode entwickelt, die eine Schätzung $\underline{m}_{\text{fus}}$ auf Basis der Nutzwerte ν der zwei Sensoren nach Gleichung (5.6) ermittelt.

$$\begin{aligned} \underline{m}_{\text{fus}} &= k_{\text{Kopf}} \cdot \underline{m}_{\text{Kopf}} + k_{\text{Hand}} \cdot \underline{m}_{\text{Hand}} \\ k_i &= \begin{cases} \frac{\nu_i}{\nu_{\text{Kopf}}+\nu_{\text{Hand}}} & \text{falls } \nu_{\text{Kopf}} + \nu_{\text{Hand}} \neq 0, \\ 0 & \text{falls } \nu_{\text{Kopf}} + \nu_{\text{Hand}} = 0 \end{cases} \qquad i = \text{Kopf, Hand} \end{aligned} \tag{5.6}$$

Unter diesen Bedingungen werden die Stelle 5 und 6 durch einen einzigen Zustand ersetzt, der die Annäherung anhand der fusionierten Positionsschätzung realisiert.

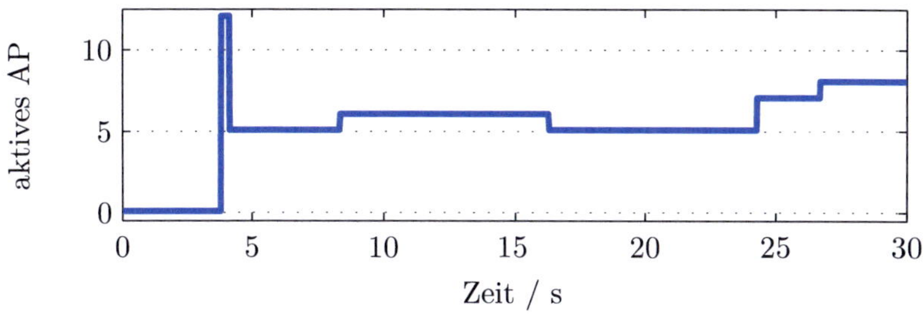

(a) Ausgeführte diskrete Zustände

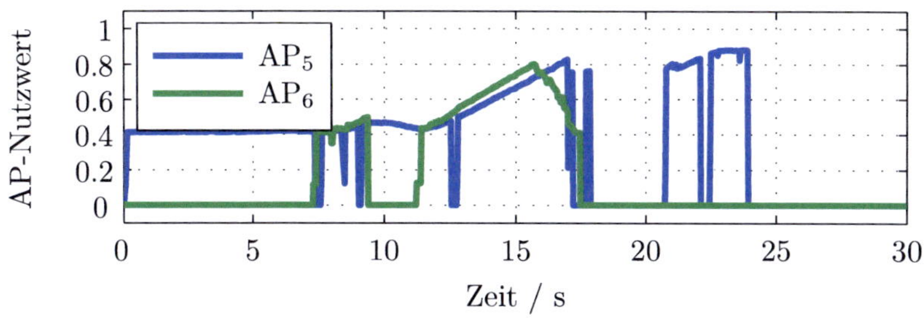

(b) Nutzwerte der zur Auswahl stehenden AP

Abbildung 5.57: Greifvorgang mit linkem Arm trotz Verdeckungen

Greifvorgang eines stehenden Objekts mit linkem Arm trotz Verdeckungen. Der gerade vorgestellte Greifvorgang mit Hilfe des linken Arms wird jetzt auch im Fall von plötzlichen Verdeckungen experimentell erprobt. Wie schon unter MATLAB simuliert, wird ein dynamisches Hindernis erst im Sichtfeld der Handkamera (bei ca. 9 Sek.) und dann im Sichtfeld der Kopfkamera (bei ca. 17 Sek.) eingeführt, sodass der zu lokalisierende Becher verdeckt bleibt. Beide Verdeckungen finden während des Einsatzes des entsprechenden Sensors statt (siehe Abbildung 5.38) und die Reaktion des Roboters wird von den berechneten AP-Nutzwerten geführt. Da die Bewegung des rechten Armes keinen Einfluss auf diesen Greifvorgang hat, wird die parallele „Pick & Place"-Aufgabe in diesem Fall nicht ausgeführt.

Die Abfolge der aktivierten Zustände nach dem Auftreten des akustischen Ereignisses ist die gleiche wie beim vorher dargestellten Experiment (siehe Abbildung 5.57a). Nach einer ersten Vorpositionierung des Armes (AP_{11}), erfolgt die Annäherung zum Objekt. Diese wird sowohl von der Kopfkamera (AP_5) als auch von der Handkamera (AP_6) unter Berücksichtigung der entsprechenden Effizienzen unterstützt.

Die Zeitintervalle der Verdeckungen sind ganz deutlich aus den Senkungen der Nutzwerte in Abbildung 5.57b erkennbar. Bevor aber der Roboter zur anderen AP bzw. Kamera umschaltet, versucht er sich mit einer Ausweichbewegung wieder freie Sicht zu schaffen (siehe Abbildung 5.38). Nur falls die Grenzen seines Arbeitsbereichs erreicht werden und die Kamera noch keine gültige Messung liefert, wechselt der Entscheidungsprozess zu dem alternativen Sensor. In beiden hier präsentierten Fällen wird allerdings der Becher mit einer solchen Strategie wieder lokalisiert und der Greifvorgang fortgesetzt. Zusätzliche sporadische Ausreißer in den Nutzwerten der Kopfkamera sind auch zu sehen, sie sind aber zu kurz, um den Entscheidungsprozess beeinflussen zu können. Die ausgeführten vertikalen und seitlichen Ausweichbewegungen sind in der Trajektorie in Abbildung 5.58 dargestellt.

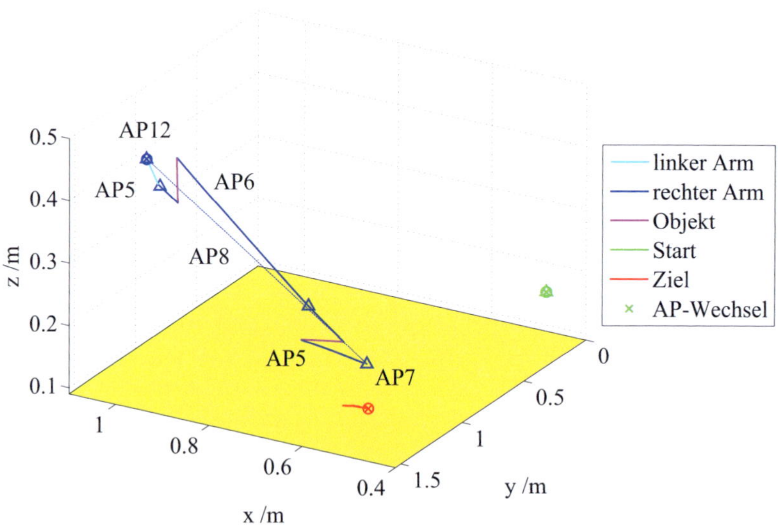

Abbildung 5.58: Trajektorie der Endeffektoren für einen Greifvorgang mit linkem Arm trotz Verdeckungen

Greifvorgang eines beweglichen Objekts. Die Zweckmäßigkeit der Einführung eines Gedächtnisfaktors γ in der Berechnung der Effizienz (siehe Gleichung (3.13)) wird auch experimentell nachgewiesen. Wie schon in der Simu-

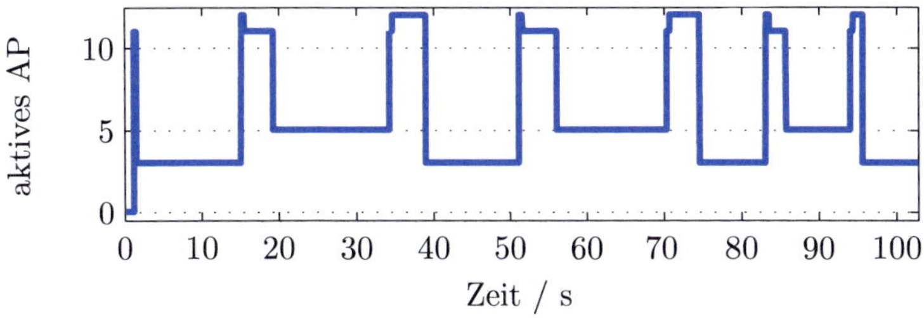

(a) Ausgeführte diskrete Zustände

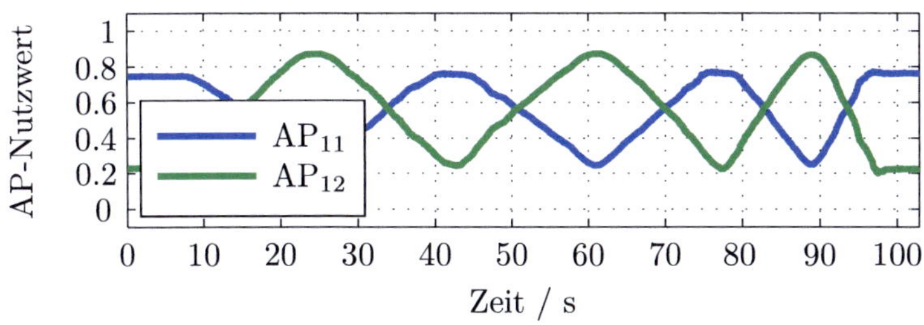

(b) Nutzwerte der zur Auswahl stehenden AP

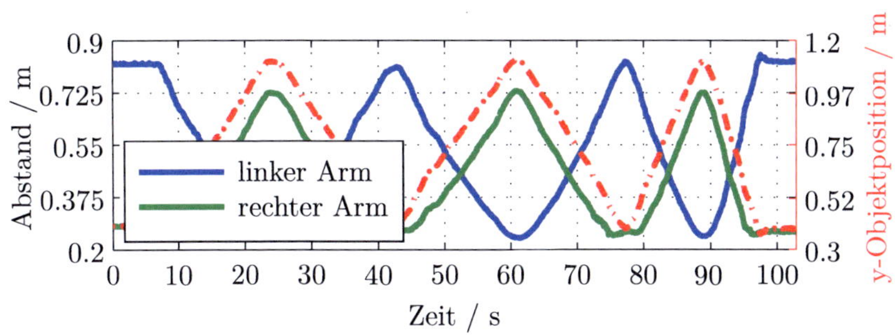

(c) Abstände der Endeffektoren zum Objekt

Abbildung 5.59: Greifvorgang eines beweglichen Objekts ohne Einführung des Gedächtnisfaktors

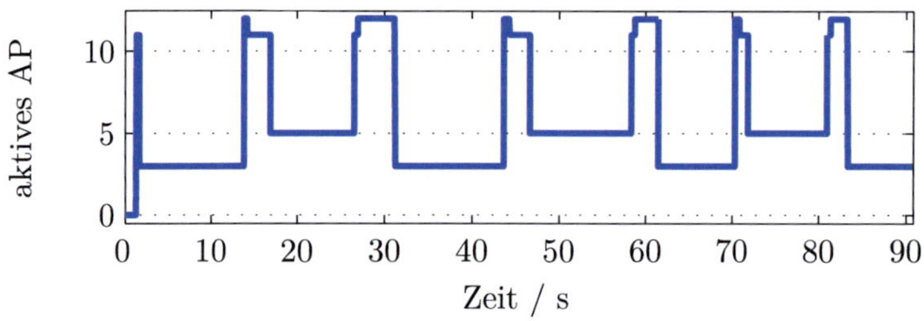

(a) Ausgeführte diskrete Zustände

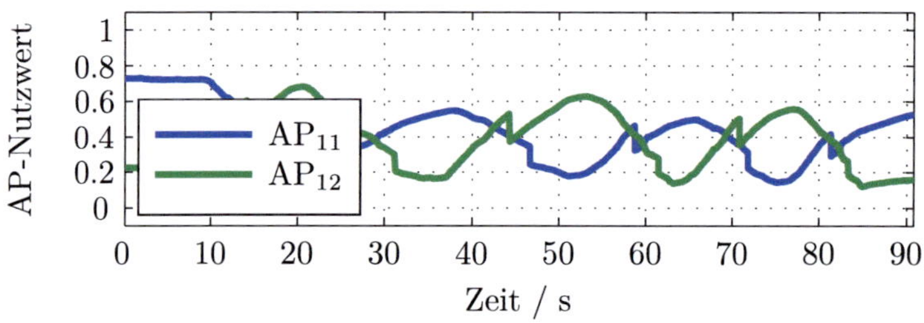

(b) Nutzwerte der zur Auswahl stehenden AP

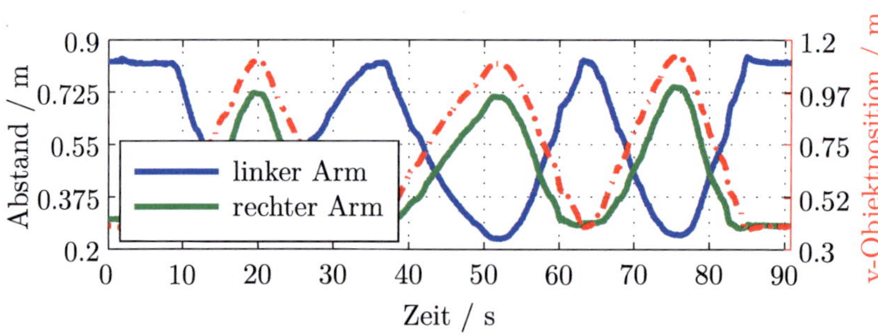

(c) Abstände der Endeffektoren zum Objekt

Abbildung 5.60: Greifvorgang eines beweglichen Objekts mit Einführung des Gedächtnisfaktors

lation wird ein Versuch implementiert, in dem das Objekt (d. h. der Becher) mit einer annähernd periodischen Trajektorie zwischen den zwei Endeffektoren entlang der y-Achse bewegt wird. Um die Auswirkungen des Gedächtnisfaktors besser schätzen zu können, wird das Szenario unter leicht vereinfachten Voraussetzungen ausgeführt. Zuerst wird die übergeordnete „Pick & Place"-Aufgabe unterbrochen und die Handkamera ausgeschaltet. Auf diese Art und Weise bleiben dem Roboter nur noch die zwei Pfade $0 \rightarrow 11 \rightarrow 5 \rightarrow 7 \rightarrow 8$ und $0 \rightarrow 12 \rightarrow 3 \rightarrow 4 \rightarrow 8$ zur Auswahl. Zusätzlich werden die vom aktuellen AP generierten Bewegungen der Arme unterdrückt, sodass der Abstand zwischen Endeffektor und Objekt nur von der Bewegung des Objekts abhängig ist.

Die ohne Gedächtnisfaktor γ erzielten Ergebnisse sind in Abbildung 5.59 dargestellt. Die zyklische Änderung des Abstandes und daher der entsprechenden Nutzwerte (siehe Abbildungen 5.59c und 5.59b) spiegeln sich wider in der ständigen Abwechslung zwischen linkem und rechtem Arm ($11 \rightarrow 5$ bzw. $12 \rightarrow 3$ in Abbildung 5.59a). Die Zustandsänderung findet nicht bei einer mittigen Objektposition statt (gleicher Abstand 0.772 m zu beiden Armen), sondern ist leicht verschoben. Der Grund dafür ist der Wert $a = 0.9$ der Affinität des AP „Greifen mit rechtem Arm" (siehe Tabelle 5.5).

In Abbildung 5.60 sind stattdessen die Ergebnisse dargestellt, die mit einem Bestrafung (siehe Gleichung (5.5)) erreicht wurden. Obwohl die Bewegung des Objekts sehr ähnlich ist (siehe Abbildung 5.60c), verzögern sich die Umschaltpunkte aufgrund der Nutzwerte in Abbildung 5.60b immer mehr, sodass eine schnellere Konvergenz der Entscheidung sichergestellt wird. Eine zyklische Abwechslung der Zustände kann in den vorgestellten Ergebnissen trotzdem nicht vermieden werden (siehe Abbildung 5.60a), da die Arme keine Annäherung zum Objekt durchführen.

5.2.2.2 Bewertung

Die Tauglichkeit des entwickelten Konzepts wurde auch von den durchgeführten experimentellen Versuchen bestätigt. Trotz leichten Abänderungen ähneln sich die auf der Roboterplattform erzielten und die in Abschnitt 5.2.1.3 simulierten Ergebnisse sehr stark. Der einzige offensichtliche Unterschied zwischen dem Verhalten des realen und des simulierten Systems liegt in den gelegentlichen Fehlerkennungen der Kameras, die aber irrelevant für den Prozessablauf sind.

Wie erwartet, hat dann das betrachtete Szenario gezeigt, dass die im Kapitel 3 vorgestellte diskret-kontinuierliche Regelung dafür geeignet ist, die Planung einer Roboteraufgabe dynamisch zu gestalten und konsistent die effizienteste Strategie zu wählen. Die Zerlegung jeder auszuführenden Aufgabe in mehrere durch ein Petri-Netz verknüpfte Aktionsprimitive bietet eine Struktur, die sich als sehr geeignet für die Unterstützung eines Entscheidungsfindungsprozesses erwiesen hat.

Die auf Basis des Fuzzy-Ansatzes berechneten Nutzwerte ν enthalten aussagekräftige Informationen über die aktuelle Situation, die die Aktivierung der passendsten AP ermöglichen. Auf diese Art und Weise wurde der Roboter immer befähigt, auf Störungen im nominalen Aktionsablauf zu reagieren. Das vorgestellte Konzept wurde auch zur Fusion unterschiedlicher Kameradaten angewendet und hat auch in diesem spezifischen Fall zu sehr guten Ergebnissen geführt.

Kapitel 6

Abschlussbemerkungen

6.1 Zusammenfassung

Ziel dieser Arbeit war die Erarbeitung und Umsetzung eines Konzepts, welches humanoiden Robotern die notwendige Flexibilität und Geschicklichkeit bei der situationsoptimalen Aufgabenbewältigung in einer stark veränderlichen Umwelt vermittelt. Diese anspruchsvolle Herausforderung wurde mit der Entwicklung eines diskret-kontinuierlichen Überwachungs- und Regelungskonzepts erfolgreich bewältigt. Ein solcher Ansatz ermöglicht dem Roboter ein hohes Maß an Autonomie und Flexibilität und verbessert die Robustheit gegenüber unerwarteten Ereignissen. Gleichzeitig ist er in der Lage, eine extrem hohe Sicherheit zu gewährleisten.

Die Schritte zum Aufbau dieses Konzepts lassen sich in folgenden Punkten zusammenfassen:

- Zur Regelung der hybriden Struktur des von Roboter und Umgebung gebildeten Systems wurde eine *zweischichtige Architektur* gewählt. In der oberen Ebene wird der diskrete Zustand anhand geeigneter Entscheidungsfindungsmethoden geregelt, auf der unteren Ebene agieren kontinuierliche aktionsspezifische Regelkreise.

- Zur Modellierung der diskreten Regelung wurde jede Aufgabe in eine Folge von elementaren Aktionseinheiten (so genannte *Aktionsprimitive* – AP) zerlegt.

- Als Grundlage für eine optimale Entscheidungsfindung wurde die aus einer komplexen Aktion entstandene Kette von Aktionsprimitiven durch ein *Petri-Netz* (PN) modelliert, in dem jede Stelle ein AP darstellt.
- Jedem AP wurden zwei Parameter zugeordnet, welche die Bewertung des AP hinsichtlich seiner Eignung zur Erzielung des Sollzustandes ermöglichen: Die *Effizienz* bildet die aktuelle Zuverlässigkeit des AP unter Berücksichtigung der notwendigen Ressourcen in Abhängigkeit von aktuellem Zustand des Systems ab. Der Wert der *Affinität* basiert dagegen auf Vorwissen über die A-priori-Tauglichkeit des AP für die Verfolgung seines Ziels.
- In Simulationen wurden verschiedene Ansätze zur Evaluierung der Effizienz verglichen und auf unterschiedlichen Hierarchieebenen des Netzes untersucht. Die besten Ergebnisse hinsichtlich niedrigerer Komplexität und höherer Flexibilität des Algorithmus sowie besserer Nachvollziehbarkeit der Entscheidungen wurden mit einer *fuzzy-basierten Evaluierung* auf AP-Ebene erzielt.
- Konflikte innerhalb des PN (d. h. mehrere alternativ ausführbare AP zum gleichen Zeitpunkt) wurden mit Hilfe eines *echtzeitfähigen Entscheidungsfindungsalgorithmus* gelöst. Durch eine dynamische Pfadsuche im PN wurde immer dasjenige Aktionsprimitiv aktiviert, welches zum aktuellen Zeitpunkt am geeignetsten ist, den Zielzustand zu erreichen.
- Jedem AP wurden spezifische kontinuierliche Regler zugeordnet, die bei der AP-Ausführung mit optimalen Parametern aktiviert wurden.
- Teilaspekte des diskret-kontinuierlichen Regelungskonzepts wurden anhand unterschiedlicher *Grundgeschicklichkeiten*, die bestimmte Klassen von menschenähnlichen Aufgaben repräsentieren, experimentell validiert. Betrachtet wurden in der vorliegenden Arbeit folgende Fallbeispiele:
  - kreisförmige Trajektorie mit Gelenkausfall;
  - kraft- und bildgestützter Fügevorgang;
  - kraftschlüssiges Greifen und Tragen schwerer Gegenstände;
  - sichtgeregeltes Balancieren instabiler Objekte;
  - schlupf- und kraftgeregeltes Greifen fragiler Objekte.
- Zur umfassenderen Erprobung des gesamten Konzepts wurde der Greifvorgang eines unbekannt positionierten Gegenstandes realisiert und erfolgreich durchgeführt.

6.2 Ausblick

Der begrenzte zeitliche Rahmen dieser Arbeit machte es erforderlich, die theoretischen und experimentellen Arbeiten zur Entwicklung und Erprobung des vorgeschlagenen diskret-kontinuierlichen Regelungskonzepts sinnvoll zu begrenzen.

Die Implementierung und *experimentelle Validierung* beschränken sich zunächst auf Grundgeschicklichkeiten, die der Roboter mit Hilfe seines Oberkörper (Kopf, Arme, Hände) im Stehen ausführt. Geplante weiterführende Untersuchungen im Rahmen des SFB 588 „Humanoide Roboter" werden aber auch die Ganzkörperregelung mit Einbeziehung der Laufbewegung mitberücksichtigen. Durch die Erweiterung des Konzepts anhand von Schrittprimitiven [Schmidt, 2005] könnten Manipulationsaufgaben und Laufen in einem einheitlichen diskreten Modell kombiniert und mit Hilfe der übergeordneten diskreten Regelung koordiniert werden.

Außerdem könnte das Konzept anhand komplexerer Greifvorgänge erprobt werden. Ein AP wurde so flexibel definiert, dass die Befehle für die eingesetzten Ressourcen beliebig umfangreich sein können, das heißt in komplexen Fällen sogar wieder aus einem eigenen bzw. mehreren AP bestehen können. Für einen Greifvorgang könnten dann die Finger als einzelne Ressourcen eines AP betrachtet und jedem Finger ein AP zugeordnet werden, welches seine komplexe Bewegung beschreibt. Der Entscheidungsprozess würde dann die Greifplanung durch die Parametrisierung dieser AP beeinflussen.

Die *theoretischen Untersuchungen* zur ereignisdiskreten Regelung reduzieren sich bisher auf eine Aktionsoptimierung hinsichtlich der aktuellen Situation. Geplante weiterführende Untersuchungen werden im Sinne einer modellprädiktiven Regelung die Optimierung auch auf einen größeren Zeithorizont durch eine Schätzung des Systemzustands erweitern.

In dem hier vorgeschlagenen diskret-kontinuierlichen Regelungskonzept wurde einschränkend angenommen, dass das Petri-Netz, das die Aufgabe modelliert, schon mit allen möglichen ausführbaren Alternativen bekannt ist. Auf Ereignisse, die nicht beim Entwurf dieses Netzes berücksichtigt wurden, kann der Roboter also nicht optimal reagieren. Das vorgeschlagene Konzept wurde aber so konzipiert, dass es mit einer automatisierten Generierung des Netzes gekoppelt werden kann (siehe z. B. [Bagchi u. a., 2000; Söffker und Ahle, 2007]). Weiterführende Arbeiten sollten sich daher mit der ereignisabhängigen Netzrekonfiguration beschäftigen. Auf diese Art und Weise können unterschiedliche Roboterreaktionen durch dynamisches Wachsen des Netzes betrachten werden, ohne diese im Voraus planen zu müssen. Gleichzeitig könnte ein solches Verfahren verwendet werden, um die Rückkehr des Roboters in einen vorherigen Zustand des Netzes zu realisieren, falls er entschieden hat, seine Handlungsstrategie zu wechseln.

Aufgrund der entwickelten generischen Struktur, beschränkt sich die Anwendbarkeit des vorgestellten Regelungskonzepts nicht nur auf dem Bereich der humanoiden Robotik. Obwohl die Implementierung der verschiedenen Aktionsprimitive plattformabhängig ist und die dazu notwendigen kontinuierlichen Regleralgorithmen sehr anwendungsspezifisch sein können, bleibt die Aufgabenbeschreibung allgemeingültig. Da die diskrete Regelung bzw. die autonome Entscheidungsfindung auf der Basis dieses abstrahierten Modells erfolgt, kann der präsentierte Ansatz auch auf *andere Anwendungsgebiete* leicht übertragen werden.

Interessant sind z. B. Anwendungen im Bereich der mobilen Robotik, bei denen der Roboter während der Durchführung seiner Mission die Aktionssequenz situationsabhängig adaptieren muss. Zurzeit sehr attraktiv ist u. a. der Einsatz von Überwachungsrobotern, die autonom entscheiden müssen, welche Bereiche sie inspizieren sollten, in welcher Reihenfolge, aus welchem Abstand, mit welchen Sensoren, ob eine Interaktion notwendig ist, usw.

Schließlich könnten einige Aspekte des vorgeschlagenen Regelungskonzepts zur situationsabhängigen Rekonfiguration von Sensornetzen verwendet werden. Die Bewertung eines Sensors anhand seines Nutzwertes ermöglicht die Erzielung einer optimalen Belegung der Ressourcen und die in dieser Arbeit vorgestellte Methode, basierend auf der Definition einer Effizienz E und einer Affinität a, bietet hierfür einen zulässigen und transparenten Ansatz.

Anhang A

Datenblätter

PowerCube Module:

PR-Module

http://www.schunk-modular-robotics.com/fileadmin/user_upload/service_robotic/products/actuators/rotary_modules/PR_gesamt_EN.pdf

PW-Module

http://www.schunk-modular-robotics.com/fileadmin/user_upload/service_robotic/products/actuators/rotary_modules/PW_gesamt_EN.pdf

Greifer-Module

http://www.schunk-modular-robotics.com/fileadmin/user_upload/service_robotic/products/actuators/grippers/PG_70_EN.pdf

Stereokamera:

MEGA-DCS Megapixel Digital Stereo Head

http://users.rcn.com/mclaughl.dnai/sthmdcs.htm

Audioarray:

Mikrophone SONY ECM-T145

http://servicemanuals.electronica.ro/schematics/sony/microphone/ecm_t115.pdf

Vorverstärker SM Pro Audio PR8

http://www.smproaudio.com/index.php/de/produkte/preamps/pr8e

Soundkarte M Audio Delta 1010

http://www.m-audio.com/products/en_us/Delta1010.html

Kraft-Momenten-Sensor:
Schunk FTCL-050-40
`http://www.schunk.com/schunk_files/attachments/FTCL_050_EN.pdf`

Handkamera:
PointGrey DragonFly2
`http://www.ptgrey.com/products/dragonfly2/`

Taktiles Array:
Messwandler DSA 9205
`http://www.weiss-robotics.de/de/produktkatalog-taktile-sensorsysteme/taktile-aufnehmer/99-dsa-9205.html`

Sensorcontroller DSACON32-h
`http://www.weiss-robotics.de/de/produktkatalog-taktile-sensorsysteme/sensorcontroller/90-dsacon32-h.html`

Anhang B

RoMoCo-Software

B.1 Graphische Benutzeroberfläche

Für eine einfache Bedienung der Regelungssoftware `RoMoCo` wurde eine grafische Benutzeroberfläche implementiert, die die Ausführung und das Überwachen der Roboteraufgaben sowie das Einstellen von verschiedenen Reglerparamentern ermöglicht. Das Hauptfenster der Anwendung ist in Abbildung B.1 dargestellt. Es gewährt den Zugang zu allen Unterfenstern, die mit den spezifischen Prozessen verbunden sind. In Abbildung B.2a ist das Fenster für die Referenzierung der einzelnen Modulen zu sehen. Abbildung B.2b zeigt die Oberfläche für die Steuerung der Arme im Gelenkraum. Hierbei sind die drei verschiedenen Betriebsmodi (Positions-, Geschwindigkeits- oder Strommodus) auswählbar und die Parameter der Servoregler einstellbar. Außerdem sind einige vordefinierte, häufig gebrauchte Positionen der Arme für einen schnellen Aufruf gespeichert.

Die Regelung des Kopfes erfolgt über das `Sensor Head Control`-Fenster, der in Abbildung B.3 dargestellt ist. Neben der Referenzierung der Gelenke und dem Auslesen ihrer Position können die Module entweder gesteuert oder eine Regelung aktiviert/deaktiviert werden. Für die Auswahl der Regelungsstrategie stehen verschiedene Betriebsmodi zur Verfügung:

- `Normal`: Bewegung durch Eingabe der einzelnen Gelenkpositionen;
- `Follow TCP`: Ausrichtung auf den Endeffektor;
- `Search Rectangle`: Ausrichtung auf ein bekanntes Rechteckobjekt;

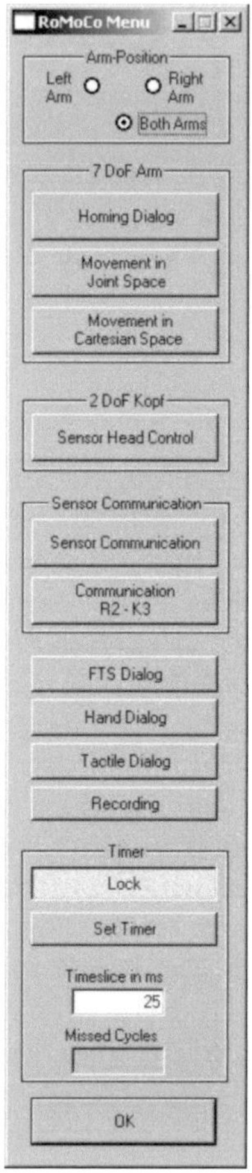

Abbildung B.1: `RoMoCo`-Hauptfenster

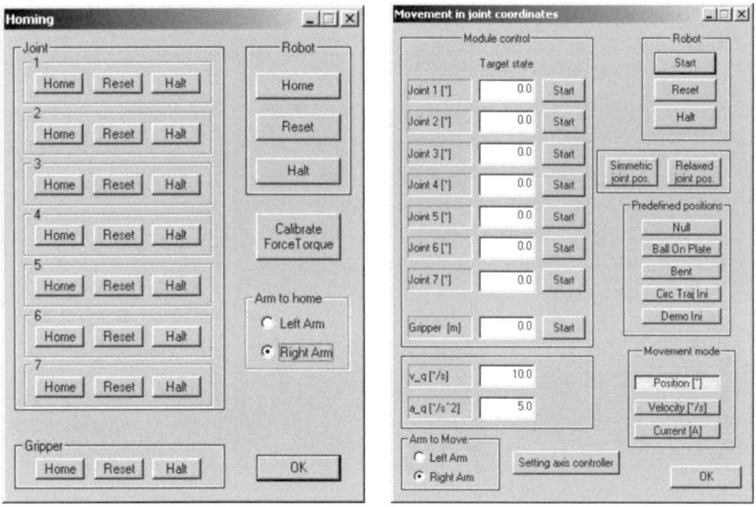

(a) Fenster zur Referenzierung der Gelenke (b) Fenster zur Steuerung der Gelenke

Abbildung B.2: Einige Fenster der grafischen Benutzeroberfläche

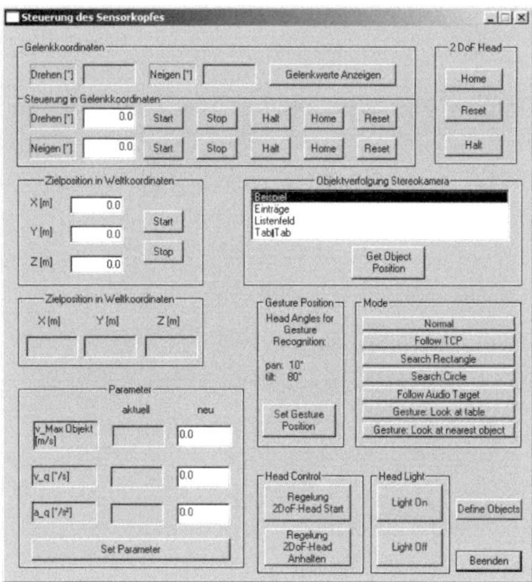

Abbildung B.3: Fenster zur Regelung des Kopfes

- `Search Circle`: Ausrichtung auf ein bekanntes Kreisobjekt;
- `Follow Audio Target`: Ausrichtung auf eine mittels des Mikrofon-Arrays detektierte Geräuschquelle;
- `Gesture`: Ausrichtung auf die Stelle (bzw. auf das Objekt), die gezeigt wird. Die Gestenerkennung basiert auf einem Programm entwickelt im Rahmen des Teilprojektes P2 des SFB 588.

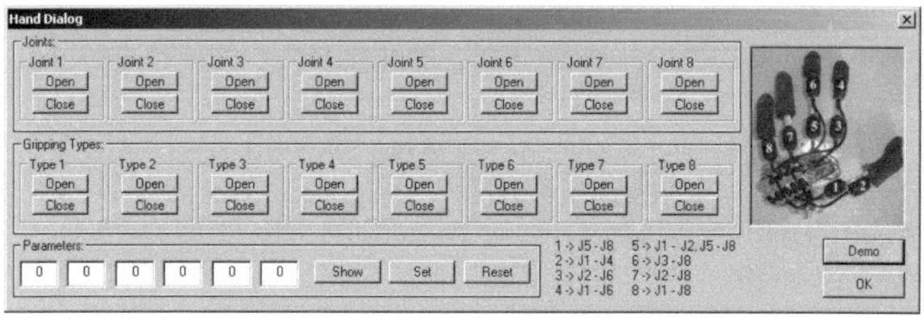

Abbildung B.4: Fenster zur Steuerung der Hand

Das `Hand Dialog`-Fenster (siehe Abbildung B.4) erlaubt die Bewegung der Gelenke der Hand und die Einstellung ihrer Reglerparameter. Einige elementare Griffe sind durch die Kombination von einzelnen Bewegungen realisiert.

Die Kommunikation über Ethernet mit den externen Sensoren ist durch das Fenster `Sensor Communication` verwaltet (siehe Abbildung B.5). Dieses Dialogfenster zeigt den Status des jeweiligen Sensors, seine ID, den Port der Netzverbindung und eventuelle Statusmeldungen an. Außerdem können die Sensorthreads gestartet und gestoppt werden und die entsprechenden Sensoren aktiviert und deaktiviert.

Um die Kraft-Momenten-Sensoren und das taktile Array anzusprechen sowie ihre Messwerte zu visualisieren steht jeweils ein Fenster zur Verfügung (`FTS Dialog` bzw. `Tactile Dialog`). Mit Hilfe des `Recording`-Fensters können dann relevante Datenverläufe (z. B. Geschwindigkeiten, Positionen, Kräfte) in einer Datei für eine spätere Analyse gespeichert werden.

Das zentrale Fenster ist allerdings das Fenster `Movement in Cartesian Space`, das in Abbildung B.6 dargestellt ist. Mit Hilfe dieses Fensters können hauptsächlich:

- Punkt-zu-Punkt Bewegungen durch direkte Eingabe des Zieles im kartesischen Raum durchgeführt werden;

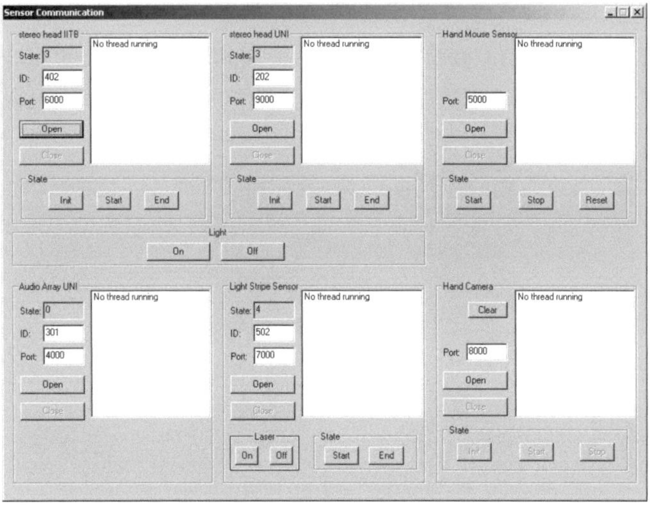

Abbildung B.5: Fenster zur Kommunikation mit den externen Sensoren

- beliebige gespeicherte Trajektorie gefahren werden;
- komplexere Roboteraufgaben vorgegeben werden (z. B. die Grundgeschicklichkeiten `Carry Object` oder `Peg In Hole`);
- Positionen in Weltkoordinatensystem abgelesen werden;
- Regler und deren Parameter ausgewählt werden;
- Überwachungsfunktionen ausgeführt werden.

Im untergeordneten Fenster `Hybrid Control Properties` werden verschiedene Einstellungen für die kontinuierliche hybride Regelung ermöglicht (siehe Abschnitt 2.1.2.1). Es kann zwischen den folgenden Reglermodi umgeschaltet werden: reiner Positionsregler, reiner Kraftregler, reiner Impedanzregler oder eine hybride Lösung, die jeder Richtung einen Regler zuweist. Außerdem können im Fall eines Kraftreglers die Sollwerte, die Umschaltungsart und das Koordinatensystem, in dem es geregelt wird, bestimmt werden (siehe Abbildung B.7).

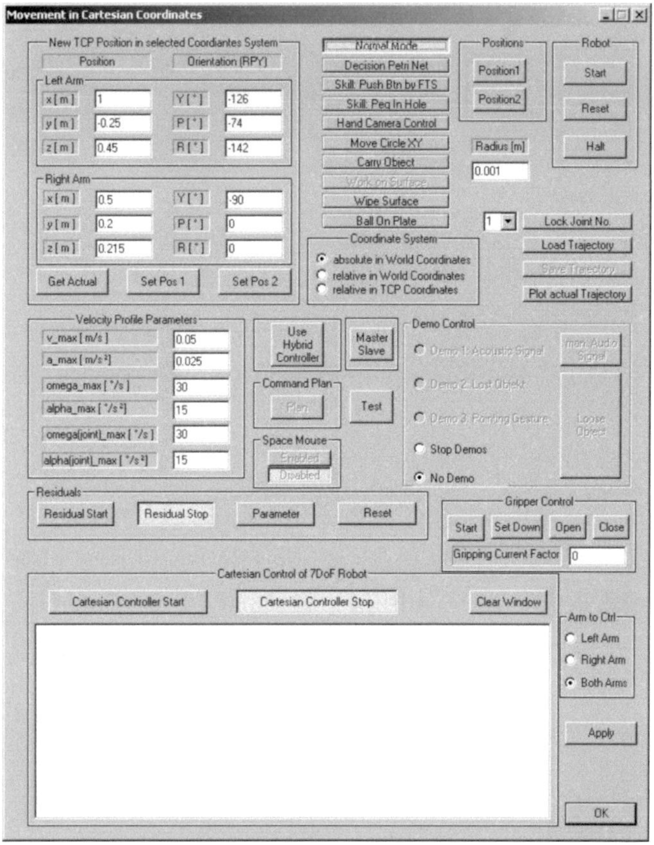

Abbildung B.6: Fenster zur Regelung der Arme

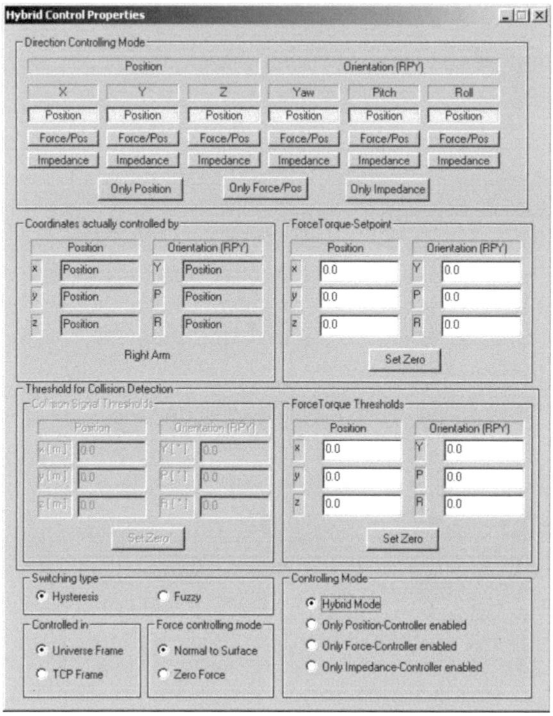

Abbildung B.7: Fenster zur Einstellung der hybriden Regelung

B.2 Externe Bibliotheken

Als Grundlagen für die Implementierung einiger Funktionalitäten von `RoMoCo` wurden externe Bibliotheken zu Hilfe genommen und teilweise erweitert. Im Folgenden sind die wichtigsten eingesetzten Bibliotheken kurz beschrieben.

Amtec: Diese Bibliothek wurde von der Firma AMTEC zusammen mit den Robotermodule mitgeliefert und gewährt Zugang zur Roboter-Hardware. Einerseits ist sie für das Auslesen der Moduldaten zuständig, andererseits sorgt sie dafür, dass die Stellgrößen oder andere sonstige Befehle (z. B. `Halt` oder `Home`) den Modulen geschickt werden.

RobOOP: Das RobOOP-Paket [RobOOP, 1996] („A Robotics Object Oriented Package in C++") bietet Werkzeuge für die Modellierung der Kinematik und Dynamik des Roboters. Außerdem umfasst es alle Funktionen, die für die Berechnung der Vorwärts- und Rückwärtstransformation sowie für die Schätzung der dynamischen Größen der Bewegungsgleichung (2.1) notwendig sind. Außerdem sind zahlreiche Hilfsfunktionen für den Umgang mit homogenen Matrizen implementiert.

Newmat: Mit Hilfe der Newmat-Bibliothek werden Vektoren und Matrizen verwaltet [Newmat, 2006]. Die Bibliothek stellt sowohl fundamentale (z. B. Addition, Transponierte) als auch komplexe Operatoren (z. B. Inverse, Eigenwerte) zur Verfügung. Die Bibliothek wurde ausgewählt, da sie schon im RobOOP-Paket inbegriffen ist.

Flip++: Diese Bibliothek wurde zu Hilfe genommen, um Fuzzy-Systeme zu implementieren [Flip++, 1995]. Sie beinhaltet Funktionen für die Erstellung von Zugehörigkeitsfunktionen und Regelsätze, sowie verschiedene Fuzzyfizierungs- und Defuzzifiezierungsmethoden. Es wurde eine Erweiterung einiger Funktionalitäten vorgenommen, um eine funktionale Berechnung der Ressourcenqualität (siehe Abschnitt 3.6.3.1) zu ermöglichen.

Anhang C

Dekomposition des Gravitationsvektors

$\underline{g}(q) = \mathbf{Y}(\underline{q}) \cdot \underline{a}_g$

$\underline{a}_g = (a_{g1}, \ldots, a_{g54})^T$

$\mathbf{Y}_{7\times 54} = (Y_{i,j})$

$c_i = \cos(q_i), \qquad s_i = \sin(q_i)$

$$
\begin{aligned}
Y_{1,1} &= -c_5 \cdot c_4 \cdot c_1 \cdot c_2 \cdot c_3 + c_5 \cdot c_4 \cdot s_1 \cdot s_3 + s_5 \cdot c_1 \cdot c_2 \cdot s_3 + \\
&\quad + c_5 \cdot c_1 \cdot s_2 \cdot s_4 + s_5 \cdot s_1 \cdot c_3 \\
Y_{1,2} &= -c_4 \cdot c_1 \cdot c_2 \cdot c_3 + c_4 \cdot s_1 \cdot s_3 + c_1 \cdot s_2 \cdot s_4 \\
Y_{1,3} &= +c_6 \cdot c_5 \cdot c_1 \cdot s_2 \cdot s_4 - c_6 \cdot c_5 \cdot c_4 \cdot c_1 \cdot c_2 \cdot c_3 + c_6 \cdot c_5 \cdot c_4 \cdot s_1 \cdot s_3 + \\
&\quad + s_6 \cdot s_4 \cdot s_1 \cdot s_3 - s_6 \cdot s_4 \cdot c_1 \cdot c_2 \cdot c_3 + c_6 \cdot s_5 \cdot s_1 \cdot c_3 + \\
&\quad + c_6 \cdot s_5 \cdot c_1 \cdot c_2 \cdot s_3 - s_6 \cdot c_1 \cdot s_2 \cdot c_4 \\
Y_{1,4} &= -s_4 \cdot c_1 \cdot c_2 \cdot c_3 - c_1 \cdot s_2 \cdot c_4 + s_4 \cdot s_1 \cdot s_3 \\
Y_{1,5} &= -s_5 \cdot c_4 \cdot s_1 \cdot s_3 + s_5 \cdot c_4 \cdot c_1 \cdot c_2 \cdot c_3 + c_5 \cdot c_1 \cdot c_2 \cdot s_3 + \\
&\quad - s_5 \cdot c_1 \cdot s_2 \cdot s_4 + c_5 \cdot s_1 \cdot c_3 \\
Y_{1,6} &= -c_6 \cdot c_1 \cdot s_2 \cdot c_4 + c_6 \cdot s_4 \cdot s_1 \cdot s_3 + s_6 \cdot c_5 \cdot c_4 \cdot c_1 \cdot c_2 \cdot c_3 + \\
&\quad - s_6 \cdot s_5 \cdot s_1 \cdot c_3 - c_6 \cdot s_4 \cdot c_1 \cdot c_2 \cdot c_3 - s_6 \cdot s_5 \cdot c_1 \cdot c_2 \cdot s_3 + \\
&\quad - s_6 \cdot c_5 \cdot c_4 \cdot s_1 \cdot s_3 - s_6 \cdot c_5 \cdot c_1 \cdot s_2 \cdot s_4 \\
Y_{1,7} &= -c_1 \cdot c_2 \cdot c_3 + s_1 \cdot s_3 \\
Y_{1,8} &= -c_1 \cdot c_2 \cdot s_3 - s_1 \cdot c_3
\end{aligned}
$$

$$
\begin{aligned}
Y_{1,9} =& +s_7 \cdot s_6 \cdot s_4 \cdot c_1 \cdot c_2 \cdot c_3 - s_7 \cdot c_6 \cdot s_5 \cdot s_1 \cdot c_3 + s_7 \cdot s_6 \cdot c_1 \cdot s_2 \cdot c_4 + \\
& -s_7 \cdot c_6 \cdot s_5 \cdot c_1 \cdot c_2 \cdot s_3 - c_7 \cdot c_5 \cdot c_1 \cdot c_2 \cdot s_3 - s_7 \cdot s_6 \cdot s_4 \cdot s_1 \cdot s_3 + \\
& -c_7 \cdot c_5 \cdot s_1 \cdot c_3 - s_7 \cdot c_6 \cdot c_5 \cdot c_1 \cdot s_2 \cdot s_4 - s_7 \cdot c_6 \cdot c_5 \cdot c_4 \cdot s_1 \cdot s_3 + \\
& -c_7 \cdot s_5 \cdot c_4 \cdot c_1 \cdot c_2 \cdot c_3 + c_7 \cdot s_5 \cdot c_1 \cdot s_2 \cdot s_4 + c_7 \cdot s_5 \cdot c_4 \cdot s_1 \cdot s_3 + \\
& +s_7 \cdot c_6 \cdot c_5 \cdot c_4 \cdot c_1 \cdot c_2 \cdot c_3 \\
Y_{1,10} =& -s_7 \cdot c_5 \cdot c_1 \cdot c_2 \cdot s_3 + c_7 \cdot s_6 \cdot s_4 \cdot s_1 \cdot s_3 - c_7 \cdot s_6 \cdot s_4 \cdot c_1 \cdot c_2 \cdot c_3 + \\
& +s_7 \cdot s_5 \cdot c_4 \cdot s_1 \cdot s_3 - s_7 \cdot s_5 \cdot c_4 \cdot c_1 \cdot c_2 \cdot c_3 + c_7 \cdot c_6 \cdot s_5 \cdot s_1 \cdot c_3 + \\
& -s_7 \cdot c_5 \cdot s_1 \cdot c_3 + c_7 \cdot c_6 \cdot c_5 \cdot c_1 \cdot s_2 \cdot s_4 + c_7 \cdot c_6 \cdot s_5 \cdot c_1 \cdot c_2 \cdot s_3 + \\
& -c_7 \cdot s_6 \cdot c_1 \cdot s_2 \cdot c_4 + s_7 \cdot s_5 \cdot c_1 \cdot s_2 \cdot s_4 + c_7 \cdot c_6 \cdot c_5 \cdot c_4 \cdot s_1 \cdot s_3 + \\
& -c_7 \cdot c_6 \cdot c_5 \cdot c_4 \cdot c_1 \cdot c_2 \cdot c_3 \\
Y_{1,11} =& +c_1 \\
Y_{1,12} =& -s_1 \\
Y_{1,13} =& -c_1 \cdot s_2 \\
Y_{2,14} =& +c_5 \cdot s_1 \cdot c_2 \cdot s_4 + c_5 \cdot s_1 \cdot s_2 \cdot c_3 \cdot c_4 - s_1 \cdot s_2 \cdot s_3 \cdot s_5 \\
Y_{2,15} =& +s_1 \cdot s_2 \cdot c_3 \cdot c_4 + s_1 \cdot c_2 \cdot s_4 \\
Y_{2,16} =& +s_6 \cdot s_1 \cdot s_2 \cdot c_3 \cdot s_4 - s_6 \cdot s_1 \cdot c_2 \cdot c_4 - c_6 \cdot s_1 \cdot s_2 \cdot s_3 \cdot s_5 + \\
& +c_6 \cdot c_5 \cdot s_1 \cdot s_2 \cdot c_3 \cdot c_4 + c_6 \cdot c_5 \cdot s_1 \cdot c_2 \cdot s_4 \\
Y_{2,17} =& +s_1 \cdot s_2 \cdot c_3 \cdot s_4 - s_1 \cdot c_2 \cdot c_4 \\
Y_{2,18} =& -s_5 \cdot s_1 \cdot c_2 \cdot s_4 - s_1 \cdot s_2 \cdot s_3 \cdot c_5 - s_5 \cdot s_1 \cdot s_2 \cdot c_3 \cdot c_4 \\
Y_{2,19} =& -s_6 \cdot c_5 \cdot s_1 \cdot s_2 \cdot c_3 \cdot c_4 - c_6 \cdot s_1 \cdot c_2 \cdot c_4 - s_6 \cdot c_5 \cdot s_1 \cdot c_2 \cdot s_4 + \\
& +s_6 \cdot s_1 \cdot s_2 \cdot s_3 \cdot s_5 + c_6 \cdot s_1 \cdot s_2 \cdot c_3 \cdot s_4 \\
Y_{2,20} =& +s_1 \cdot s_2 \cdot c_3 \\
Y_{2,21} =& +s_1 \cdot s_2 \cdot s_3 \\
Y_{2,22} =& +c_7 \cdot s_5 \cdot s_1 \cdot s_2 \cdot c_3 \cdot c_4 + c_7 \cdot s_1 \cdot s_2 \cdot s_3 \cdot c_5 + c_7 \cdot s_5 \cdot s_1 \cdot c_2 \cdot s_4 + \\
& -s_7 \cdot c_6 \cdot c_5 \cdot s_1 \cdot s_2 \cdot c_3 \cdot c_4 - s_7 \cdot c_6 \cdot c_5 \cdot s_1 \cdot c_2 \cdot s_4 + \\
& -s_7 \cdot s_6 \cdot s_1 \cdot s_2 \cdot c_3 \cdot s_4 + s_7 \cdot c_6 \cdot s_1 \cdot s_2 \cdot s_3 \cdot s_5 + \\
& +s_7 \cdot s_6 \cdot s_1 \cdot c_2 \cdot c_4 \\
Y_{2,23} =& -c_7 \cdot c_6 \cdot s_1 \cdot s_2 \cdot s_3 \cdot s_5 + s_7 \cdot s_5 \cdot s_1 \cdot c_2 \cdot s_4 + s_7 \cdot s_1 \cdot s_2 \cdot s_3 \cdot c_5 + \\
& +c_7 \cdot c_6 \cdot c_5 \cdot s_1 \cdot s_2 \cdot c_3 \cdot c_4 + s_7 \cdot s_5 \cdot s_1 \cdot s_2 \cdot c_3 \cdot c_4 + \\
& +c_7 \cdot s_6 \cdot s_1 \cdot s_2 \cdot c_3 \cdot s_4 + c_7 \cdot c_6 \cdot c_5 \cdot s_1 \cdot c_2 \cdot s_4 + \\
& -c_7 \cdot s_6 \cdot s_1 \cdot c_2 \cdot c_4 \\
Y_{2,24} =& -s_1 \cdot c_2 \\
Y_{3,25} =& +s_5 \cdot s_1 \cdot c_2 \cdot c_3 - c_4 \cdot c_5 \cdot c_1 \cdot c_3 + c_4 \cdot c_5 \cdot s_1 \cdot c_2 \cdot s_3 + s_5 \cdot c_1 \cdot s_3 \\
Y_{3,26} =& +c_4 \cdot s_1 \cdot c_2 \cdot s_3 - c_4 \cdot c_1 \cdot c_3 \\
Y_{3,27} =& -c_6 \cdot c_4 \cdot c_5 \cdot c_1 \cdot c_3 + c_6 \cdot s_5 \cdot s_1 \cdot c_2 \cdot c_3 + c_6 \cdot c_4 \cdot c_5 \cdot s_1 \cdot c_2 \cdot s_3 + \\
& +c_6 \cdot s_5 \cdot c_1 \cdot s_3 + s_4 \cdot s_6 \cdot s_1 \cdot c_2 \cdot s_3 - s_4 \cdot s_6 \cdot c_1 \cdot c_3 \\
Y_{3,28} =& +s_4 \cdot s_1 \cdot c_2 \cdot s_3 - s_4 \cdot c_1 \cdot c_3 \\
Y_{3,29} =& -c_4 \cdot s_5 \cdot s_1 \cdot c_2 \cdot s_3 + c_5 \cdot s_1 \cdot c_2 \cdot c_3 + c_4 \cdot s_5 \cdot c_1 \cdot c_3 + c_5 \cdot c_1 \cdot s_3 \\
Y_{3,30} =& -s_6 \cdot s_5 \cdot c_1 \cdot s_3 - s_6 \cdot c_4 \cdot c_5 \cdot s_1 \cdot c_2 \cdot s_3 + s_6 \cdot c_4 \cdot c_5 \cdot c_1 \cdot c_3 +
\end{aligned}
$$

$$-s_4 \cdot c_6 \cdot c_1 \cdot c_3 + s_4 \cdot c_6 \cdot s_1 \cdot c_2 \cdot s_3 - s_6 \cdot s_5 \cdot s_1 \cdot c_2 \cdot c_3$$

$$Y_{3,31} = +s_1 \cdot c_2 \cdot s_3 - c_1 \cdot c_3$$

$$Y_{3,32} = -c_1 \cdot s_3 - s_1 \cdot c_2 \cdot c_3$$

$$\begin{aligned} Y_{3,33} = &-c_7 \cdot c_4 \cdot s_5 \cdot c_1 \cdot c_3 + s_7 \cdot s_4 \cdot s_6 \cdot c_1 \cdot c_3 - s_7 \cdot s_4 \cdot s_6 \cdot s_1 \cdot c_2 \cdot s_3 + \\ &-c_7 \cdot c_5 \cdot s_1 \cdot c_2 \cdot c_3 - s_7 \cdot c_6 \cdot s_5 \cdot c_1 \cdot s_3 + s_7 \cdot c_6 \cdot c_4 \cdot c_5 \cdot c_1 \cdot c_3 + \\ &+c_7 \cdot c_4 \cdot s_5 \cdot s_1 \cdot c_2 \cdot s_3 - s_7 \cdot c_6 \cdot s_5 \cdot s_1 \cdot c_2 \cdot c_3 - c_7 \cdot c_5 \cdot c_1 \cdot s_3 + \\ &-s_7 \cdot c_6 \cdot c_4 \cdot c_5 \cdot s_1 \cdot c_2 \cdot s_3 \end{aligned}$$

$$\begin{aligned} Y_{3,34} = &+c_7 \cdot s_4 \cdot s_6 \cdot s_1 \cdot c_2 \cdot s_3 + c_7 \cdot c_6 \cdot s_5 \cdot c_1 \cdot s_3 - s_7 \cdot c_5 \cdot s_1 \cdot c_2 \cdot c_3 + \\ &+c_7 \cdot c_6 \cdot s_5 \cdot s_1 \cdot c_2 \cdot c_3 - s_7 \cdot c_4 \cdot s_5 \cdot c_1 \cdot c_3 - c_7 \cdot s_4 \cdot s_6 \cdot c_1 \cdot c_3 + \\ &-c_7 \cdot c_6 \cdot c_4 \cdot c_5 \cdot c_1 \cdot c_3 - s_7 \cdot c_5 \cdot c_1 \cdot s_3 + s_7 \cdot c_4 \cdot s_5 \cdot s_1 \cdot c_2 \cdot s_3 + \\ &+c_7 \cdot c_6 \cdot c_4 \cdot c_5 \cdot s_1 \cdot c_2 \cdot s_3 \end{aligned}$$

$$Y_{4,35} = +c_5 \cdot s_1 \cdot s_2 \cdot c_4 + c_5 \cdot s_4 \cdot s_1 \cdot c_2 \cdot c_3 + c_5 \cdot s_4 \cdot c_1 \cdot s_3$$

$$Y_{4,36} = +s_4 \cdot s_1 \cdot c_2 \cdot c_3 + s_1 \cdot s_2 \cdot c_4 + s_4 \cdot c_1 \cdot s_3$$

$$\begin{aligned} Y_{4,37} = &+c_5 \cdot c_6 \cdot s_4 \cdot s_1 \cdot c_2 \cdot c_3 - s_6 \cdot c_4 \cdot s_1 \cdot c_2 \cdot c_3 + c_5 \cdot c_6 \cdot s_4 \cdot c_1 \cdot s_3 + \\ &+s_6 \cdot s_1 \cdot s_2 \cdot s_4 + c_5 \cdot c_6 \cdot s_1 \cdot s_2 \cdot c_4 - s_6 \cdot c_4 \cdot c_1 \cdot s_3 \end{aligned}$$

$$Y_{4,38} = -c_4 \cdot s_1 \cdot c_2 \cdot c_3 - c_4 \cdot c_1 \cdot s_3 + s_1 \cdot s_2 \cdot s_4$$

$$Y_{4,39} = -s_5 \cdot s_4 \cdot c_1 \cdot s_3 - s_5 \cdot s_4 \cdot s_1 \cdot c_2 \cdot c_3 - s_5 \cdot s_1 \cdot s_2 \cdot c_4$$

$$\begin{aligned} Y_{4,40} = &-c_5 \cdot s_6 \cdot s_4 \cdot s_1 \cdot c_2 \cdot c_3 - c_5 \cdot s_6 \cdot s_1 \cdot s_2 \cdot c_4 - c_6 \cdot c_4 \cdot s_1 \cdot c_2 \cdot c_3 + \\ &-c_5 \cdot s_6 \cdot s_4 \cdot c_1 \cdot s_3 - c_6 \cdot c_4 \cdot c_1 \cdot s_3 + c_6 \cdot s_1 \cdot s_2 \cdot s_4 \end{aligned}$$

$$\begin{aligned} Y_{4,41} = &+s_5 \cdot c_7 \cdot s_4 \cdot s_1 \cdot c_2 \cdot c_3 + s_7 \cdot s_6 \cdot c_4 \cdot c_1 \cdot s_3 - s_7 \cdot s_6 \cdot s_1 \cdot s_2 \cdot s_4 + \\ &+s_7 \cdot s_6 \cdot c_4 \cdot s_1 \cdot c_2 \cdot c_3 + s_5 \cdot c_7 \cdot s_1 \cdot s_2 \cdot c_4 + s_5 \cdot c_7 \cdot s_4 \cdot c_1 \cdot s_3 + \\ &-s_7 \cdot c_5 \cdot c_6 \cdot s_1 \cdot s_2 \cdot c_4 - s_7 \cdot c_5 \cdot c_6 \cdot s_4 \cdot c_1 \cdot s_3 + \\ &-s_7 \cdot c_5 \cdot c_6 \cdot s_4 \cdot s_1 \cdot c_2 \cdot c_3 \end{aligned}$$

$$\begin{aligned} Y_{4,42} = &+c_7 \cdot c_5 \cdot c_6 \cdot s_1 \cdot s_2 \cdot c_4 - c_7 \cdot s_6 \cdot c_4 \cdot c_1 \cdot s_3 + s_5 \cdot s_7 \cdot s_1 \cdot s_2 \cdot c_4 + \\ &+c_7 \cdot c_5 \cdot c_6 \cdot s_4 \cdot c_1 \cdot s_3 + s_5 \cdot s_7 \cdot s_4 \cdot c_1 \cdot s_3 + c_7 \cdot s_6 \cdot s_1 \cdot s_2 \cdot s_4 + \\ &+s_5 \cdot s_7 \cdot s_4 \cdot s_1 \cdot c_2 \cdot c_3 - c_7 \cdot s_6 \cdot c_4 \cdot s_1 \cdot c_2 \cdot c_3 + \\ &+c_7 \cdot c_5 \cdot c_6 \cdot s_4 \cdot s_1 \cdot c_2 \cdot c_3 \end{aligned}$$

$$\begin{aligned} Y_{5,43} = &-c_5 \cdot c_1 \cdot c_3 + s_5 \cdot c_4 \cdot c_1 \cdot s_3 + c_5 \cdot s_1 \cdot c_2 \cdot s_3 - s_5 \cdot s_1 \cdot s_2 \cdot s_4 + \\ &+s_5 \cdot c_4 \cdot s_1 \cdot c_2 \cdot c_3 \end{aligned}$$

$$\begin{aligned} Y_{5,44} = &+c_6 \cdot s_5 \cdot c_4 \cdot s_1 \cdot c_2 \cdot c_3 + c_6 \cdot c_5 \cdot s_1 \cdot c_2 \cdot s_3 + c_6 \cdot s_5 \cdot c_4 \cdot c_1 \cdot s_3 + \\ &-c_6 \cdot s_5 \cdot s_1 \cdot s_2 \cdot s_4 - c_6 \cdot c_5 \cdot c_1 \cdot c_3 \end{aligned}$$

$$\begin{aligned} Y_{5,45} = &+c_5 \cdot c_4 \cdot c_1 \cdot s_3 - s_5 \cdot s_1 \cdot c_2 \cdot s_3 - c_5 \cdot s_1 \cdot s_2 \cdot s_4 + s_5 \cdot c_1 \cdot c_3 + \\ &+c_5 \cdot c_4 \cdot s_1 \cdot c_2 \cdot c_3 \end{aligned}$$

$$\begin{aligned} Y_{5,46} = &-s_6 \cdot s_5 \cdot c_4 \cdot s_1 \cdot c_2 \cdot c_3 - s_6 \cdot s_5 \cdot c_4 \cdot c_1 \cdot s_3 + s_6 \cdot s_5 \cdot s_1 \cdot s_2 \cdot s_4 + \\ &-s_6 \cdot c_5 \cdot s_1 \cdot c_2 \cdot s_3 + s_6 \cdot c_5 \cdot c_1 \cdot c_3 \end{aligned}$$

$$\begin{aligned} Y_{5,47} = &-c_6 \cdot s_7 \cdot s_5 \cdot c_4 \cdot c_1 \cdot s_3 - c_7 \cdot c_5 \cdot c_4 \cdot c_1 \cdot s_3 + c_7 \cdot s_5 \cdot s_1 \cdot c_2 \cdot s_3 + \\ &+c_6 \cdot s_7 \cdot s_5 \cdot s_1 \cdot s_2 \cdot s_4 + c_6 \cdot s_7 \cdot c_5 \cdot c_1 \cdot c_3 + c_7 \cdot c_5 \cdot s_1 \cdot s_2 \cdot s_4 + \\ &-c_7 \cdot c_5 \cdot c_4 \cdot s_1 \cdot c_2 \cdot c_3 - c_6 \cdot s_7 \cdot c_5 \cdot s_1 \cdot c_2 \cdot s_3 - c_7 \cdot s_5 \cdot c_1 \cdot c_3 + \\ &-c_6 \cdot s_7 \cdot s_5 \cdot c_4 \cdot s_1 \cdot c_2 \cdot c_3 \end{aligned}$$

$$
\begin{aligned}
Y_{5,48} = &-s_7 \cdot c_5 \cdot c_4 \cdot s_1 \cdot c_2 \cdot c_3 - s_7 \cdot c_5 \cdot c_4 \cdot c_1 \cdot s_3 + s_7 \cdot s_5 \cdot s_1 \cdot c_2 \cdot s_3 + \\
&+c_6 \cdot c_7 \cdot s_5 \cdot c_4 \cdot c_1 \cdot s_3 - c_6 \cdot c_7 \cdot c_5 \cdot c_1 \cdot c_3 + s_7 \cdot c_5 \cdot s_1 \cdot s_2 \cdot s_4 + \\
&-c_6 \cdot c_7 \cdot s_5 \cdot s_1 \cdot s_2 \cdot s_4 - s_7 \cdot s_5 \cdot c_1 \cdot c_3 + c_6 \cdot c_7 \cdot c_5 \cdot s_1 \cdot c_2 \cdot s_3 + \\
&+c_6 \cdot c_7 \cdot s_5 \cdot c_4 \cdot s_1 \cdot c_2 \cdot c_3 \\
Y_{6,49} = &+s_6 \cdot c_5 \cdot c_4 \cdot s_1 \cdot c_2 \cdot c_3 - s_6 \cdot c_5 \cdot s_1 \cdot s_2 \cdot s_4 - s_6 \cdot s_5 \cdot s_1 \cdot c_2 \cdot s_3 + \\
&+s_6 \cdot c_5 \cdot c_4 \cdot c_1 \cdot s_3 - c_6 \cdot s_4 \cdot s_1 \cdot c_2 \cdot c_3 - c_6 \cdot s_1 \cdot s_2 \cdot c_4 + \\
&+s_6 \cdot s_5 \cdot c_1 \cdot c_3 - c_6 \cdot s_4 \cdot c_1 \cdot s_3 \\
Y_{6,50} = &+c_6 \cdot c_5 \cdot c_4 \cdot s_1 \cdot c_2 \cdot c_3 + c_6 \cdot c_5 \cdot c_4 \cdot c_1 \cdot s_3 + s_6 \cdot s_4 \cdot s_1 \cdot c_2 \cdot c_3 + \\
&-c_6 \cdot c_5 \cdot s_1 \cdot s_2 \cdot s_4 - c_6 \cdot s_5 \cdot s_1 \cdot c_2 \cdot s_3 + s_6 \cdot s_4 \cdot c_1 \cdot s_3 + \\
&+c_6 \cdot s_5 \cdot c_1 \cdot c_3 + s_6 \cdot s_1 \cdot s_2 \cdot c_4 \\
Y_{6,51} = &+s_7 \cdot c_6 \cdot s_4 \cdot s_1 \cdot c_2 \cdot c_3 + s_7 \cdot c_6 \cdot s_1 \cdot s_2 \cdot c_4 + s_7 \cdot c_6 \cdot s_4 \cdot c_1 \cdot s_3 + \\
&-s_7 \cdot s_6 \cdot c_5 \cdot c_4 \cdot s_1 \cdot c_2 \cdot c_3 + s_7 \cdot s_6 \cdot s_5 \cdot s_1 \cdot c_2 \cdot s_3 + \\
&+s_7 \cdot s_6 \cdot c_5 \cdot s_1 \cdot s_2 \cdot s_4 - s_7 \cdot s_6 \cdot c_5 \cdot c_4 \cdot c_1 \cdot s_3 + \\
&-s_7 \cdot s_6 \cdot s_5 \cdot c_1 \cdot c_3 \\
Y_{6,52} = &-c_7 \cdot c_6 \cdot s_4 \cdot c_1 \cdot s_3 - c_7 \cdot s_6 \cdot s_5 \cdot s_1 \cdot c_2 \cdot s_3 + c_7 \cdot s_6 \cdot s_5 \cdot c_1 \cdot c_3 + \\
&+c_7 \cdot s_6 \cdot c_5 \cdot c_4 \cdot s_1 \cdot c_2 \cdot c_3 - c_7 \cdot c_6 \cdot s_4 \cdot s_1 \cdot c_2 \cdot c_3 \\
&-c_7 \cdot s_6 \cdot c_5 \cdot s_1 \cdot s_2 \cdot s_4 + c_7 \cdot s_6 \cdot c_5 \cdot c_4 \cdot c_1 \cdot s_3 \\
&-c_7 \cdot c_6 \cdot s_1 \cdot s_2 \cdot c_4 \\
Y_{7,53} = &+c_7 \cdot s_6 \cdot s_4 \cdot c_1 \cdot s_3 + c_7 \cdot s_6 \cdot s_1 \cdot s_2 \cdot c_4 - c_7 \cdot c_6 \cdot c_5 \cdot s_1 \cdot s_2 \cdot s_4 + \\
&-s_7 \cdot s_5 \cdot s_1 \cdot s_2 \cdot s_4 + s_7 \cdot s_5 \cdot c_4 \cdot c_1 \cdot s_3 + s_7 \cdot s_5 \cdot c_4 \cdot s_1 \cdot c_2 \cdot c_3 + \\
&+c_7 \cdot c_6 \cdot c_5 \cdot c_4 \cdot c_1 \cdot s_3 + c_7 \cdot c_6 \cdot s_5 \cdot c_1 \cdot c_3 + s_7 \cdot c_5 \cdot s_1 \cdot c_2 \cdot s_3 + \\
&+c_7 \cdot s_6 \cdot s_4 \cdot s_1 \cdot c_2 \cdot c_3 - c_7 \cdot c_6 \cdot s_5 \cdot s_1 \cdot c_2 \cdot s_3 - s_7 \cdot c_5 \cdot c_1 \cdot c_3 + \\
&+c_7 \cdot c_6 \cdot c_5 \cdot c_4 \cdot s_1 \cdot c_2 \cdot c_3 \\
Y_{7,54} = &+s_7 \cdot c_6 \cdot c_5 \cdot c_4 \cdot c_1 \cdot s_3 + s_7 \cdot s_6 \cdot s_1 \cdot s_2 \cdot c_4 - c_7 \cdot s_5 \cdot c_4 \cdot c_1 \cdot s_3 + \\
&-c_7 \cdot s_5 \cdot c_4 \cdot s_1 \cdot c_2 \cdot c_3 - c_7 \cdot c_5 \cdot s_1 \cdot c_2 \cdot s_3 + c_7 \cdot s_5 \cdot s_1 \cdot s_2 \cdot s_4 + \\
&-s_7 \cdot c_6 \cdot s_5 \cdot s_1 \cdot c_2 \cdot s_3 + s_7 \cdot s_6 \cdot s_4 \cdot c_1 \cdot s_3 + s_7 \cdot c_6 \cdot s_5 \cdot c_1 \cdot c_3 + \\
&-s_7 \cdot c_6 \cdot c_5 \cdot s_1 \cdot s_2 \cdot s_4 + s_7 \cdot s_6 \cdot s_4 \cdot s_1 \cdot c_2 \cdot c_3 + c_7 \cdot c_5 \cdot c_1 \cdot c_3 + \\
&+s_7 \cdot c_6 \cdot c_5 \cdot c_4 \cdot s1 \cdot c_2 \cdot c_3
\end{aligned}
$$

Literaturverzeichnis

[Agapakis u. a. 1990] AGAPAKIS, J. E. ; KATZ, J. M. ; FRIEDMAN, J. M. ; EPSTEIN, G. N.: Vision-Aided Robotic Welding: An Approach and a Flexible Implementation. In: *International Journal of Robotic Research* 9 (1990), Nr. 5, S. 17–34

[Agilent 2000] AGILENT TECHNOLOGIES, INC: *Solid-State Optical Mouse Sensor with PS/2 and Quadrature Outputs.* 2000

[Agilent 2001] AGILENT TECHNOLOGIES, INC: *Optical Mice and how they Work: The Optical Mouse is a complete imaging system in a tiny package.* 2001. – URL `http://literature.agilent.com/litweb/pdf/5988-4554EN.pdf`

[Agilent 2004] AGILENT TECHNOLOGIES, INC: *Agilent ADNS-2610 Optical Mouse Sensor.* 2004

[Agilent 2005] AGILENT TECHNOLOGIES, INC: *Understanding Optical Mice.* 2005. – URL `http://www.avagotech.com/assets/downloadDocument.do?id=2557`

[Ahle 2007] AHLE, E.: *Autonomous Systems: A Cognitive-Oriented Approach Applied to Mobile Robotics.* Aachen, Germany, Universität Duisburg-Essen, Fakultät für Maschinenbau, Dissertation, September 2007

[Alami u. a. 1998] ALAMI, R. ; CHATILA, R. ; FLEURY, S. ; GHALLAB, M. ; INGRAND, F.: An Architecture for Autonomy. In: *International Journal of Robotics Research* 17 (1998), April, Nr. 4, S. 315–337

[Albert und Gerth 2003] ALBERT, A. ; GERTH, W.: Bewegungsalgorithmen für zweibeinige Roboter ohne Oberkörper. In: *at – Automatisierungstechnik* 51 (2003), Nr. 1, S. 13–21

[Albu-Schäffer u. a. 2005] ALBU-SCHÄFFER, A. ; OTT, C. ; HIRZINGER, G.: A Unified Passivity Based Control Framework for Position, Torque and Impedance Control of Flexible Joint Robots. In: *International Symposium on Robotics Research*. San Francisco, USA, Oktober 2005

[Aldebaran] ALDEBARAN ROBOTICS: *Nao*. – URL `http://www.aldebaran-robotics.com/`

[Andreev u. a. 1976] ANDREEV, G. Y. u. a.: Assembling joints by magnetic method of orientation. In: *Russian Engineering* 56 (1976), Nr. 6, S. 68–71

[Antsaklis und Koutsoukos 1998] ANTSAKLIS, P. ; KOUTSOUKOS, X.: On hybrid control of complex systems: A survey. In: *Proceedings of the 3rd International Conference on Automation of Mixed Processes: Dynamic Hybrid Systems (ADMP)*. Reims, France, März 1998, S. 1–8

[Asano u. a. 2004] ASANO, F. ; YAMAMOTO, K. ; HARA, I. ; OGATA, J. ; YOSHIMURA, T. ; MOTOMURA, Y. ; ICHIMURA, N. ; ASOH, H.: Detection and separation of speech event using audio and video information fusion and its application to robust speech interface. In: *EURASIP Journal on Applied Signal Processing* 2004 (2004), Nr. 1, S. 1727–1738. – ISSN 1110-8657

[Asfour u. a. 2004] ASFOUR, T. ; LY, D. N. ; REGENSTEIN, K. ; DILLMANN, R.: Coordinated Task Execution for Humanoid Robots. In: *Proceedings of the 9th International Symposium on Experimental Robotics (ISER)*. Marina Mandarin, Singapore, Juni 2004, S. 1–10

[Asfour u. a. 2006] ASFOUR, T. ; REGENSTEIN, K. ; AZAD, P. ; SCHRÖEDER, J. ; BIERBAUM, A. ; VAHRENKAMP, N. ; DILLMANN, R.: ARMAR-III: An Integrated Humanoid Platform for Sensory-Motor Control. In: *Proceedings of the IEEE International Conference on Humanoid Robots*. Genoa, Italy, Dezember 2006

[Austin und McCarragher 2000] AUSTIN, D. ; MCCARRAGHER, B.: Hybrid Force/Velocity Discrete Event Controller Synthesis for Assembly Tasks with Friciton. San Francisco, California, April 2000

[Bachiller u. a. 2001] BACHILLER, M. ; A.ADÁN ; FELIU, V. ; CERRADA, C.: Well Structured Robot Positioning Control Strategy for Position Based Visual Servoing. In: *Proceedings of the IEEE International Conference on Robotics and Automation*, Mai 2001, S. 263–285

[Bagchi u. a. 2000] BAGCHI, S. ; BISWAS, G. ; KAWAMURA, K.: Task Planning under Uncertainty using a Spreading Activation Network. In: *IEEE Transaction on Systems, Man, and Cybernetics* 30 (2000), November, Nr. 6, S. 639–650

[Bandemer und Gottwald 1993] BANDEMER, H. ; GOTTWALD, S.: *Einführung in Fuzzy-Methoden: Theorie und Anwendungen unscharfer Mengen.* Akademie-Verlag, 1993. – ISBN 3055016017

[Beck 2005] BECK, S.: *Ein Konzept zur automatischen Lösung von Entscheidungsproblemen bei Unsicherheit mittels der Theorie der unschafren Mengen und der Evidenztheorie.* Karlsruhe, Germany, Universität Karlsruhe (TH), Fakultät für Maschinenbau, Dissertation, 2005

[Bentivegna und Atkeson 2001] BENTIVEGNA, D. C. ; ATKESON, C. G.: Learning from Observation Using Primitives. In: *Proceedings of the IEEE International Conference on Robotics and Automation.* Seoul, Korea, Mai 2001, S. 1988–1993

[Bonasso u. a. 1997] BONASSO, R. P. ; FIRBY, J. ; GAT, E. ; KORTENKAMP, D. ; MILLER, D. P. ; SLACK, M. G.: Experiences with an Architecture for Intelligent, Reactive Agents. In: *Journal of Experimental & Theoretical Artificial Intelligence* 9 (1997), April, Nr. 2/3, S. 237–256

[Borenstein und Koren 1991] BORENSTEIN, J. ; KOREN, Y.: The Vector Field Histogram - Fast Obstacle Avoidance for Mobile Robots. In: *IEEE Transactions on Robotics and Automation* 7 (1991), Nr. 3, S. 278–288

[Borrelly u. a. 1998] BORRELLY, J.-J. ; COSTE-MANIÈRE, E. ; ESPIAU, B. ; KAPELLOS, K. ; PISSARD-GIBOLLET, R. ; SIMON, D. ; TURRO, N.: The ORCCAD Architecture. In: *The International Journal of Robotics Research* 17 (1998), Nr. 4, S. 338–359

[Borst u. a. 2007] BORST, C. ; OTT, C. ; WIMBOCK, T. ; BRUNNER, B. ; ZACHARIAS, F. ; BAUML, B. ; HILLENBRAND, U. ; HADDADIN, S. ; ALBU-SCHÄFFER, A. ; HIRZINGER, G.: A humanoid upper body system for two-handed manipulation. In: *Proceedings of the IEEE International Conference on Robotics and Automation.* Roma, Italy, April 2007, S. 2766–2767

[Börcsök 2002] BÖRCSÖK, J.: *Fuzzy Control. Theorie und Industrieeinsatz.* Verlag Technik, 2002. – ISBN 3341012370

[Breazeal und Scassellati 1999] BREAZEAL, C. ; SCASSELLATI, B.: A context-dependent attention system for a social robot. In: *Proceedings of the 16th International Joint Conference on Artificial Intelligence (IJCAI)*. Stockholm, Sweden, 1999, S. 1146–1151

[Breiman u. a. 1984] BREIMAN, L. ; FRIEDMAN, J. ; OLSHEN, R. ; STONE, C.: *Classification and Regression Trees*. Monterey, CA : Wadsworth and Brooks, 1984

[Brooks und Iyengar 1998] BROOKS, R. R. ; IYENGAR, S. S.: *Multi-sensor fusion: fundamentals and applications with software*. Upper Saddle River, NJ, USA : Prentice-Hall, Inc., 1998. – ISBN 0-13-901653-8

[Brooks 1986] BROOKS, R. A.: A robust layered control system for a mobile robot. In: *Journal of Robotics and Automation* 2 (1986), März, Nr. 1, S. 14–23

[Bruyninckx u. a. 1995] BRUYNINCKX, H. ; DUTRÈ, S. ; SCHUTTER, J. D.: Peg-on-Hole: A Model Based Solution to Peg and Hole Alignment. In: *Proceedings of the IEEE International Conference on Robotics and Automation*. Nagoya, Japan, Mai 1995

[Buckley und Hayashi 1994] BUCKLEY, J. J. ; HAYASHI, Y.: Fuzzy neural networks: a survey. In: *Fuzzy Sets and System* 66 (1994), Nr. 1, S. 1–13. – ISSN 0165-0114

[Burnside 2005] BURNSIDE, E. ..: Bayesian networks: Computer-assisted diagnosis support in radiology. In: *Academic Radiology* 12 (2005), Nr. 4, S. 422–430

[Cailot und Kerlidou 1984] CAILOT, F. ; KERLIDOU, M.: Air Stream compliance. In: *Proceedings of the 5th International Conference on Assembly and Automation*. Paris, France, 1984

[Campanella u. a. 1996] CAMPANELLA, N. ; PERGOLINI, M. ; DAHER, W. ; MORACA, A. ; BORGOGNONI, C. ; MOROSINI, P.: Diagnosis of fever of unknown origin: use of Bayes theorem. In: *Recenti progressi in medicina* 90 (1996), Nr. 7-8, S. 387–391

[Cao und Sanderson 1993] CAO, T. ; SANDERSON, A.: A fuzzy Petri net approach to reasoning about uncertainty in robotic systems. In: *Proceedings of the IEEE International Conference on Robotics and Automation* Bd. 1. Atlanta, Georgia, Mai 1993, S. 317–322

[Cao und Sanderson 1994] CAO, T. ; SANDERSON, A.: Modeling of sensor-based robotic task plans using fuzzy Petri nets. In: *Proceedings of the Fourth International Conference on Computer Integrated Manufacturing and Automation Technology*. Troy, NY, Oktober 1994, S. 73–80

[Cardoso und Camargo 1999] CARDOSO, J. ; CAMARGO, H.: *Studies in Fuzziness and Soft Computing*. Bd. 22: *Fuzziness in Petri Nets*. Heidelberg, New York : Physica-Verlag, 1999. – ISBN 978-3-7908-1158-2

[Carlson 2002] CARLSON, G.: *Advancements in Automated Polishing, Buffing and Deburring*. Mai 2002. – URL `http://www.pfonline.com/articles/web050201.html`

[Cassandras 1993] CASSANDRAS, C. G.: *Discrete Event Systems: Modeling and Performance Analysis*. Irwin Publisher, 1993

[Chang u. a. 2004] CHANG, Z.-H. ; BIAN, X.-Q. ; SHI, X.-C.: Autonomous underwater vehicle: Petri net based hybrid control of mission and motion. In: *Proceedings of the 3rd International Conference on Machine Learning and Cybernetics* Bd. 2. Shanghai, China, August 2004, S. 1113–1118

[Chew und Lawley 2006] CHEW, S. F. ; LAWLEY, M. A.: Robust Supervisory Control for Production Systems With Multiple Resource Failures. In: *IEEE Transactions on Automation Science and Engineering* 3 (2006), Juli, Nr. 3, S. 309–323

[Choi u. a. 2006] CHOI, Y.-K. ; JOHNSON, W. O. ; THURMOND, M. C.: Diagnosis using predictive probabilities without cut-offs. In: *Statistics in medicine* 25 (2006), Nr. 4, S. 699–717

[CHRIS] CHRIS: *Cooperative Human Robot Interaction Systems*. – URL `http://164.11.131.110/index.html`

[Chung und Doo Yong 2001] CHUNG, S.-Y. ; DOO YONG, L.: Discrete event systems approach to fixtureless peg-in-hole assembly. In: *Proceedings of the American Control Conference* Bd. 6. Arlington, VA, Juni 2001, S. 4962–4967

[Cogito] COGITO: *Plan-based Control of Robotic Agents*. – URL `http://www9.cs.tum.edu/research/cogito`

[Corke und Good 1996] CORKE, P. ; GOOD, M.: Dynamic effects in visual closed-loop systems. In: *IEEE Transactions on Robotics and Automation* 12 (1996), October, Nr. 5, S. 671–683

[Corke 1996] CORKE, P.: A Robotics Toolbox for MATLAB. In: *IEEE Robotics and Automation Magazine* 3 (1996), März, Nr. 1, S. 24–32

[CorLab 2007] COR-LAB: *Research Institute for Cognition and Robotics.* Oktober 2007. – URL http://www.cor-lab.de/corlab/html/

[Craig 1989] CRAIG, J. J.: *Introduction to Robotics: Mechanics and Control.* Boston, MA, USA : Addison-Wesley Longman Publishing Co., Inc., 1989. – ISBN 0201095289

[Cutcosky und Wright 1981] CUTCOSKY, M. R. ; WRIGHT, P. K.: Position sensing wrists for industrial manipulators. In: *Proceedings of the 11th International Symposium on Industrial Robots.* Tokyo, Japan, 1981

[David und Alla 1992] DAVID, R. ; ALLA, H.: *Petri Nets and Grafcet: Tools for Modelling Discrete Event Systems.* Upper Saddle River, NJ, USA : Prentice-Hall, Inc., 1992. – ISBN 013327537X

[David und Alla 2005] DAVID, R. ; ALLA, H.: *Discrete, Continuous, and Hybrid Petri Nets.* Berlin, Heidelberg, New York : Springer, 2005. – ISBN 3-540-22480-7

[De Luca u. a. 2009] DE LUCA, A. ; FLACCO, F. ; BICCHI, A. ; SCHIAVI, R.: Nonlinear decoupled motion-stiffness control and collision detection/reaction for the VSA-II variable stiffness device. In: *Proceedings of the IEEE International Conference on Intelligent Robots and Systems*, Oktober 2009, S. 5487 –5494

[De Luca 2000] DE LUCA, A.: Feedforward/feedback laws for the control of flexible robots. In: *Proceedings of the IEEE International Conference on Robotics and Automation.* San Francisco, CA, April 2000, S. 233–240

[De Luca und Mattone 2003] DE LUCA, A. ; MATTONE, R.: Actuator failure detection and isolation using generalized momenta. In: *Proceedings of the IEEE International Conference on Robotics and Automation.* Taipei,Taiwan, Mai 2003, S. 634–639

[De Luca und Mattone 2004] DE LUCA, A. ; MATTONE, R.: An Adapt-and-Detect Actuator FDI Scheme for Robot Manipulators. In: *Proceedings of the IEEE International Conference on Robotics and Automation.* New Orleans, LA, April 2004, S. 4975–4980

[De Santis 2007] DE SANTIS, A.: *Modelling and Control for HumanŰRobot Interaction.* Napoli, Italy, Università degli Studi di napoli Federico II, Dipartimento di Informatica e Sistemistica, Dissertation, November 2007

[DeSouza und Kak 2002] DESOUZA, G. N. ; KAK, A. C.: Vision for Mobile Robot Navigation: A Survey. In: *IEEE Transaction on Pattern Analysis and Machine Intelligence* 24 (2002), Nr. 2, S. 237–267

[Estlin u. a. 2001] ESTLIN, T. ; VOLPE, R. ; NESNAS, I. ; MUTZ, D. ; FISHER, F. ; ENGELHARDT, B. ; CHIEN, S.: Decision-making in a Robotic Architecture for Autonomy. In: *Proceedings of the 6th International Symposium on Artificial Intelligence, Robotics and Automation in Space (iSAIRAS).* Montreal, Canada, Juni 2001

[Everett 1995] EVERETT, H. R.: *Sensors for mobile robots: theory and application.* Natick, MA : A. K. Peters, Ltd., 1995. – ISBN 1-56881-048-2

[Faulwasser und Findeisen 2009] FAULWASSER, T. ; FINDEISEN, R.: Ein prädiktiver Ansatz zur Lösung nichtlinearer Pfadverfolgungsprobleme unter Beschränkungen. In: *at – Automatisierungstechnik* 8 (2009), S. 386–394

[Ferdinand 2003] FERDINAND, K.: *Einführung in Techniken und Methoden der Multisensor Datenfusion.* 2003

[Ferrarini und Carpanzano 2002] FERRARINI, L. ; CARPANZANO, E.: A Structured Methodology for the Design and Implementation of Control and Supervision Systems for Robotic Applications. In: *IEEE Transaction on Control Systems Technology* 10 (2002), März, Nr. 2, S. 272–279

[Finkemeyer 2004] FINKEMEYER, B.: *Fortschritte in der Robotik.* Bd. 8: *Robotersteuerungsarchitektur auf der Basis von Aktionsprimitiven.* Aachen, Germany : Shaker Verlag, 2004. – ISBN 3-8322-2893-4

[Finzi u. a. 2004] FINZI, A. ; INGRAND, F. ; MUSCETTOLA, N.: Model-based Executive Control Through Reactive Planning for Autonomous Rovers. In: *Proceedings of the IEEE International Conference on Intelligent Robots and Systems.* Sendai, Japan, Oktober 2004

[Firby 1994] FIRBY, R. J.: *Adaptive Execution in Complex Dynamic Worlds.* New Haven, Yale University, Dissertation, 1994

[Flaus 1997] FLAUS, J. M.: Hybrid flow nets for batch processes modelling and simulation. In: *Proceedings of the 2nd IMACS MATHMOD Conference.* Vienna, Austria, 1997, S. 211–216

[Flip++ 1995] BONNER, M. ; MAYER, S. ; RAGGL, A. ; SLANY, W.: FLIP++: A fuzzy logic inference processor library. In: *Workshop Notes of the IJCAI'95 Workshop on Fuzzy Logic in Artificial Intelligence*, 1995, S. 83–92

[Fox u. a. 1997] FOX, D. ; BURGARD, W. ; THRUN, S.: The dynamic window approach to collision avoidance. In: *IEEE Robotics & Automation Magazine* 4 (1997), März, Nr. 1

[Frank 1994] FRANK, P. M.: Diagnoseverfahren in der Automatisierungstechnik. In: *at - Automatisierungstechnik* 42 (1994), Februar, S. 47–64

[Friedmann u. a. 2008] FRIEDMANN, M. ; PETERSEN, K. ; STRYK, O. von: Tailored real-time simulation for teams of humanoid robots. In: VISSER, U. (Hrsg.) ; RIBEIRO, F. (Hrsg.) ; OHASHI, T. (Hrsg.) ; DELLAERT, F. (Hrsg.): *RoboCup 2007: Robot Soccer World Cup XI* Bd. 5001. Berlin/Heidelberg : Springer-Verlag, 2008, S. 425–432. – URL http://www.springer.com/computer/artificial/book/978-3-540-68846-4

[Fritz u. a. 1998] FRITZ, M. ; PREUSS, K. ; ENGELL, S.: A Framework For Flexible Simulation Of Batch Plants. In: *European Journal of Automation* 32 (1998), S. 1119–1138

[Fujitsu Automation 2008] FUJITSU AUTOMATION: *Humanoid Robot HOAP-3*. Mai 2008. – URL http://jp.fujitsu.com/group/labs/downloads/en/business/activities/activities-4/fujitsu-labs-robotics-005-en.pdf

[Gao und Zhou 2005] GAO, M. ; ZHOU, M.: Control strategy selection for autonomous vehicles in a dynamic environment. In: *Proceedings of the IEEE International Conference on Systems, Man, and Cybernetics* Bd. 2. Hawaii, Oktober 2005, S. 1651–1656

[Gao u. a. 2003] GAO, M. ; ZHOU, M. ; HUANG, X. ; WU, Z.: Fuzzy Reasoning Petri Nets. In: *IEEE Transactions on Systems, Man, and Cybernetics* 33 (2003), Mai, Nr. 3, S. 314–324

[Gat 1991] GAT, E.: Integrating reaction and planning in a heterogeneous asynchronous architecture for mobile robot navigation. In: *SIGART Bull.* 2 (1991), Nr. 4, S. 70–74. – ISSN 0163-5719

[Gat 1998] GAT, E.: Three-layer architectures. In: *Artificial intelligence and mobile robots: case studies of successful robot systems* (1998), S. 195–210. ISBN 0-262-61137-6

[Geppert 2004] GEPPERT, L.: Qrio, the robot that could. In: *IEEE Spectrum* 41 (2004), Nr. 5, S. 34–37

[Gieselmann und Waibel 2006] GIESELMANN, P. ; WAIBEL, A.: Dynamic extension of a grammar-based dialogue system: constructing an all-recipes knowing robot. In: *Proceedings of the 9th International Conference on Spoken Language Processing (INTERSPEECH)*. Pittsburgh, PA, September 2006

[Glüer und Schmidt 2000] GLÜER, D. ; SCHMIDT, G.: A new approach for context based exception handling in autonomous mobile service robots. In: *Proceedings of the IEEE International Conference on Robotics and Automation* Bd. 4. San Francisco, CA, April 2000, S. 3272–3277

[Goebel u. a. 2009] GOEBEL, R. ; SANFELICE, R. G. ; TEEL, A. R.: Hybrid Dynamical Systems. In: *IEEE Control Systems Magazine* 29 (2009), April, Nr. 5, S. 28–93

[Haddadin u. a. 2009] HADDADIN, S. ; ALBU-SCHÄFFER, A. ; HIRZINGER, G.: Requirements for safe robots: Measurements, analysis and new insights. In: *International Journal of Robotics Research* 28 (2009), November/December, Nr. 11-12, S. 1507Ű1527

[Hall und Llinas 2001] HALL, D. L. ; LLINAS, J.: *Handbook of Multisensor Data Fusion*. Boca Raton, Florida : CRC Press LCC, 2001. – ISBN 0-8493-2379-7

[Handbook of Robotics 2008] SICILIANO, B. ; KHATIB, O.: *Springer Handbook of Robotics*. Berlin, Heidelberg, Germany : Springer Verlag, 2008. – ISBN 978-3-540-23957-4

[Harada u. a. 2004] HARADA, K. ; KAJITA, S. ; KANEHIRO, F. ; FUJIWARA, K. ; KANEKO, K. ; YOKOI, K. ; HIRUKAWA, H.: Real-Time Planning of Humanoid Robot's Gait for Force Controlled Manipulation. In: *Proceedings of the IEEE International Conference on Robotics and Automation*. New Orleans, LA, Mai 2004, S. 616–622

[Harada u. a. 2005] HARADA, K. ; KAJITA, S. ; SAITO, H. ; MORISAWA, M. ; KANEHIRO, F. ; FUJIWARA, K. ; KANEKO, K. ; HIRUKAWA, H.: A humanoid robot carrying a heavy object. In: *Proceedings of the IEEE International Conference on Robotics and Automation*. Barcelona, Spain, April 2005, S. 1724–1729

[Hasegawa u. a. 1992] HASEGAWA, T. ; SUEHIRO, T. ; TAKASE, K.: A Model-Based Manipulation System with Skill-Based Execution. In: *IEEE Transactions on Robotics and Automation* 8 (1992), Oktober, Nr. 5, S. 535–544

[Heracleous u. a. 2004] HERACLEOUS, P. ; NAKAMURA, S. ; SHIKANO, K.: Simultaneous Recognition of Distant-Talking Speech of Multiple Talkers Based on the 3-D N-Best Search Method. In: *Journal of VLSI Signal Processing Systems* 36 (2004), Nr. 2-3, S. 105–116. – ISSN 0922-5773

[Hill und Park 1979] HILL, J. ; PARK, W. T.: Real Time Control of a Robot with a Mobile Camera. In: *Proceedings of the 9th International Symposium on Industrial Robots*. Washington, DC, März 1979

[Hirai u. a. 1998] HIRAI, K. ; HIROSE, M. ; ; HAIKAWA, Y. ; TAKENAKA, T.: The development of Honda Humanoid Robot. In: *Proceedings of the IEEE International Conference on Robotics and Automation*. Leuven, Belgium, Mai 1998, S. 1321–1326

[Hives 2000] HIVES, P.: *Automation and modelling of robotic polishing*, University of Western Sydney, Nepean, School of Mechatronic, Computer and Electrical Engineering, Master thesis, 2000

[Hoffman u. a. 1985] HOFFMAN, B. D. ; POLLACK, S. H. ; WEISSMAN, B.: Vibratory insertion process: A new approach to non-standard component insertion. In: *Robotica* 8 (1985), S. 8.1–8.10

[Höppner u. a. 2000] HÖPPNER, F. ; KRUSE, R. ; KLAWONN, F. ; RUNKLER, T.: *Fuzzy Cluster Analysis: Methods for Classification, Data Analysis and Image Recognition*. Chichester, England : John Wiley Sons, Inc., 2000. – ISBN 0-471-98864-2

[Hutchinson u. a. 1996] HUTCHINSON, S. ; HAGER, G. D. ; CORKE, P. I.: A Tutorial on Visual Servo Control. In: *IEEE Transactions on Robotics and Automation* 12 (1996), Nr. 5, S. 651–670

[IEEE 2005] IEEE, I.: *Computer Vision*. New York, NY, USA : IEEE Press, Dezember 2005 ISSN 1070-9932

[IFR 2009] INTERNATIONAL FEDERATION OF ROBOTICS, STATISTICAL DEPARTMENT: *World Robotics 2009*. Oktober 2009. – URL http://www.worldrobotics.org

[J. Krüger 2008] J. KRÜGER, D. S.: Robust control of force-coupled humanŰrobot-interaction in assembly processes. In: *CIRP Annals* 57 (2008), Nr. 1, S. 41–44

[Jensen 1996] JENSEN, F. V.: *Introduction to Bayesian Networks*. Secaucus, NJ, USA : Springer-Verlag New York, Inc., 1996. – ISBN 0387915028

[Joyeux u. a. 2007] JOYEUX, S. ; ALAMI, R. ; LACROIX, S.: A Software Component for Simultaneous Plan Execution and Adaptation. In: *Proceedings of the IEEE International Conference on Intelligent Robots and Systems*. San Diego, CA, November 2007

[Jörg 1994] JÖRG, K.-W.: *Echtzeitfähige Multisensorintegration für Autonome Mobile Roboter*. Manheim, Germany, Universität Kaiserslautern, Fachbereich Informatik, Dissertation, 1994

[Kagami u. a. 2000] KAGAMI, S. ; KANEHIRO, F. ; TAMIYA, Y. ; INABA, M. ; INOUE, H.: Autobalancer: An online dynamic balance compensation scheme for humanoid robots. In: *Proceedings of the 4th International Workshop on Algorithmic Foundations on Robotics (WAFR)*. Hanover, NH, März 2000, S. 79–89

[Kaneko u. a. 2009] KANEKO, K. ; KANEHIRO, F. ; MORISAWA, M. ; MIURA, K. ; NAKAOKA, S. ; KAJITA, S.: Cybernetic Human HRP-4C. In: *9th IEEE-RAS International Conference on Humanoid Robots*. Paris, France, Dezember 2009, S. 7–14

[Katić und Vukobratović 2003] KATIĆ, D. ; VUKOBRATOVIĆ, M.: Survey of Intelligent Control Techniques for Humanoid Robots. In: *J. Intell. Robotics Syst.* 37 (2003), Nr. 2, S. 117–141. – ISSN 0921-0296

[Khatib 1986] KHATIB, O.: Real-Time Obstacle Avoidance for Manipulators and Mobile Robots. In: *International Journal of Robotics Research* 5 (1986), S. 90Ű98

[Kiencke 2006] KIENCKE, U.: *Ereignisdiskrete Systeme: Modellierung und Steuerung verteilter Systeme*. München, Germany : Oldenbourg Wissenschaftsverlag GmbH, 2006. – ISBN ISBN 978-3-486-58011-2

[Kiguchi und Fukuda 1999] KIGUCHI, K. ; FUKUDA, T.: A Survey of Force Control of Robot Manipulators Using Softcomputing Techniques. In: *Proceedings of the IEEE International Conference on Systems, Man, and Cybernetics*. Tokyo, Japan, Oktober 1999

[Kiguchi und Fukuda 2000] KIGUCHI, K. ; FUKUDA, T.: Position/Force Control of Robot Manipulatorsfor Geometrically Unknown Objects Using Fuzzy Neural Nezworks. In: *IEEE Transactions on Industrial Electronics* 47 (2000), Nr. 3, S. 641–649

[Knoll u. a. 1997] KNOLL, A. ; HILDEBRANDT, B. ; ZHANG, J.: Instructing Cooperating Assembly Robots through Situated Dialogues in Natural Language. In: *Proceedings of the IEEE International Conference on Robotics and Automation*. Albuquerque, New Mexico, April 1997

[Kobayashi u. a. 2002] KOBAYASHI, K. ; NAKATANI, A. ; TAKAHASHI, H. ; USHIO, T.: Motion planning for humanoid robots using timed Petri net and modular state net. In: *Proceedings of the IEEE International Conference on Systems, Man, and Cybernetics* Bd. 6. Yasmine Hammamet, Tunisia, Oktober 2002

[Koutsoukos u. a. 2000] KOUTSOUKOS, X. ; ANTSAKLIS, P. ; STIVER, J. ; LEMMON, M.: Supervisory control of hybrid systems. In: *Proceedings of the IEEE* Bd. 88, Juli 2000, S. 1026–1049

[Kuntze u. a. 1995] KUNTZE, H.-B. ; SAJIDMAN, M. ; JACUBASCH, A.: A Fuzzy-Logic concept for highly fast and accurate position control of industrial robots. In: *Proceedings of the IEEE International Conference on Robotics and Automation*. Nagoya, Japan, Mai 1995

[Kuntze 1981] KUNTZE, H.-B.: Stand und Entwicklungstendenzen des Projektes "Sehr fortgeschrittene Handhabungssysteme". In: *Fraunhofer-Berichte* (1981), Nr. 1/2, S. 30–36

[Kuntze 1984] KUNTZE, H.-B.: Closed-loop algorithms for industrial robots - a state of the art. In: *Process Automation* (1984), Nr. 1, S. 35–46

[Lambert 2004] LAMBERT, G.: *Prinzip und Einsatzmöglichkeiten moderner 3-D-Vision Systeme, Objekterkennung in der Robotik - Technologien - Methoden - Anwendungen*. Oktober 2004

[Lanzetta und Dini 1998] LANZETTA, M. ; DINI, G.: An Integrated Vision-Force System for Peg-In-Hole Assembly Operations. In: *Proceedings of the CIRP International Seminar on Intelligent Computation in Manufacturing Engineering*. Capri, Italy, Juli 1998

[Le Tien u. a. 2008] LE TIEN, L. ; ALBU-SCHÄFFER, A. ; DE LUCA, A. ; HIRZINGER, G.: Friction observer and compensation for control of robots with joint torque measurements. In: *Proceedings of the IEEE International Conference on Intelligent Robots and Systems*. Nice, France, September 2008, S. 3789–3795

[Lehmann u. a. 2006] LEHMANN, A. ; MIKUT, R. ; ASFOUR, T.: Petri Nets for Task Supervision in Humanoid Robots. In: *Proceedings of the 37th International Symposium on Robotics (ISR)*. Munich, Germany, Mai 2006

[Löffler u. a. 2003] LÖFFLER, K. ; GIENGER, M. ; PFEIFFER, F.: Sensor and control design of a dynamically stable biped robot. In: *Proceedings of the IEEE International Conference on Robotics and Automation*. Taipei, Taiwan, September 2003, S. 484–490

[Lippiello u. a. 2007] LIPPIELLO, V. ; SICILIANO, B. ; VILLANI, L.: Position-Based Visual Servoing in Industrial Multirobot Cells Using a Hybrid Camera Configuration. In: *IEEE Transactions on Robotics and Automation* 23 (2007), Februar, Nr. 1, S. 73–86

[Looney 1988] LOONEY, C. G.: Fuzzy Petri Nets for Rule-Based Decision Making. In: *IEEE Transactions on Systems, Man, and Cybernetics* 18 (1988), Nr. 1, S. 178–183

[Lundell u. a. 2005] LUNDELL, M. ; TANG, J. ; NYGARD, K.: Fuzzy Petri net for UAV decision making. In: *Proceedings of the International Symposium on Collaborative Technologies and Systems*. Saint Louis, Missouri, Mai 2005, S. 347–352

[Lunze 2006] LUNZE, J.: *Ereignisdiskrete Systeme*. München, Germany : Oldenbourg Wissenschaftsverlag GmbH, 2006. – ISBN 978-3-486-58071-6

[Malis 2002] MALIS, E.: Survey of vision-based robot control. In: *European Naval Ship Design, Captain Computer IV Forum*. ENSIETA, Brest, France, April 2002

[Malis u. a. 1999] MALIS, E. ; CHAUMETTE, F. ; BOUDET, S.: 2 1/2 d visual servoing. In: *IEEE Transactions on Robotics and Automation* 15 (1999), April, Nr. 2, S. 234–246

[Martinet u. a. 2004] MARTINET, P. ; CHAUMETTE, F. ; HASHIMOTO, K. ; MALIS, E.: Tutorial on Advanced Visual Servoing. In: *International Conference on Robotic Systems*, URL `http://www.robot.uji.es/EURON/visualservoing/tutorial/`, September 2004

[Mason 1981] MASON, M. T.: Compliance and force control for computer controlled manipulators. In: *IEEE Transaction on Systems, Man, and Cybernetics* 11 (1981), Juni, Nr. 6, S. 418–432

[McCarragher 1996] MCCARRAGHER, B.: Task primitives for the discrete event modeling and control of 6-DOF assembly tasks. In: *IEEE Transactions on Robotics and Automation* 12 (1996), April, Nr. 2, S. 280–289

[Metta u. a. 2005] METTA, G. ; SANDINI, G. ; VERNON, D. ; CALDWELL, D. ; TSAGARAKIS, N. ; BEIRA, R. ; SANTOS-VICTOR, J. ; IJSPEERT, A. ; RIGHETTI, L. ; CAPPIELLO, G. ; STELLIN, G. ; BECCHI, F.: The RobotCub project - an open framework for research in embodied cognition. In: *Proceedings of the IEEE International Conference on Humanoid Robots*. Tsukuba, Japan, Dezember 2005

[Minguez 2005] MINGUEZ, J.: The Obstacle Restriction Method (ORM): Obstacle Avoidance in Difficult Scenarios. In: *Proceedings of the IEEE International Conference on Intelligent Robots and Systems*. Edmonton, Canada, August 2005

[Minguez und Montano 2000] MINGUEZ, J. ; MONTANO, L.: Nearness Diagram Navigation (ND): A New Real Time Collision Avoidance Approach for Holonomic and no Holonomic Mobile Robots. In: *Proceedings of the IEEE International Conference on Intelligent Robots and Systems*. Takamatsu, Japan, November 2000

[Morikawa u. a. 2007] MORIKAWA, S. ; SENOO, T. ; NAMIKI, A. ; ISHIKAWA, M.: Realtime collision avoidance using a robot manipulator with light-weight small high-speed vision systems. In: *Proceedings of the IEEE International Conference on Robotics and Automation*. Rome, Italy, April 2007

[Morrow und Khosla 1997] MORROW, J. D. ; KHOSLA, P. K.: Manipulation Task Primitives for Composing Robot Skills. In: *Proceedings of the IEEE International Conference on Robotics and Automation*. Albuquerque, Mexico, April 1997, S. 3354–3359

[Musliner u. a. 2000] MUSLINER, D. J. ; GOLDMAN, R. P. ; PELICAN, M. J.: Using Model Checking to Guarantee Safety in Automatically-Synthesized Real-Time Controllers. In: *Proceedings of the IEEE International Conference on Robotics and Automation*. Breckeridge, Colorado, April 2000

[Namba und Maru 2003] NAMBA, K. ; MARU, N.: Positioning Control of the Arm of the Humanoid Robot by Linear Visual Servoing. In: *Proceedings of the IEEE International Conference on Robotics and Automation.* Taipei, Taiwan, September 2003

[Nenninger und Krebs 1997] NENNINGER, G. ; KREBS, V.: Modeling and Analysis of Hybrid Systems: A New Approach Integrating Petri Nets and Differential Equations. In: *Proceedings of the 5th IEEE International Workshop on Parallel and Distributed Real-Time Systems.* Geneva, Switzerland, 1997, S. 234–238

[Newman u. a. 2001] NEWMAN, W. ; ZHAO, Y. ; PAO, Y.-H.: Interpretation of Force and Moment Signals for Compliant Peg-in-Hole Assembly. In: *Proceedings of the IEEE International Conference on Robotics and Automation.* Seoul, Korea, Mai 2001

[Newmat 2006] DAVIES, R.: *Newmat C++ matrix library.* 2006. – URL http://www.robertnz.net/nm_intro.htm

[Nickel und Stiefelhagen 2006] NICKEL, K. ; STIEFELHAGEN, R.: Real-time Person Tracking and Pointing Gesture Recognition for Human-Robot Interaction. In: *Proceedings of the International Workshop on Human-Computer Interaction (HCI).* Prague, Czech Republic, Mai 2006

[Nilsson 1982] NILSSON, N. J.: *Artificial Intelligence.* Springer Verlag Tioga Publishing Company, 1982. – ISBN 978-3-540-11340-9

[Ogura u. a. 2006] OGURA, Y. ; AIKAWA, H. ; SHIMOMURA, K. ; KONDO, H. ; MORISHIMA, A. ; HUN-OK, L. ; TAKANISHI, A.: Development of a new humanoid robot WABIAN-2. In: *Proceedings of the IEEE International Conference on Robotics and Automation.* Orlando, Florida, Mai 2006, S. 76–81

[Orocos] THE OROCOS PROJECT: *Smarter control in robotics & automation!.* – URL http://www.orocos.org/

[Palomeras u. a. 2006] PALOMERAS, N. ; CARRERAS, M. ; RIDAO, P. ; HERNANDEZ, E.: Mission control system for dam inspection with an AUV. In: *Proceedings of the IEEE International Conference on Intelligent Robots and Systems.* Beijing, China, Oktober 2006, S. 2551–2556

[Papanikolopoulous und Khosla 1993] PAPANIKOLOPOULOUS, N. ; KHOSLA, P.: Adaptive robotic visual tracking: Theory and experiments. In: *IEEE Transactions on Automatic Control* 3 (1993), Nr. 38, S. 429–445

[Pardowitz u. a. 2006] PARDOWITZ, M. ; ZÖLLNER, R. ; KNOOP, S. ; DILLMANN, R.: Using Physical Demonstrations, Background Knowledge and Vocal Comments for Task Learning. In: *Proceedings of the IEEE International Conference on Intelligent Robots and Systems.* Beijing, China, Oktober 2006

[Parlitz u. a. 2007] PARLITZ, C. ; BAUM, W. ; REISER, U. ; HÄGELE, M.: Intuitive Human-Machine-Interaction and Implementation on a Household Robot Companion. In: *Proceedings of the 12th International Conference on Human-Computer Interaction (HCI.* Beijing, China, Juli 2007, S. 922–929

[Paul 1982] PAUL, R. P.: *Robot Manipulators: Mathematics, Programming, and Control.* Cambridge, MA, USA : MIT Press, 1982. – ISBN 026216082X

[Petroglou und Sparos 2006] PETROGLOU, N. ; SPAROS, L.: Diagnostic probabilities. Bayes' theorem and logistic regression. In: *Archives of Hellenic Medicine* 23 (2006), Nr. 2, S. 178–205

[Pfeiffer 2005] PFEIFFER, H. H.: *Autonomes Laufen.* Berlin, Heidelberg, Germany, New York, USA : Springer Verlag, Dezember 2005. – ISBN 978-3-540-25044-9

[Phriends] PHRIENDS: *Physical human-robot interaction: dependability and safety.* – URL http://www.phriends.eu/

[PN-World] PETRI NETS WORLD: *Online Services for the International Petri Nets Community.* – URL http://www.informatik.uni-hamburg.de/TGI/PetriNets/

[Raibert und Craig 1981] RAIBERT, M. H. ; CRAIG, J. J.: Hybrid Position/Force Control of Manipulators. In: *ASME Journal of Dynamic Systems, Measurements and Control* 102 (1981), S. 126–133

[Rembold u. a. 1998] REMBOLD, D. ; ZIMMERMANN, U. ; LÄNGLE, T. ; WÖRN, H.: Detection and handling of moving objects. In: *Proceedings of the 24th Annual Conference of the IEEE Industrial Electronics Society IECON.* Aachen, Germany, September 1998

[RobOOP 1996] GOURDEAU, R.: *ROBOOP - A robotics object oriented package in C++.* 1996. – URL http://www.cours.polymtl.ca/roboop/

[Rommelfanger 1994] ROMMELFANGER, H.: *Fuzzy Decision Support-Systeme: Entscheiden bei Unschärfe*. Springer Verlag, 1994. – ISBN 978-3540577935

[Sakagami u. a. 2002] SAKAGAMI, Y. ; WATANABE, R. ; AOYAMA, C. ; MATSUNAGA, S. ; HIGAKI, N. ; FUJIMURA, K.: The intelligent ASIMO: system overview and integration. In: *Proceedings of the IEEE International Conference on Intelligent Robots and Systems* Bd. 3. Las Vegas, Nevada, Oktober 2002, S. 2478–2483

[Sardain und Bessonnet 2004] SARDAIN, P. ; BESSONNET, G.: Forces acting on a biped robot. Center of pressure-zero moment point. In: *IEEE Transactions on Systems, Man and Cybernetics, Part A: Systems and Humans* 34 (2004), Nr. 5, S. 630–637

[Schaal u. a. 2004] SCHAAL, S. ; PETERS, J. ; NAKANISHI, J. ; IJSPEERT, A.: Learning Movement Primitives. In: *International Symposium on Robotics Research (ISRR)*, Springer, 2004

[Schaal 2006] SCHAAL, S.: Dynamic Movement Primitives - A Framework for Motor Control in Humans and Humanoid Robots. In: *Adaptive Motion of Animals and Machines*. Springer Tokyo, 2006, S. 261–280

[Schmid 2008] SCHMID, A.: *Intuitive Human-Robot Cooperation*. Karlsruhe, Germany, Universität Karlsruhe, Fakultät für Informatik, Dissertation, Juli 2008

[Schmidt 2005] SCHMIDT, G.: Perzeptionsbasiertes humanoides Gehen. [Pfeiffer, 2005], S. 161–171. ISBN 978-3-540-25044-9

[Schnieder u. a. 2001] SCHNIEDER, E. ; CHOUIKHA, M. ; OBER, B.: Automatisierter Steuerungsentwurf für diskrete und kontinuierlich-diskrete Systeme. In: *at - Automatisierungstechnik* 49 (2001), Juni, Nr. 6, S. 280–289

[Schrempf u. a. 2005] SCHREMPF, O. ; HANEBECK, U. ; SCHMID, A. ; WORN, H.: A novel approach to proactive human-robot cooperation. In: *Proceedings of the IEEE International Workshop on Robot and Human Interactive Communication (ROMAN)*. Nashville, TN, August 2005, S. 555–560

[Schulz u. a. 2004] SCHULZ, S. ; PYLATIUK, C. ; KARGOV, A. ; OBERLE, R. ; BRETTHAUER, G.: Progress in the development of anthropomorphic fluidic hands for a humanoid robot. In: *Proceedings of the 4th IEEE-*

RAS/RSJ International Conference on Humanoid Robots Bd. 2. Los Angeles, CA, November 2004, S. 566– 575

[Sciavicco und Siciliano 2000] SCIAVICCO, L. ; SICILIANO, B.: *Modelling and Control of Robot Manipulators*. Secaucus, NJ, USA : Springer-Verlag New York, Inc., 2000. – ISBN 1852332212

[Serrano 2006] SERRANO, N.: A Bayesian Framework for Landing Site Selection during Autonomous Spacecraft Descent. In: *Proceedings of the IEEE International Conference on Intelligent Robots and Systems*. Beijing, China, Oktober 2006, S. 5112–5117

[SFB588 2001] SONDERFORSCHUNGSBEREICH 588 "HUMANOIDE ROBOTER": *lernende und kooperierende multimodale Roboter*. 2001. – URL http://sfb588.ira.uka.de/

[Söffker und Ahle 2007] SÖFFKER, D. ; AHLE, E.: Idea, conception and realisation of learning abilities for robot control using a Situation-Operator-Model. In: *International Journal of Intelligent Systems Technologies and Applications (IJISTA)* 2 (2007), Nr. 2/3, S. 271–283

[Shannon 1938] SHANNON, C. E.: A symbolic analysis of relay and switching circuits. In: *Transaction of the American Institute of Electrical Engineers (AIEE)* 57 (1938), S. 713–723

[Siciliano und Villani 2000] SICILIANO, B. ; VILLANI, L.: *Robot Force Control*. Norwell, MA, USA : Kluwer Academic Publishers, 2000. – ISBN 0792377338

[Siegwart und Nourbakhsh 2004] SIEGWART, R. ; NOURBAKHSH, I. R.: *Introduction to Autonomous Mobile Robots*. Cambridge, Massachusetts, London, England : A Bradford Book, The MIT Press, 2004. – ISBN 0-262-19502-X

[Sim u. a. 2002] SIM, T. ; HONG, G. ; LIM, K.: A pragmatic 3D visual servoing system. In: *Proceedings of the IEEE International Conference on Robotics and Automation* Bd. 4, Mai 2002, S. 4185–4190

[Sobh 2007] SOBH, T. M.: *Discrete Event Hybrid Systems in Robotics And Automation*. Commack, NY, USA : Nova Science Publishers, Inc., 2007. – ISBN 1594544638

[Steil u. a. 2001] STEIL, J. J. ; HEIDEMANN, G. ; JOCKUSCH, J. ; RAE, R. ; JUNGCLAUS, N. ; RITTER, H.: Guiding Attention for Grasping Tasks by Gestural Instruction: The GRAVIS-Robot Architecture. In: *Proceedings of the IEEE International Conference on Intelligent Robots and Systems*. Maui, Hawaii, November 2001, S. 1570–1577

[Stiefelhagen und Zhu 2002] STIEFELHAGEN, R. ; ZHU, J.: Head Orientation and Gaze Direction in Meetings. In: *Proceedings of the International Conference on Human Factors in Computing Systems (CHI)*. Philadelphia, PA, Juli 2002

[Swerdlow u. a. 2007] SWERDLOW, A. ; KROSCHEL, K. ; MACHMER, T. ; BECHLER, D.: Localization and identification of persons and ambient noise sources via acoustic scene analysis. In: *Proceedings of the 14th International Congress on Sound Vibration*. Cairns, Australia, Juli 2007

[Thuilot u. a. 2002] THUILOT, B. ; MARTINET, P. ; CORDESSES, L. ; ; GALLICE, J.: Position based visual servoing : keeping the object in the field of vision. In: *Proceedings of the IEEE International Conference on Robotics and Automation*, Mai 2002, S. 1624–1629

[Tsai u. a. 2003] TSAI, M. J. ; CHANG, J.-L. ; HAUNG, J.-F.: Development of an Automatic Mold Polishing System. In: *Proceedings of the IEEE International Conference on Robotics and Automation*. Taipei, Taiwan, September 2003

[UNECE 2004] UNITED NATIONS ECONOMIC COMMISSION FOR EUROPE: *World Robotics 2004*. Oktober 2004. – URL http://www.unece.org/press/

[Vapnik 1998] VAPNIK, V. N.: *Statistical learning theory*. New York, NY : John Wiley Sons, Inc., 1998. – ISBN 0-471-03003-1

[Vernon u. a. 2007] VERNON, D. ; METTA, G. ; SANDINI, G.: A survey of artificial cognitive systems: implications for the autonomous development of mental capabilities in computational agents. In: *IEEE Transactions on Evolutionary Computation* 11 (2007), April, Nr. 2, S. 151–180

[Vincze und Hager 2000] VINCZE, M. ; HAGER, G. D.: *Robust Vision for Vision-based Control of Motion*. New York, NY, USA : IEEE Press, 2000. – ISBN 978-0-7803-5378-7

[Vollmer 2004] VOLLMER, R. T.: Patient age in Spitz nevus and malignant melanoma: Implication of bayes rule for differential diagnosis. In: *American journal of clinical pathology* 121 (2004), Nr. 6, S. 872–877

[Weigel u. a. 2001] WEIGEL, T. ; KLEINER, A. ; DIESCH, F. ; DIETL, M. ; GUTMANN, J.-S. ; NEBEL, B. ; STIEGELER, P. ; SZERBAKOWSKI, B.: CS Freiburg 2001. In: *International RoboCup Symposium.* Seattle, WA, 2001

[Weiss] WEISS ROBOTICS: *Innovation in tactile sensing.* – URL `http://www.weiss-robotics.de/`

[Whitney 1982] WHITNEY, D. E.: Quasi-Static Assembly of Compliantly Supported Rigid Parts. In: *Dynamic Systems, Measurement and Control* 104 (1982), S. 65–77

[Wilson u. a. 1996] WILSON, W. J. ; HULLS, C. C. W. ; BELL, G. S.: Relative end-effector control using Cartesian position based visual servoing: Special section on vision-based control of robot manipulators. In: *IEEE Transactions on Robotics and Automation* 5 (1996), Nr. 12, S. 684–696

[Yamaguchi u. a. 1999] YAMAGUCHI, J. ; SOGA, E. ; INOUE, S. ; TAKANISHI, A.: Development of a bipedal humanoid robot-control method of wholebody cooperative dynamic biped walking. In: *Proceedings of the IEEE International Conference on Robotics and Automation* Bd. 1. Detroit, Michigan, Mai 1999, S. 368–374

[Yamane und Nakamura 2003] YAMANE, K. ; NAKAMURA, Y.: Dynamics Filter - concept and implementation of online motion Generator for human figures. In: *IEEE Transactions on Robotics and Automation* 19 (2003), Juni, Nr. 3, S. 421–432

[Yin-Tien und Yann-Jyi 2001] YIN-TIEN, W. ; YANN-JYI, J.: Grinding Force Models in Finishing Processes. In: *Proceedings of the IEEE/ASME International Conference on Advanced Intelligent Mechatronics.* Como, Italy, Juli 2001

[Zadeh und Yage 1987] ZADEH, L. A. ; YAGE, R. R.: *Fuzzy Sets and Applications: Selected Papers by L. A. Zadeh.* John Wiley Sons, Inc., 1987. – ISBN 0471857106

[Zhou 1998] ZHOU, M. C.: Modeling, analysis, simulation, scheduling, and control of semiconductor manufacturing systems: A Petri net approach. In: *IEEE Transactions on Semiconductor Manufacturing* 11 (1998), August, Nr. 3, S. 333–357

Betreute Arbeiten

[Barth 2010] BARTH, S.: *3D-Visualisierung der Umwelt eines Robotersystems*, Hochschule Karlsruhe, Technik und Wirtschaft, Praktikumsbericht, August 2010

[Bächlin 2005] BÄCHLIN, M.: *Kraftgeregeltes Greifen und Tragen eines schweren Objekts mit Hilfe von zwei Roboterarmen*, Universität Karlsruhe (TH), Studienarbeit, August 2005

[Bürger 2006] BÜRGER, S.: *Roboterbasierte geregelte Bearbeitung bewegter Oberflächen unter Verwendung eines neuartigen Schlupfsensors*, Institut für angewandte Informatik und Automatisierungstechnik, Universität Karlsruhe (TH), Diplomarbeit, August 2006

[Burget 2009] BURGET, F.: *Entwicklung eines bildgestützten Erkennungs- und Lokalisierungsalgorithmus zur Objektverfolgung mittels eines humanoiden Roboterkopfes*, Hochschule Karlsruhe, Technik und Wirtschaft, Bachelor-Thesis, Juli 2009

[D'Angelo 2006] D'ANGELO, L. T.: *Ereignis-diskrete Regelung für humanoide Roboter basierend auf dem Aktionsprimitivenkonzept*, Institut für angewandte Informatik und Automatisierungstechnik, Universität Karlsruhe (TH), Diplomarbeit, November 2006

[Diestel-Feddersen 2004] DIESTEL-FEDDERSEN, B.: *Strukturvariable Regelung eines humanoiden Roboterarmes mit bildgebenden und Kraft-Momenten-Sensoren*, Institut für Mess- und Regelungstechnik, Universität Karlsruhe (TH), Diplomarbeit, Oktober 2004

[Ebbinghaus 2008] EBBINGHAUS, J.: *Subtiles schlupf- und kraftgeregeltes Greifen*, Hochschule Karlsruhe, Technik und Wirtschaft, Praktikumsbericht, Februar 2008

[Emter 2005] EMTER, T.: *Akustische Lokalisation eines heruntergefallenen Objekts mit Hilfe von einem Mikrophon-Array*, Institut für Nachrichtentechnik, Universität Karlsruhe (TH), Diplomarbeit, September 2005

[Erdogan 2010] ERDOGAN, A.: *Bahnplanung für redundante Roboterarme*, Universität Karlsruhe (TH), Praktikumsbericht, April 2010

[Herdt 2008] HERDT, A.: *Untersuchung der dynamischen Bahnplanung für einen humanoiden Roboterarm in einer zeitvarianten Umwelt*, Institut für Theoretische Elektrotechnik und Systemoptimierung,Universität Karlsruhe (TH), Studienarbeit, Dezember 2008

[Hollnagel 2006] HOLLNAGEL, C.: *Untersuchungen zum visuell geregelten Greifen von Gegenständen mit Hilfe einer mehrgliedrigen Roboterhand*, Institut für angewandte Informatik und Automatisierungstechnik, Universität Karlsruhe (TH), Diplomarbeit, Dezember 2006

[Nguyen 2008] NGUYEN, M. P.: *Optimierung der autonomen Entscheidungsfindung eines humanoiden Roboters*, Universität Karlsruhe (TH), Praktikumsbericht, März 2008

[Petereit 2008] PETEREIT, J.: *Stewart-Plattform*, Universität Karlsruhe (TH), Praktikumsbericht, Dezember 2008

[Petereit 2009] PETEREIT, J.: *Entwicklung eines Fusionsalgorithmus und Performance-Evaluierung für ein integriertes Navigationssystem*, Institut für Photonik und Quantenelektronik, Universität Karlsruhe (TH), Studienarbeit, April 2009

[Schütz 2005] SCHÜTZ, M.: *Visionsbasiertes Balancieren einer Kugel mit Hilfe von zwei Roboterarmen*, Institut für angewandte Informatik und Automatisierungstechnik, Universität Karlsruhe (TH), Diplomarbeit, März 2005

[Vallone 2010] VALLONE, L.: *Adaptive Predictive Gaze Control of a Redundant Humanoid Robot Head*, Università di Roma "La Sapienza", Facoltà di Ingegneria, Diplomarbeit, September 2010

[Yan 2009] YAN, W.: *Nachbildung eines menschlichen Reflexbogens mittels künstlicher Neuronen Modelle*, Institut für angewandte Informatik, Karlsruhe Institute of Technology (KIT), Diplomarbeit, November 2009

Eigene Veröffentlichungen

[Balzer und Milighetti 2005] BALZER, J. ; MILIGHETTI, G.: Bewegungsregelung eines humanoiden Roboterarms mit bildgebender Nah- und Weitbereichssensorik. In: *36. Sitzung GMA-FA 4.13 "Steuerung und Regelung von Robotern"*. Gersthofen, Germany, Januar 2005

[Bauer u. a. 2010] BAUER, C. ; MILIGHETTI, G. ; YAN, W. ; MIKUT, R.: Human-like Reflexes for Robotic Manipulation using Leaky Integrate-and-Fire Neurons. In: *IEEE/RSJ International Conference on Intelligent Robots and Systems 2010*. Taipei, Taiwan, Oktober 2010

[Bächlin u. a. 2005] BÄCHLIN, M. ; BEYERER, J. ; KUNTZE, H.-B. ; MILIGHETTI, G.: *Vorrichtung zum Schlupfüberwachten, kraftschlüssigen Ergreifen, Halten und Manipulieren eines Objektes mittels einer Greiferanordnung*. 2005. – P-2005-02 Deutsche Patentanmeldung am 12.07.2005, Amtliches Aktenzeichen: 10 2005 032 502.5

[Diestel-Feddersen und Milighetti 2005] DIESTEL-FEDDERSEN, B. ; MILIGHETTI, G.: Strukturvariable Regelung eines humanoiden Roboterarmes mit bildgebenden und Kraft-Momenten-Sensoren. In: *36. Sitzung GMA-FA 4.13 "Steuerung und Regelung von Robotern"*. Gersthofen, Germany, Januar 2005

[Giesen u. a. 2004a] GIESEN, K. ; DEUTSCHER, R. ; MILIGHETTI, G. ; FREY, C. ; KUNTZE, H.-B.: Structure Variable Multi-Sensoric Supervisory Control of Human Interactive Robots. In: *IEEE International Conference on Control Applications 2004*. Taipei, Taiwan, September 2004

[Giesen u. a. 2004b] GIESEN, K. ; MILIGHETTI, G. ; FREY, C. ; KUNTZE, H.-B.: Strukturvariable multisensorielle Überwachung und Regelung von Mensch-Roboter-Systemen. In: *38. Regelungstechnisches Kolloquium*. Boppard, Germany, Februar 2004

[Kuntze u. a. 2003a] KUNTZE, H.-B. ; FREY, C. ; GIESEN, K. ; MILIGHETTI, G.: Fault Tolerant Supervisory Control of Human Interactive Robots. In: *IAR Annual Meeting, ACD Workshop 2003*. Duisburg, Germany, November 2003

[Kuntze u. a. 2003b] KUNTZE, H.-B. ; FREY, C. ; GIESEN, K. ; MILIGHETTI, G.: On a smart structure variable supervisory control concept for humanoid robots. In: *IEEE-RAS/RSJ International Conference on Humanoid Robots 2003*. Karlsruhe, Germany, Dezember 2003

[Kuntze u. a. 2004] KUNTZE, H.-B. ; GIESEN, K. ; MILIGHETTI, G. ; FREY, C. ; DEUTSCHER, R.: Multisensorielle Überwachung und Regelung humanoider Roboter. In: *Automatisierungstechnische Praxis atp* 12 (2004), Nr. 46, S. 60–68

[Kuntze u. a. 2008] KUNTZE, H.-B. ; GIESEN, K. ; MILIGHETTI, G. ; FREY, C. ; DEUTSCHER, R.: *Multisensorielle Überwachung und Regelung humanoider Roboter*. 2008. – URL `http://www.competence-site.de/automatisierung.nsf/cc/WEBS-7FXLHL!OpenDocument`

[Milighetti 2003a] MILIGHETTI, G.: Actuator Failure Detection and Isolation for Robot Manipulators. In: *34. Sitzung GMA-FA 4.13 "Steuerung und Regelung von Robotern"*. Frankfurt am Main, Germany, Juli 2003

[Milighetti 2003b] MILIGHETTI, G.: *Rilevazione e isolamento di guasti di attuatori in robot manipolatori*. Rome, Italy, Università degli studi di Roma "La Sapienza", Diplomarbeit, Februar 2003

[Milighetti 2005a] MILIGHETTI, G.: Über ein diskret-kontinuierliches auf Aktionsprimitiven basierendes Regelungskonzept für humanoide Roboter. In: *37. Sitzung GMA-FA 4.13 "Steuerung und Regelung von Robotern"*. Frankfurt am Main, Germany, Juli 2005

[Milighetti 2005b] MILIGHETTI, G.: Intelligente Überwachung und Regelung humanoider Roboter. In: *Fraunhofer IITB Jahresbericht* (2005), S. 44–45

[Milighetti 2005c] MILIGHETTI, G.: Visionbasierte Regelung humanoider Roboter. In: *visIT* 3 (2005), S. 10–11

[Milighetti 2007a] MILIGHETTI, G.: Diskret-kontinuierliche Regelung und Überwachung von humanoiden Robotern basierend auf Aktionsprimitiven und Petri-Netzen. In: *Informatik-Kolloquium.* Braunschweig, Germany : Universität Braunschweig, Februar 2007

[Milighetti 2007b] MILIGHETTI, G.: Diskret-kontinuierliche Regelung und Überwachung von humanoiden Robotern basierend auf Aktionsprimitiven und Petri-Netzen. In: *Automatisierungstechnisches Kolloquium.* Bochum, Germany : Universität Bochum, Mai 2007

[Milighetti 2008] MILIGHETTI, G.: Visuell geregeltes Greifen mit Hilfe einer intelligenten Hand. In: *12. Informationstechnischen Kolloquium "Regelung humanoider Roboter".* Karlsruhe, Germany : Fraunhofer Institute IITB, Dezember 2008

[Milighetti 2009a] MILIGHETTI, G.: Kap. Decision making for humanoid robots based on a modular task structure, S. 213–230. In: CHOI, B. (Hrsg.): *Humanoid Robots*, In-Tech, Januar 2009. – URL `http://books.i-techonline.com/downloadpdf.php?id=6242`. – ISBN 978-953-7619-44-2

[Milighetti 2009b] MILIGHETTI, G.: Mensch-Roboter-Kooperation: Eine Hilfe Im Alltagsleben. In: *visIT* 2 (2009), S. 10–11

[Milighetti u. a. 2008] MILIGHETTI, G. ; EBBINGHAUS, J. ; KUNTZE, H.-B.: Kraft- und Schlupfgeregeltes Greifen und Bearbeiten von Gegenständen mit Hilfe eines neuen optischen Sensors. In: *INDUSTRIEflash* 7/8 (2008), S. 2–5

[Milighetti u. a. 2010a] MILIGHETTI, G. ; EMTER, T. ; FREY, C. ; KUNTZE, H.-B.: Entwicklung und experimentelle Erprobung von perzeptorisch geregelten Grundgeschicklichkeiten humanoider Roboter. In: *43. Sitzung GMA-FA 4.13 "Steuerung und Regelung von Robotern".* Stuttgart, Germany, März 2010

[Milighetti u. a. 2009a] MILIGHETTI, G. ; EMTER, T. ; FREY, C. ; RITTER, M.: Überwachung und Regelung intelligenter Robotersysteme. In: *13. Informationstechnischen Kolloquium "Innovative Automatisierung für Produkte und Prozesse".* Karlsruhe, Germany : Fraunhofer Institute IITB, Mai 2009

[Milighetti u. a. 2006a] MILIGHETTI, G. ; EMTER, T. ; KUNTZE, H.-B. ; BECHLER, D. ; KROSCHEL, K.: Combined Visual-Acoustic Grasping for Humanoid Robots. In: *International Conference on Multisensor Fusion and Integration for Intelligent Systems 2006.* Heidelberg, Germany, September 2006

[Milighetti u. a. 2006b] MILIGHETTI, G. ; EMTER, T. ; KUNTZE, H.-B. ; BECHLER, D. ; KROSCHEL, K.: Primitive-Skill Based Supervisory Control of a Humanoid Robot Applied to a Visual-Acoustic Localization Task. In: *Robotik 2006*. Munich, Germany, Mai 2006

[Milighetti u. a. 2004a] MILIGHETTI, G. ; FREY, C. ; DIESTEL-FEDDERSEN, B. ; KUNTZE, H.-B.: Design and implementation of a modular fault tolerant robot control concept. In: *IAR Annual Meeting, ACD Workshop 2004*. Karlsruhe, Germany, November 2004

[Milighetti u. a. 2004b] MILIGHETTI, G. ; FREY, C. ; KUNTZE, H.-B.: Multisensorielle Überwachung und Regelung humanoider Roboter. In: *Bergisches Seminar für Robotik*. Wuppertal, Germany : Universität Wuppertal, Dezember 2004

[Milighetti u. a. 2004c] MILIGHETTI, G. ; GIESEN, K. ; DEUTSCHER, R. ; FREY, C. ; KUNTZE, H.-B.: Multisensorielle Überwachung und Regelung humanoider Roboter. In: *Robotik 2004*. Munich, Germany, Juni 2004

[Milighetti und Kuntze 2006a] MILIGHETTI, G. ; KUNTZE, H.-B.: Multisensor controlled Skills for humanoid Robots. In: *International IFAC Symposium on Robot Control 2006*. Bologna, Italy, September 2006

[Milighetti und Kuntze 2006b] MILIGHETTI, G. ; KUNTZE, H.-B.: Multi-Sensor Robot Control for Humanoid Two-Arms Skills. In: *Robotik 2006*. Munich, Germany, Mai 2006

[Milighetti und Kuntze 2006c] MILIGHETTI, G. ; KUNTZE, H.-B.: On the Discrete-Continuous Control of Basic Skills for Humanoid Robots. In: *IEEE/RSJ International Conference on Intelligent Robots and Systems 2006*. Beijing, China, Oktober 2006

[Milighetti und Kuntze 2006d] MILIGHETTI, G. ; KUNTZE, H.-B.: On the discrete-continuous supervisory control of skills for humanoid robots. In: *French-German Workshop on Humanoid and Legged Robots 2006*. Karlsruhe, Germany, September 2006

[Milighetti und Kuntze 2007a] MILIGHETTI, G. ; KUNTZE, H.-B.: Diskret-kontinuierliche Regelung und Überwachung von Robotern basierend auf Aktionsprimitiven und Petri-Netzen. In: *17.Workshop "Computational Intelligence" GMA-FA 5.14*. Bommerholz, Germany, Dezember 2007

[Milighetti und Kuntze 2007b] MILIGHETTI, G. ; KUNTZE, H.-B.: Fuzzy based decision making for the discrete-continuous control of humanoid robots. In: *IEEE/RSJ International Conference on Intelligent Robots and Systems 2007.* San Diego, CA, USA, November 2007

[Milighetti und Kuntze 2007c] MILIGHETTI, G. ; KUNTZE, H.-B.: On the robot based surface finishing of moving unknown parts by means of a new slip and force control concept. In: *IEEE International Conference on Robotics and Automation 2007.* Rome, Italy, April 2007

[Milighetti und Kuntze 2007d] MILIGHETTI, G. ; KUNTZE, H.-B.: Optischer Sensor ermöglicht intelligentes Greifen und Bearbeiten von Objekten. In: *Maschinenmarkt* 36 (2007), Nr. 07, S. 226–231

[Milighetti und Kuntze 2008a] MILIGHETTI, G. ; KUNTZE, H.-B.: Ein "humanoider Roboter": Haushaltshilfe der Zukunft? In: *Karlsruher Wirtschaftsspiegel* 51 (2008), Juli, S. 46

[Milighetti und Kuntze 2008b] MILIGHETTI, G. ; KUNTZE, H.-B.: Kraft- und schlupfgeregeltes Greifen und Bearbeiten von Gegenständen mit Hilfe eines neuen optischen Sensors. In: *Robotik 2008.* Munich, Germany, Juni 2008

[Milighetti und Kuntze 2008c] MILIGHETTI, G. ; KUNTZE, H.-B.: Robot based surface finishing by means of a new slip sensor. In: *Industrial Robotic Journal* 35 (2008), Nr. 6, S. 559–563. – URL `http://www.emeraldinsight.com/Insight/viewContentItem.do;jsessionid=AAA883882918EA423B76E7B161B51584?contentType=Article&contentId=1752020`

[Milighetti und Kuntze 2008d] MILIGHETTI, G. ; KUNTZE, H.-B.: Vision Controlled Grasping Using a Smart 5-Finger Hand. In: *Workshop on Cognitive Humanoid Vision, Humanoids 2008.* Daejeon, Korea, Dezember 2008

[Milighetti und Kuntze 2009] MILIGHETTI, G. ; KUNTZE, H.-B.: Ein diskret-kontinuierliches auf Aktionsprimitiven basierendes Regelungskonzept für humanoide Roboter. In: *43. Regelungstechnisches Kolloquium.* Boppard, Germany, Februar 2009

[Milighetti und Kuntze 2010] MILIGHETTI, G. ; KUNTZE, H.-B.: Visually and Haptically Controlled Skills for the Dexterous Manipulation of Humanoid Robots. In: *Workshop on Representations for Object Grasping and Manipulation, ICRA 2010.* Anchorage, Alaska, Mai 2010

[Milighetti u. a. 2005] MILIGHETTI, G. ; KUNTZE, H.-B. ; DIESTEL-FEDDERSTEN ; BALZER, J.: On a Primitive Skill-Based Supervisory Robot Control Architecture. In: *International Conference on Advanced Robotics 2005*. Seattle, WA, USA, Juli 2005

[Milighetti u. a. 2007] MILIGHETTI, G. ; KUNTZE, H.-B. ; LEHMANN, A. ; MIKUT, R.: Diskret-kontinuierliche Regelung und modellbasierte Überwachung von humanoiden Robotern mit Petri-Netzen. In: *40. Sitzung GMA-FA 4.13 "Steuerung und Regelung von Robotern"*. Karlsruhe, Germany, Januar 2007

[Milighetti u. a. 2010b] MILIGHETTI, G. ; PETEREIT, J. ; KUNTZE, H.-B.: Mobile Experimental Platform for the Development of Environmentally Interactive Control Algorithms towards the Implementation on a Walking Humanoid Robot. In: *Robotik 2010*. Munich, Germany, Juni 2010

[Milighetti und Ritter 2008] MILIGHETTI, G. ; RITTER, M.: Das Dritte Auge - Wenn Hände sehen können. In: *visIT* 2 (2008), S. 14–15

[Milighetti und Ritter 2009] MILIGHETTI, G. ; RITTER, M.: Intelligentes Greifen von Objekten mit "sehender Hand". In: *42. Sitzung GMA-FA 4.13 "Steuerung und Regelung von Robotern"*. Oberpfafenhofen, Germany, Januar 2009

[Milighetti u. a. 2009b] MILIGHETTI, G. ; RITTER, M. ; KUNTZE, H.-B.: *Advances in Robotics Research*. Kap. Vision Controlled Grasping by Means of an Intelligent Robot Hand, S. 215–226, Torsten Kröger and Friedrich M. Wahl, Juni 2009. – ISBN 978-3-642-01212-9

[Notheis u. a. 2010] NOTHEIS, S. ; MILIGHETTI, G. ; HEIN, B. ; WÖRN, H. ; BEYERER, J.: Skill-based Telemanipulation by means of intelligent robots. In: *IEEE/RSJ International Conference on Intelligent Robots and Systems 2010*. Taipei, Taiwan, Oktober 2010

[Sung u. a. 2006] SUNG, C.-K. ; KUNTZE, H.-B. ; MILIGHETTI, G.: Roboterbasierte Inline-Qualitätsüberwachung mit bildgebenden Sensoren. In: *38. Sitzung GMA-FA 4.13 "Steuerung und Regelung von Robotern"*. Ladenburg, Germany, Januar 2006

Karlsruher Schriftenreihe zur Anthropomatik (ISSN 1863-6489)

Herausgeber: Prof. Dr.-Ing. Jürgen Beyerer

Die Bände sind unter www.ksp.kit.edu als PDF frei verfügbar oder als Druckausgabe bestellbar.

Band 1 Jürgen Geisler
Leistung des Menschen am Bildschirmarbeitsplatz. 2006
ISBN 3-86644-070-7

Band 2 Elisabeth Peinsipp-Byma
Leistungserhöhung durch Assistenz in interaktiven Systemen zur Szenenanalyse. 2007
ISBN 978-3-86644-149-1

Band 3 Jürgen Geisler, Jürgen Beyerer (Hrsg.)
Mensch-Maschine-Systeme. 2010
ISBN 978-3-86644-457-7

Band 4 Jürgen Beyerer, Marco Huber (Hrsg.)
Proceedings of the 2009 Joint Workshop of Fraunhofer IOSB and Institute for Anthropomatics, Vision and Fusion Laboratory. 2010
ISBN 978-3-86644-469-0

Band 5 Thomas Usländer
Service-oriented design of environmental information systems. 2010
ISBN 978-3-86644-499-7

Band 6 Giulio Milighetti
Multisensorielle diskret-kontinuierliche Überwachung und Regelung humanoider Roboter. 2010
ISBN 978-3-86644-568-0